香港振翅

U0164629

香港振翅

民航業與全球樞紐的發展，1933–1998

王迪安　著

HKU PRESS
香港大學出版社

香港大學出版社
香港薄扶林道香港大學
https://hkupress.hku.hk

本書的英文版原著 *Hong Kong Takes Flight: Commercial Aviation and the Making of a Global Hub, 1930s–1998*，由哈佛大學亞洲中心於 2022 年出版。

The original English edition of this book, *Hong Kong Takes Flight: Commercial Aviation and the Making of a Global Hub, 1930s–1998*, was published by Harvard University Asia Centre in 2022.

ISBN 978-988-8805-68-6（平裝）

10 9 8 7 6 5 4 3 2 1

陽光（彩美）印刷有限公司承印

獻給我的母親

目錄

圖片與表格

圖片

表格

致謝

本研究計劃從構思、下筆、定稿到成書，歷經五年。在整個過程中，猶幸獲得各界的慷慨支持。在研究框架的構建上，Elisabeth Köll、梁其姿、雷金慶及蕭鳳霞教授提供了重要的協助。我與香港大學的同事以及布里斯托大學負責香港歷史項目的朋友，分享了一些初始想法，隨後到訪澳洲、歐洲、北美及亞洲各大城市參與研討會和會議，介紹項目的不同部分。通過切磋討論，早期的構思得以逐漸成形，感謝一眾同事的評論，他們包括 Prudence Black、Bram Bouwens、高馬可 (John Carroll)、Carolyn Cartier、周蕾、朱耀偉、Louise Edwards、Jane Ferguson、Linling Gao-Miles、Max Hirsh、Peter Hobbins、Kendall Johnson、呂大樂、彭麗君、Philip Scranton、Andrew Toland、Christine Yano 及葉文心。在我著手準備手稿之際，David Edgerton、傅葆石及文基賢 (Christopher Munn) 總在關鍵時刻給予我不可或缺的意見。第五和第六章的部分內容曾發表於 *Enterprise & Society* 和 *International Journal of Asian Studies*。審稿人及編輯的評論，讓此項研究能更深入及更廣泛地參與學術交流。經過多輪修訂，我的閱讀小組成員——平田康治、孟嘉升 (Ghassan Moazzin) 和吳海傑幾乎審閱了所有章節，並提出有見地的建議。在最後階段，Robert Bickers 梳理了我的手稿，還推薦一些額外的檔案材料，以及給予寶貴的意見。

本研究的檔案材料來自眾多資料庫，這些資料都為本研究奠定了扎實的根基。於公共領域的層面上，感謝香港公共圖書館、香港歷史檔案館、香港立法會、[1] 新加坡國家檔案館、英國國家檔案館及香港大學圖書館，提供查閱政府紀錄和資料之渠道。感謝邁阿密大學圖書館內特藏部，提供獲取泛美世

---

1. 1997 年前稱為香港立法局。

界航空公司的公司紀錄之便利。感謝 The British Airways Heritage Collection，讓我有幸參觀航空公司的檔案館，在此特別鳴謝謝浩麟的介紹。澳洲航空（Qantas）也讓我瀏覽他們的收藏。最後，感謝 Matthew Edmondson 及其同事的悉心帶領，讓我可以盡情探索香港與倫敦的太古檔案，而太古公司亦大方地允許其館藏照片收錄於這本書之中。

　　若非各大機構鼎力支持，這個項目不可能順利實現，背後重要的贊助來自香港優配研究金（項目編號 17605420）、冼為堅學人培養計劃、恆生銀行金禧研究教育基金、徐朗星學術研究基金及香港大學 Strategic Interdisciplinary Research Scheme 對「動感三角 Delta on the Move」研究項目的支持。這些撥款除了用作外訪查閱檔案外，也令我得以與一支優秀的研究團隊共事，成員包括 Kelvin Chan、Jason Chu、Victor Fong、Edward Man 及 Leo Shum。感謝來自 Henry Luce Foundation 的資助，讓我有幸進駐美國國家人文研究中心，在一個閒適恬靜的環境中，完成拙著及其翻譯。另外，感謝柯美君專業準確的翻譯，使拙作能面向華文圈子，與更多讀者共同交流。香港大學出版社同仁悉心安排出版，謹此致謝。

　　此研究計劃本質上與我在香港的個人成長之旅交織一起，與親朋好友之間的種種經歷，亦豐富了整個敘述。感謝 Gus 以及航空業的朋友們在多次飯局中，分享他們專業的觀點。弟弟 Andrew 在我的筆耕路上，總是適時予我支援，亦是我的精神支柱。感激太太 Linda，伴我踏上漫長的探索之旅，在此獻上最誠摯的謝意。Gregory 和 Ian，由項目初期的初生之犢，在我停筆之時，已變成充滿自信的年輕人。要不是他們當年堅持在香港生活，這個全球網絡的研究大抵不會如此根深蒂固地扎根香港。願他們及香港人展翅高飛。願香港繼續蓬勃發展，再高飛遠翔。

　　我亦要感謝母校喇沙小學及喇沙書院和我的母親，堅持給我這個生活在英語主導的城市和世界的「番書仔」學習中文。在那「我手寫我口」只是個神話的香港，母親讓我從小就背誦各類中文材料，否則我應難以處理這研究項目的各種史料，遑論這中文版的翻譯功夫。

圖 I.1：人潮圍觀啟德機場最後航班。圖片版權：Edward Wong（《南華早報》）。

圖3.1：不同世代的泛美航空標誌。資料來源：Pan Am, Series 12, Box 1, Folder 1。

圖3.2 a 及 b：國泰航空的第一批飛機——*Betsy* 和 *Niki*。資料來源：作者提供。

圖 3.3：1950 年代國泰杯墊。資料來源：Swire HK Archive, JSS. CX2011.0003。

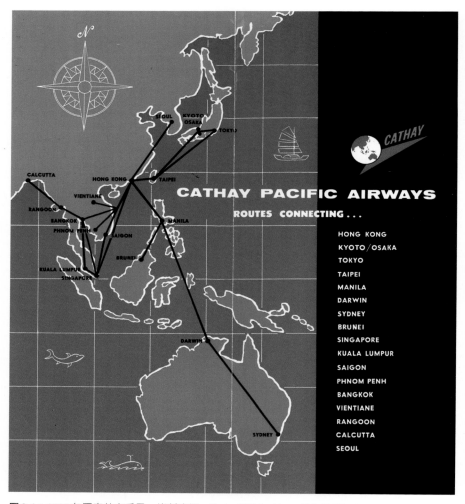

圖3.4：1960年國泰航空手冊。資料來源：Swire HK Archive, JSS.CX2011.0003。

圖3.7 a 及 b：1940 年代至 1962 年國泰航空女空中服務員的各種造型。資料來源：Swire HK Archive, M-11(a)-03; Swire HK Archive, HK-2019-92。

圖3.8 a、b 及 c:(a)及(b)1962年國泰航空女空中服務員的制服。資料來源:Swire HK Archive, CPA/7/4/6/43; Swire HK Archive, CPA/7/9/2/1/A。(c)1962年國泰航空男女空中服務員的制服。資料來源:Swire HK Archive, CPA/7/9/2/2/1/2。

圖3.9：身著民族服飾的國泰航空多民族機組人員。資料來源：Swire HK Archive, CPA/ 7/9/2/1/5/15。

圖3.10 a 及 b：1969年國泰航空重新設計的制服。資料來源：Swire HK Archive, CPA/7/9/2/1/5/15EN; Swire HK Archive, JHK/7/5/1/7。

圖3.11 a 及 b：1974 年國泰航空制服。資料來源：Swire HK Archive, CPA/7/9/2/2/2/17; Swire HK Archive, HK/2017/22。

圖3.12：「乘搭國泰航空　探索東方不同面貌」。資料來源：Swire HK Archive, HK/2015/34。

圖4.3：啟德機場航站樓。資料來源：*Hong Kong Yearbook 1962* (Hong Kong: Government Press, 1963)。

圖 5.2 a 及 b：「國泰新線直飛雪梨」。資料來源：Swire HK Archive, HK/2017/22。後來的英文版本見於《南華早報》，1974 年 10 月 21 日，11；中文版見於《華僑日報》，1974 年 10 月 21 日，21。

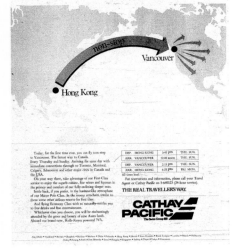

圖 5.3 a 及 b：「即日起往溫哥華　國泰直航最快捷」。資料來源：《南華早報》，1983 年 5 月 1 日，5；《明報》，1983 年 5 月 1 日，9。

圖 5.4 a 及 b：「承蒙久候　國泰今日首航倫敦」。資料來源：《南華早報》，1980 年 7 月 16 日，4；《華僑日報》，1980 年 7 月 16 日，13。

圖6.1：1986年4月23日，《南華早報》報導在滙豐總行，「人們爭相搶購國泰股票」。圖片版權：David Wong（《南華早報》）。

圖 C.2：香港報章頭版報導中美兩國領導人於赤鱲角新機場啟用日的連串訪問。資料來源：作者提供。

序

1998 年 7 月 5 日晚上 11 時 38 分，港龍航空 KA841 的航班從重慶起飛，降落香港啟德機場。香港人滿懷期待，皆因這座歷經風霜的機場，終於迎來了最後一班航機。然而，不到最後一刻，飛機內的機組人員和乘客還沒料到自己有幸身處最後一班降落啟德的航班。當飛機以超近距離飛越九龍城上空，近得足以讓乘客窺視下方的住宅時，機艙內的歡呼聲此起彼落、震耳欲聾。[1]

1998 年 7 月 6 日，凌晨零時零二分，國泰航空的 CX251 航班起飛前往倫敦。倫敦「是啟德最早提供服務的城市之一，也是最後一個」。最後一班航班從啟德起飛，當天晚上，就在 31 號和 32 號登機口關閉一刻，啟德這座服務香港 73 年的機場正式關閉，劃上了句號。[2] 凌晨 1 時 16 分，民航處處長施高理（Richard Siegel）告別啟德——這座屬於香港的代表性標誌。

啟德的故事乃香港的故事。[3] 作為商業航空樞紐，香港的發展一如在啟德機場上演的一次次起飛與降落般，令人嘆為觀止，但偶爾也有驚險場面。[4] 啟德的經歷，體現了香港商業航空的發展，雖然它的故事恰如其分地象徵了航

---

1. Swire HK Archive, *Dragonnews* 72 (July 1998).
2. 《南華早報》，1998 年 7 月 6 日，1；《文匯報》，1998 年 7 月 6 日，A1、A3；《明報》，1998 年 7 月 6 日，A1。
3. 許多人寫過關於啟德自身的著作（例如，參見 Pigott, *Kai Tak*），也有一些行內人追憶它（例如：Eather, *Airport of the Nine Dragons*）。過去幾十年，啟德在香港內外均引起了廣泛關注（例如，參見 Chung, Kanazawa, and Wong, *Good Bye Kai Tak*；吳詹仕、何耀生，《從啟德出發》；吳邦謀，《再看啓德》；関根寬，《啓德懷想》）。
4. 在報導啟德最後一天營運的新聞文章中，有一篇深刻地談到「降落啟德時的驚險刺激聞名於世」，操作難度更被視為「無法由自動駕駛系統控制」（《南華早報》，1998 年 7 月 5 日，64）。

空業的考驗與磨難，但本書所要講述的歷史，遠遠超出啟德機場日益擴大的足跡。香港的商業航空歷史也是一個圍繞著更大區域、且由全球力量所驅動的故事。

＊　＊　＊

施高理表示，啟德機場由最初的一片草地發展至今，成為全球第三大最繁忙的機場，「為我們的經濟作出了重大貢獻，也是數百萬乘客通往希望和夢想之路。」[5] 啟德的歷史「反映了香港的蓬勃發展」。舊機場將會在人們心中佔有特殊的位置，「不僅是在香港，而且⋯⋯是在世界各地。」隨著最後一批乘客抵達機場，以及最後一班航班起飛後，施高理關掉了航空交通管制塔台的燈，然後說：「再見啟德，多謝！」「啟德確實是世界上最棒的機場之一，但今晚我們必須告別我們的老朋友。」政務司司長陳方安生和財政司司長曾蔭權一同看著曾經幫助香港向世界起飛的跑道逐漸變暗。[6] 一座新機場即將照亮香港通往未來的道路。

除了上述及其他政要，數千人湧到機場附近向啟德告別（圖 I.1）。啟德機場曾為市民帶來嚴重的噪音污染，這次搬遷將會為他們的生活帶來改變。九龍城毗鄰社區的學童及其他居民，再也不會聽到如雷鳴般的起飛及降落聲響；航空愛好者乃至小市民，再也不會從擁擠的低層建築中，看到飛機的底部於頭頂上盤旋。

啟德已經完成使命。一夜之間，接力棒傳到了位於大嶼山、新近填海而成的赤鱲角機場，這座新機場遠離在啟德時代已發展成為人口稠密的香港市中心。

雖然本地居民理應珍惜這份得來不易的寧靜，但似乎又感覺缺少了一些什麼。於九龍城區生活了數十年的陳女士感嘆，隨著啟德的關閉，社區將會熱鬧不再。儘管她已經「非常想念它」，但她也準備好接受現實，並打算馬上去新機場參觀一番。[7]

5.　除特別注明外，所有引用的內容均源於每段末尾的註釋。

6.　《南華早報》，1998 年 7 月 6 日，1；Hong Kong Civil Aviation Department, "Speech Delivered by Director of Civil Aviation"。

7.　李笑冰，〈再見！啟德機場〉，《文匯報》，1998 年 7 月 6 日。

　　機場由啟德遷往赤鱲角，遠非天衣無縫。[8]只不過，二十年後，新機場的誕生陣痛已成為記憶，摩天大樓又已於九龍城區密集低層建築間竄出。數十年來，本地居民經歷了不同的飛機，伴隨著震耳欲聾的聲音，穿梭於他們的頭頂上。起碼這般危險的交通並沒有造成任何重大災難，他們大概可以鬆一口氣。然而，許多港人依然繼續懷念啟德所見證的洶湧歲月。

　　在機場關閉二十年後，一位受訪者憶述：「早些年，啟德並不是那麼繁忙，但到了1980年代後期，從清晨到午夜，每隔幾分鐘就有一架飛機降落或起飛。」他在描述航空交通對香港日常生活的影響時補充：「當飛機在頭頂上方時，我們在家裡不得不停止交談，甚至暫停電話通話大約30秒，但你會慢慢習慣。……奇怪的是，啟德關閉一刻，我就非常想念它了。」[9]

　　實際上，香港人可以通過計算啟德飛機升降造成的中斷，從而推斷這個都市的成長。香港商業航空的發展確實是驚人的。在截至1948年3月的那一年中，航空業屬於香港的一個新興行業，一共有3,662架飛機降落和3,647架飛機起飛，相當於每天各10架。[10]半世紀後，於啟德的最後一年，這座繁華城市處理的飛機升降各超過82,000架次，即平均每天約有450架次升降，往來乘客人數各超過1,300萬，是這個城市人口的兩倍多（見圖 I.2）。[11]

　　雖然啟德終究成為世界上最繁忙的機場之一，但它以往並不總是被視為一個合適的地點。二戰結束後，重返香港的英國政權認真計劃在香港開通商業航空。1947年的一項政府調查報告，稱啟德「除了很小的發展之外，什麼都做不了。啟德機場位於高山組成的馬蹄形間……只有在能見度良好的條件下才能讓中型和輕型飛機安全運行」。[12]雖然啟德因地形缺陷，以及無法適應現代航空所需的大規模擴張而屢受譴責，但它還是在往後的四十多年夙夜不懈地服務了這座繁榮的城市。1940年代後期，英國重返香港及美國在遠東的擴張，使香港成為航空交通匯合的首選地點。1940年代末香港機場搬遷之談，因中國地緣政治格局的轉變，阻撓了計劃，使啟德免被人遺忘。即使困難重重，啟德在往後數十年間不斷擴張，以適應因重構全球經濟網絡而恢復

8.　為了緩解隨後數月的混亂局面，啟德二號貨站曾暫時重新啟用（Hong Kong Memory, "Kai Tak"）。

9.　Peters, "Remembering Kai Tak."

10.　*HKDCA*, 1955–1956, 35.

11.　*HKDCA*, 1997–1998, 66.

12.　TNA, T 225/597.

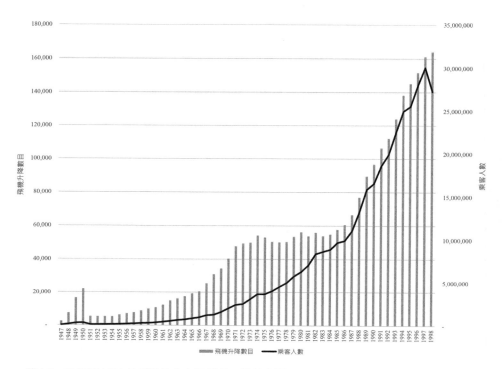

圖 I.2：1947 至 1998 年香港航空交通增長。資料來源：*Hong Kong Civil Aviation Department Annual Reports*, 1947–1998。

的航空交通增長，並讓香港在這過程中發揮作用。不同持分者之間的緊張關係，也曾阻礙了啟德的發展，但屢佔上風的本地利益將啟德打造成一個能夠處理大型噴射機升降頻率與日俱增的機場。正當香港及其機場於世界上確立了自己的地位時，又要面臨另一次地緣政治轉變的重大威脅。1997 年在即，中英之間的微妙談判，為香港帶來一個平穩的過渡，啟德其後交棒給為邁向新紀元而特別興建的赤鱲角。赤鱲角機場是大型填海計劃的一部分，旨在推動香港繼續成為區域及全球樞紐。

啟德服務的航線網絡不斷擴大，只是實際地反映了香港不斷擴大的區域與全球聯繫。香港擴展成全球樞紐的過程並非一帆風順，更並非簡單地捲入全球化的漩渦。反之，要塑造成航空樞紐，香港首先要將自己劃入一個不斷發展的航空網絡，然後憑藉雖不穩定、卻是不斷加劇的交通流量，將這座城市的覆蓋範圍擴展到區域內的目的地，以及遙遠的連接點，從而在航空網絡

中佔據一席之地。香港的歷史發展為這座城市邁向商業航空樞紐之路，營造了有利環境。然而，全靠一群足智多謀之士不懈努力，香港才不至於在新科技和地緣政治事件重新配置的網絡下，淪為全球地圖上一個邊緣位置。香港演變為航空樞紐的過程，與這座城市本身的發展相似，兩者均充滿挑戰，唯有通過地緣政治偶然性和努力進取的結合，才能克服困難。降落啟德的驚險顛簸，以及從啟德的勝利起飛，正是香港發展為大都市這充滿連續性和間斷性過程的寫照。

＊　＊　＊

　　本研究探討全球化進程，焦點側重於商業航空在香港這個新興國際大都會發展中的角色。隨著香港發展成為強大的經濟體，商業航空逐漸成型。我在審視商業航空與香港歷史軌跡之間，怎樣影響彼此的發展進程時，試圖了解這種基礎設施建設如何將香港與全球經濟聯繫起來，以及香港發展成為航空樞紐，如何反映它在不斷擴大的全球網絡中的地位。航空交通並非香港進入全球流動時代的必然結果，而香港發展成區域及全球樞紐也不是一條既定的路線。本研究探討香港如何轉變成樞紐，旨在敘述源於亞洲間及區域結構的全球化，以及全球網絡成形的過程。在第二波的全球化浪潮中，香港平安地渡過了冷戰時期的地緣政治轉變、中國內地空中航線的關閉與其後的重新開放，以及主要國家的經濟自由化，擴大了香港商業航空網絡的覆蓋範圍。本書以航空業的角度審視香港的全球化，並探討香港政策制定者與商界人士如何跟國際合作夥伴和競爭對手，在各自維護自身利益的前提下，努力尋找機會，以期獲得社會經濟效益，而且就著香港的經濟成功，協商他們之間的利益，並清楚地表達了他們對現代性的看法。

　　香港商業航空的歷史，可以解釋一項新的交通技術如何促進香港發展成為大都市，並將這座城市重新納入現代世界的版圖當中。本書從 1930 年代航空業戰戰兢兢地進軍香港開始，到 1998 年機場從啟德遷往赤鱲角，探討了商業航空如何在地緣政治變化的背景下，因應香港經濟發展的迫切需要，塑造區域和全球聯繫。最初航空交通的發展將大多數香港居民排除在外，促使這地方的人更渴望融入一個能夠擁抱香港的全球網絡。隨後香港的經濟增長，為這座城市中有抱負的旅客提供便捷的空中服務。西方市場的私有化和放鬆管制為香港開闢了國際航線。當時正值 1997 年主權移交迫在眉睫，促使香港

營運商改變商業策略，以適應即將入主的中華人民共和國政權。與此同時，
銳變中的航線，讓一些焦急的香港人設想到境外謀生的可能，也助長了這座
城市的跨境流動，有效表達跨國主義。本書還探討了香港的政治及經濟發
展，如何影響商業航空業的結構、組織和機構，以及在全球網絡重構的背景
下，這個行業又如何影響和促進香港發展成為樞紐。

　　航空科技促進人口、貨物及資本的流動。航空業的發展促使香港融入一
個共同的國際平台，而這個平台又能容納不同地方的差異。商業航空不僅加
強人與人之間的聯繫及經濟流動，還塑造了與它相連的人、空間和機構。本
研究會集中分析香港與倫敦的政策制定者、英國航空公司（及其前身）和泛美
航空公司（Pan Am）等行業巨頭，以及國泰航空和其他本地航空公司，目的是
將航空業的商業歷史與它對香港經濟和政治轉型的研究結合起來。

　　本書接下來要講述的，並不是航空技術進步的歷史，而是關於香港的故
事。最初香港致力在空中航道建立立足點，到後來儘管啟德有著先天的地形
劣勢，但仍能籌措資金，足以與技術領先的地方匹敵。本書亦非對全球連通
性（global connectedness）的文化分析。航空業的快速發展，涉及一個多層次
和互動的過程，在香港經濟蓬勃發展的背景下，本地與外地連接點各方面的
差異被一再定義，意義也需要一再協商。我把這些概念置於歷史證據之上，
研究航空公司網絡的演變過程，旨不在參與全球流動性的概念討論，而是要
了解此網絡如何將香港納入商業航空世界的版圖。本研究側重的歷史關口
有三：一為各持分者將香港連接到國際網絡的關鍵歷史時刻；二為地緣政治
動盪將香港打造成航空樞紐；三為各方將香港融合於跨國基礎設施，並在過
程中提升了自身的利益。本書還探討了冷戰政治如何重構航線與重新規劃香
港、航空交通基礎設施如何塑造這城市的發展，以及香港經濟高速增長如何
激發本地人融入世界的渴求。

　　本書更揭示了各方致力推動香港成為全球商業航空流動樞紐並從中獲
利，整個過程充滿挑戰。1930年代，足智多謀的英國企業與美國同行，共同
將香港納入了世界空中航圖。然而，其後香港與倫敦各持優先考慮的事項，
雙方的競爭導致衝突，曾阻礙香港航空交通的進展。事實證明，香港靠近中
國大陸市場，並保持緊密聯繫，有助於它成為航空樞紐。在接下來的十幾年
裡，中共接管大陸並與資本主義陣營的商業航空分離，威脅了香港作為樞紐
的生存空間。1970年代後期，中華人民共和國開放市場，重新激發了透過香

港航線與大陸恢復聯繫的願望，但與此同時，也為由英國企業主導的行業引入了政治風險。

商業航空分階段擴展了香港的覆蓋範圍。二戰後，香港自身的努力與地緣政治所帶來的優勢相結合，使它納入了航空版圖；不過，國際格局的巨變卻阻礙了持續發展。冷戰爆發後，全球環境轉變，為香港提供了嶄新的機會，儘管起初的規模比原來預期的小。隨著時間的推移，遊客流量日益增大、航空貨運量也不斷倍增，推動了香港商業航空的進程。有賴本地各方人士的堅持，香港才能於這個不斷擴張的行業中佔一席位，並持續發展了啟德的基礎設施。雖然地緣政治動盪，偶有阻力威脅著香港於行業中的發展，然而，無論對企業還是個體來說，務實態度使商業航空能夠屢創佳績，並在20世紀末期攀上更高峰。事實證明商業航空，無論是在物質上抑或概念上，塑造了身處於經濟急速發展時代的香港個體和機構。本研究的其中一個重要主題，乃各方對於維持香港商業航空發展所持有的務實態度。緊隨世界舞台的宏觀發展，商業航空業在每個階段都盡量利用了可用的資源。直至1970年代，商業航空業在香港創造了一個地區性的紐帶，歐洲和美國的巨頭們將這區域樞紐連接到更遙遠的地方。在往後的時期，香港這區域前哨站逐漸發展成自身的基地，並演變成一個全球樞紐，得以指揮飛往遠近目的地的航線。此研究成果到了今天仍然具有啟發性。不斷變化的地緣政治重新配置了香港作為樞紐的中心地位，香港人亦重新反思他們在世界重劃交通路線中的定位。

區域及全球歷史下的香港商業航空

迄今為止，學術研究已將商業航空的擴張視為一種全球現象。現有的學術研究表明，航空在20世紀增加了全球的流動性，以及西方對航空的控制。對航空業在亞洲發展的研究，亦印證了這個行業在商業上的成功。通過對香港、英國、美國、澳洲、台灣及新加坡的檔案調查，本研究反對將商業航空於香港的發展僅僅視為全球化的結果。相反，本研究把此發展重新定義為一個動態而相互關聯的過程，參與者處於全球化加劇，以及香港經濟擴張的時代，他們利用區域和全球動態來塑造本地發展。

　　從本地焦點去了解全球流程。分析航空起源的學術研究經常強調航空起源於軍事用途。[13] 相比之下，本研究僅關注商業航空。以往，研究商業航空擴張作為一種全球現象的工作，主要集中論述西方列強通過航路主導權來確立在全球的影響力。[14] 儘管如此，即使西方列強佔據主導地位，地方和區域參與者也努力建立立足點。香港與其他亞洲城市顯著的經濟增長，為這些地區提供了愈來愈多航空交通的控制權，並將本地航空公司發展成為強大的競爭對手。本項目側重於香港航空樞紐的建造，以及香港經濟騰飛期間商業航空的發展，尤其在國際勢力的背景下，商業航空如何重新把香港跟區域及世界聯繫起來。[15]

　　除了商業航空的歷史，本書所講述的故事，亦涉及香港在更廣泛的全球轉型中的發展。與二戰後非殖民化的主流趨勢相反，香港重新以英國殖民管治姿態出現。中共統治大陸，香港便成為中國南方尖端「自由世界」的落腳點。隨著時間的推移，香港與其他亞洲經濟體一起成長，並從英國政府手中尋求更多自由度。然而，正當香港發展地方認同感之際，卻得知自己最終將回歸中國主權。香港商業航空的發展，不單反映了地區和全球力量，而且突出了自身的獨特表現。

　　商業航空發展成為一個全球性產業，乃始於商業歷史學家所指 1950 年代的第二波全球化浪潮時期，而它也在其中發揮了重要作用。[16] 正如輪船和鐵路在第一波浪潮中（大約 1880 年代至 1920 年代）縮短了地方之間距離，航空的興起是一項技術突破，將區域和全球系統聯網。[17] 與第一波全球化相比，第二波遵循了一種斷裂的模式：冷戰將世界劃分為兩個相互競爭的陣營，根據個別地方對其中一個陣營的依附來重新調整地區之間的政治距離。由於香港的航線一直局限於資本主義集團，它的商業航空發展亦遵循了這條政治路線，直到 1970 年代後期緊張局勢有所緩解，並隨著地緣政治的轉變而產生了

13. Edgerton, *England and the Aeroplane*; Melzer, *Wings for the Rising Sun*.

14. Van Vleck, *Empire of the Air*.

15. 航空業資深人士陳南祿強調航空對香港成為「世界上最偉大的城市之一」的重要性。見 Chen, *Greatest Cities of the World*。

16. Jones, "Globalization"。本書並無對比不同時期全球化的資本流動（例如，參見 Schularick, "A Tale of Two 'Globalizations'"），而是強調商業航空為香港提供實體網絡，並著眼於它所產生的其他類型連接。

17. 有關蒸汽動力帶來的全球化，參見 Darwin, *Unlocking the World*。

新的機遇和挑戰。從區域開始的商業航空連接，很快擴展到偏遠地區，提供了促進第二波全球化的實體網絡。

接線全球化。本書循著區域和全球框架，研究全球資源流動所帶來的聯繫，同時注意當地因素在這個過程中的角色。[18] 以有關亞洲間流動的文獻為基礎，[19] 本書研究各方共同將香港打造為航空樞紐的具體行動。航空創造了一個既分割又連接的臨界空間。正如海港與海上航線的關係一樣，機場的存在構成了一道邊界，這道邊界無論在實體上或心理上，皆由航線所超越。由於香港當時正在經歷經濟轉型，對於本地居民來說，這個邊界令人產生焦慮，但穿越這界線（或者至少是對此的希望）卻又激發了民眾的渴求。就香港而言，商業航空提供的聯繫既是經濟發展的促進者，也是經濟發展的象徵。然而，這些聯繫並不是注定的，也不是嶄新的。劇烈的地緣政治變化和技術進步，對流動網絡中的中心地位構成威脅。本書探討了香港內外的參與者是如何一而再地將香港連接成區域和全球樞紐。[20]

將香港納入空域版圖的過程，與這座城市早期作為海上航運中心的角色相吻合。這一點也不奇怪，皆因許多本地公司，包括太古公司和怡和公司，[21] 都是著名的海運企業。雖然科技進步會逐漸擴大從香港起飛的航班範圍，但在最初的幾十年裡，從中國南端的這個樞紐伸延出來的商業航空航線，其範圍主要是區域性的，把香港跟東亞和東南亞連繫起來，但又明顯將中國大陸排除在外。本研究並非單關注英國與其殖民地的動態，[22] 更考慮到香港在非殖民化和冷戰緊張局勢升溫的區域背景下，所產生的亞洲間流動，不僅孕育了

18. Tagliacozzo, Siu, and Perdue, *Asia Inside Out: Changing Times*; Tagliacozzo, Siu, and Perdue, *Asia Inside Out: Connected Places*.

19. Hamashita, "Tribute and Treaties"; Sugihara, *Japan, China, and the Growth*.

20. 這項研究與王賡武關於香港在 20 世紀地緣政治變化中角色變化的觀察相類似（Wang, "Hong Kong's Twentieth Century"）。

21. John Swire & Sons（及其附屬公司 Butterfield and Swire，以下簡稱太古）和 Jardine Matheson & Co.（以下簡稱怡和）為兩家在二戰後於香港營運的著名英國企業集團。

22. 香港在 1997 年前應否被稱作「殖民地」，近日存在爭議。1970 年代，中國政府在聯合國宣稱香港及澳門不應列於《反殖宣言》中殖民地地區的名單之中。1972 年 11 月，聯合國大會通過決議，將香港和澳門從殖民名單中剔除。香港教育局表明英國管治香港長達一百五十多年，不應被認作合法的行為（見香港教育局 2022 年 8 月 2 日發表的〈從歷史及法理角度看香港是否「殖民地」的爭議〉）。本書在引用史料和談及英國官方架構與地緣政治時，沿用「殖民地」一詞，但無意在此爭議上作任何取態。

一種特殊的文化交流，而且衍生了一系列於那個時代的特定商業聯繫。就在中國大陸重新進入這個交通系統之際，不斷變化的政治動態和技術進步，擴大了以香港為中心的航空覆蓋範圍。從香港航空的角度來看，全球的創建是區域的持續延伸和重組。因此，在20世紀下半葉的動態轉變中，來往香港的航線不斷增加，為這座城市不斷擴大的區域和全球網絡，提供了具體的表現。

那個充滿活力的時代，見證了一系列相互依存的亞洲經濟體的發展，這些經濟體由資本、貨物、民眾和思想的流動交織在一起，並最終與中國大陸重新建立聯繫。[23] 樞紐的出現是為了促進亞洲間的流動，並充當北美和歐洲的門戶。為聯繫這些業務而發展起來的航空公司網絡，反映了這些區域和全球網絡漫長而持久的構建及重塑。[24] 本書聚焦香港經濟騰飛期間的商業航空發展，探討在區域和全球動態背景下的香港轉型，並從廣度和深度去分析航空運輸與經濟發展之間的聯繫。

與經濟發展的聯繫。 儘管大眾對香港航空有濃厚興趣，但在現行的學術分析，尚未觸及對20世紀下半葉城市轉型背景下航空業發展的研究。相比起從政治和金融角度來研究航空業的學術研究，[25] 本書力求在香港經濟增長的背景下，強調這座城市商業航空發展的地緣政治背景。本書將天空視為「流動的空間」，[26] 探討商業航空如何塑造和反映香港的經濟發展，以及如何在瞬息萬變的全球格局中打造香港的獨特地位。

本書是從一個特別的視角來了解香港的經濟增長。現行的香港歷史研究，提供了對這個城市過往的全面概述，[27] 而本書側重於一個既對香港經濟發展至關重要，並能反映其盛衰的行業，深入探討這個行業所涉及的關鍵企業與個體。[28] 本研究以現有的香港經濟史文獻為基礎，[29] 為這個關鍵行業提供歷史證據，並讓我們了解國家體制在促進全球聯繫和經濟增長方面的作用。

---

23. Urata, Yue, and Kimura, *Multinationals and Economic Growth*.

24. Taylor and Derudder, *World City Network*.

25. 參見 Rimmer, *Asian-Pacific Rim Logistics*。

26. Castells, *Rise of the Network Society*.

27. Carroll, *Concise History of Hong Kong*; Tsang, *Modern History of Hong Kong*.

28. 與 David R. Meyer 強調的社交網絡相比，本研究強調了硬件基礎設施的發展和個體中介的作用。參 Meyer, *Hong Kong*。

29. Schenk, "Negotiating Positive Non-interventionism"；Schenk, "The Empire Strikes Back."

　　社會與科技。本書將商業航空視為提升流動性的技術突破，回應了科技史學者的呼籲，讓我們關注社會與科技之間的互動以及科技消費。[30]航空推動了20世紀全球流動性的高漲，[31]就像上個世紀的輪船和鐵路旅行一樣，航空旅行激發了對現代性的新理解和想像，重塑了地緣政治，並且改變了網絡路線。[32]隨著空域管理於法律及政治上的演變，[33]歷史路線決定了航空的發展，但對空間的重新定義仍然是流動的。在這種新的交通方式改變了香港的同時，地緣政治轉變，以及本地的經濟增長軌跡，亦塑造了香港商業航空的發展方式。作為現代性和經濟進步的象徵，航空旅行在性別表達方面也促成了戰後的某些發展。[34]本書以服務香港的營運商為背景，來探討這些性別問題，並進一步展開航空業本地身份的討論，這個題目在學術界鮮有觸及。[35]

　　跨國香港。航空公司為不斷增長的中產階級擴大空中服務範圍，這個階級懷著一個充滿抱負的世界觀，從植根於其所屬城市的跨國特性中獲利。[36]這項研究呈現了香港在這個過程的具體表現。個體與企業互相合作，以期從香港發展成為全球流動樞紐中獲利。與其他亞洲地區一樣，香港參與者從本地、區域和全球的各種勢力中汲取能量，發展出他們獨特的世界主義和跨國主義。[37]通過考察對這一發展至關重要的一個行業，本研究具體探討產生世界主義態度的過程，並揭示種族、社會階層和性別結構不均勻而有彈性的差異。

30. Wilkins, "Role of Private Business"; Edgerton, "From Innovation to Use"; Oudshoorn and Pinch, *How Users Matter*.
31. Cwerner, Kesselring, and Urry, *Aeromobilities*.
32. Köll, *Railroads and the Transformation*.
33. Banner, *Who Owns the Sky?*; Goedhuis, "Sovereignty and Freedom"; Little, "Control of International Air Transport."
34. McCarthy, Budd, and Ison, "Gender on the Flightdeck"; Hynes and Puckett, "Feminine Leadership"; Yano, *Airborne Dreams*; Barry, *Femininity in Flight*; Mitchell, Kristovics, and Vermeulen, "Gender Issues in Aviation"; Rietsema, "Case Study of Gender."
35. Foss, *Food in the Air*; Hickson, *Mr. SIA*; Levine, *Dragon Takes Flight*；吳邦謀，《香港航空125年》；劉智鵬、黃君健、錢浩賢，《天空下的傳奇》；Dunnaway, *Hong Kong High*; Pirie, *Cultures and Caricatures*; Heracleous, Wirtz, and Pangarkar, *Flying High*。
36. Appiah, "Cosmopolitan Patriots."
37. Ong, *Flexible Citizenship*.

　　雖然這項研究建基於全球流動、流動性和連通性的理論框架之上，但它的主要貢獻是分析香港在迅速擴張的商業航空世界中的地位，並舉出相關的歷史證據。這個分析強調了香港經濟騰飛的背景、個別持分者在此過程的各個階段中的努力以及本地參與者的生活經驗。

　　無論在經濟和社會政治方面，基礎設施的發展都對香港無比重要。在這首個有關此基礎設施發展的學術研究中，我試圖剖析航空業、香港驚人的經濟增長以及香港在區域和全球範圍的擴張，三者之間相互結合的過程。本書旨在了解政策制定者、商界人士和公眾於香港轉型為全球流動樞紐的過程中，如何尋求從商業航空中獲益。這個研究將一個行業及其相關基礎設施、商業企業及主要參與者置於首位，以闡明 20 世紀中後期香港的故事及由它衍生的全球化背景。

本書的結構

　　本書主要是從 1930 年代商業航空的簡略起源，到 1998 年啟德退役，來研究航空公司如何重構香港的網絡，從而探討香港在這段時期，飛機航線所促進的區域及全球聯繫。這些聯繫一方面促進了香港的經濟增長，另一方面也反映了香港在不同發展階段關於政治和經濟的非常狀態。在充滿活力的地緣政治背景下，全球商業航空擴張，香港憑著自身顯著的經濟增長涉足其中，直到 20 世紀下半葉，成長為一個強大的全球參與者，而在關鍵時刻亦標誌了它在地區及地方的發展進程。

　　在區域與全球歷史的背景下，香港發展成為航空中心。技術的進步理應可以增強聯繫，但地緣政治的動盪又會切斷了聯結，然後又再次把它重新建立起來。香港成為商業航空樞紐並非命中注定。第一章探討香港如何融入新興航空業的網絡。1930 年代，諸如早期美國飛船在海上著陸等技術要求，已將香港海港的運輸功能擴展到空中連接。[38] 英國的傲慢，加上擔心自己淪為二線地位的恐懼，促使政策制定者將香港與美國及中國公司營運的航空交通聯繫起來。香港在國際航空業中的中心地位乃是於關鍵的歷史時刻中建立起

---

38. 與其他需要跑道的陸地飛機不同，這些被泛美航空稱為「飛剪號」的飛船，可以在任何有避風港的城市運行。

來的。與此同時,隨著地緣政治形勢的發展,這種中心地位是經過周詳計劃和談判的,也是務實調整的結果。

第二章探討地緣政治動態變化如何影響香港商業航空基礎設施發展的步伐和規模。1949年中共接管中國大陸後,英國當局作出權宜之計,決定擱置建造新機場,反而是擴建啟德機場。因為與中國大陸聯繫的機會渺茫,促使英國努力建立商業航空網絡,將香港與英屬馬來亞和新加坡的殖民港口,以及泰國等東南亞國家的其他樞紐連接起來。香港隨後將這些地區連接到一條冷戰走廊,引導航空交通繞過中國大陸,並經菲律賓、台灣、日本和韓國通往美國。這種長途連接還將這些區域航線延伸至歐洲,也通過太平洋中部通道延伸至北美。直至1970年代初期,這格局形成了香港商業航空發展的藍圖。當時業界巨頭主宰長途運輸的一環,而新興的本地航空公司則接手了與香港的區域聯繫。此類長途和支線航空業務的結合,為啟德發展奠定了基礎。啟德逐步擴建至應付實際需要的規模,至於由此而建立的基礎設施,則將香港帶入了噴射式飛機時代,並證明自己有能力通過持續改進,來應對隨後的交通增長和技術進步。

在上述背景下,香港於經濟和政治上獨樹一幟。在企業領域上,國泰航空成為香港的標誌性航空公司。為這家香港航空公司打造品牌形象是一個持久的過程,涉及航空公司的目標客戶及其管理團隊和員工的種族、等級和性別問題。第三章通過空中飛行員制服設計的變化,探討國泰航空的發展,從而反映了香港在戰後重建的非軍事化、於大中華區和亞洲非殖民化中尋求身份認同,以及在冷戰高峰期加強實踐工業化。

飛行網絡的擴展,需要的不僅僅是企業參與者的聰明才智。第四章探討升格啟德的過程中,所帶出的技術進步及困難。在政治層面,香港政府力圖在香港發展航空基礎設施,並向倫敦獲取航權控制。與此同時,倫敦不得不應對其日益衰落的殖民力量和在全球舞台上日益縮小的影響力。在此過程中,香港政府進一步偏離了倫敦的政策,並為了自身利益,在商業航空中尋求更大的自主權。

在全球趨勢下,私有化和放鬆管制,加上技術突破,推動了有抱負的航空公司的增長。第五章探討國泰航空成為實力雄厚的商業航空營運商的過程。國泰憑藉香港的強勁經濟,航班從香港向外延伸。香港的航空網絡在

1970年代末至1980年代的發展，反映了全球經濟趨勢、先進技術的可用性以及該時期不斷變化的地緣政治。

香港證明自己是一個強大的經濟力量，隨著國泰航空致力與行業巨頭競爭，新一波政治發展浪潮出現，重新調整了這座城市及其航空公司的發展軌跡。隨著1997年回歸臨近，英國在香港的利益能否持續，備受質疑。第六章討論國泰航空如何鑑於不斷變化的政治格局去重塑其身份。國泰航空為了證明在香港的本地地位，尤其是面對新出現的競爭，它改變了員工的形象，在駕駛艙內融入了本地華人，並在機組人員中突出香港的代表性。在這人力資源政策變化的同時，國泰航空又修改了公司的資本基礎。1980年代，為了重塑股權的國籍，國泰航空提升了其投資者的本地形象。與即將進駐香港的政權建立工作關係，不僅有利於國泰，也有利於母公司太古。國泰航空接受了與北京有聯繫的大陸控股企業的「紅色資本」。在整個過程中，這間航空公司在航空迅速變化的地緣政治背景下，表現出相當大的靈活性和彈性。

我沒有將香港踏入噴射式飛機時代，視為它躋身全球舞台的必然發展，反而專注研究地緣政治突發事件與個別部署，如何影響航空公司在不同時間點，將香港置於全球地圖上的方式。本書聚焦於1930年代航空業的興起，直到香港經濟騰飛的這段時期，解釋了在連接香港的不斷變化的空中，民眾、貨物、資本及思想流動的重新配置。航空交通將空間同時壓縮和擴大。像許多其他技術進步一樣，航空製造和削弱了地域和身份，劃定了又彌合了空間。本分析將香港航空的商業歷史，與它的經濟增長及擴大地理範圍的研究相結合，以顯示這座城市從戰後重建到變成製造巨頭，隨後又轉變為全球經濟中心，從而了解商業航空的發展如何塑造民眾、地方及機構。業內人士、政府官員、公司和個人，不再是全球化的被動參與者，他們能積極發揮作用，利用區域和全球動態來塑造香港商業航空的本地發展。

將香港打造成區域性乃至全球性的大都市，遠非命中注定之事，而且在過程中滿布挑戰。香港商業航空網絡不斷發展所帶來的考驗和磨難，[39] 凸顯了香港在往返中國內地與東亞和東南亞的交通十字路口，以及在更遠的歐洲、北美、澳洲和其他地區的聯繫所面臨的障礙。香港作為英國前哨的地位

---

39. 雖然我贊同 David R. Meyer 將香港描述為一個「全球大都市」，並以它所促進的流量為標準，但我認為香港的發展正如商業航空所反映的那樣，從二戰到世紀末，是一個漫長的過程。參 Meyer, *Hong Kong*。

及通往中國大陸的門戶，確保了它最早的空中聯繫，這與香港的海上網絡相吻合。在香港商業航空業隨後的發展中，地緣政治的偶然事件，有的醞釀已久，有的突如其來，威脅破壞於不同時段途經香港的航空建設。擁有務實的頭腦和足智多謀的企業家每每克服困難，斷斷續續將香港塑造成區域和全球樞紐。面對不利的地緣政治、金融障礙和身份危機，香港的創業者利用這個城市的邊緣性和臨界性，一次又一次地把香港重新繪製在交通地圖上的十字路口。[40] 這種靈活性為香港作為大都市的發展奠定了基礎，並且在這座城市不斷向前邁進和力爭上游的過程中，仍然是至關重要的。

---

40. Prasenjit Duara 留意到，香港利用本身的地理邊緣位置和「戰略臨界性」來求存並維持繁榮（"Hong Kong," 228）。

第一章

劃入版圖：讓香港立足於多變的空域

在不久之將來，各國民航雲集香港。香港變成為一民航樞紐。航海
事業，稱霸已久，今後民航事業，實有取而代之之可能云。

《香港華字日報》，1936 年 10 月 13 日 [1]

　　航空在重新規劃區域及全球網絡上具有變革潛力。不過，1930 年代，這
種嶄新的交通方式仍要從固有的運輸網絡中衍生出來。作為一個位於中國南
端的海港，香港自然成為航空樞紐的不二之選。然而，有利的地理位置和優
越的地形並非推動商業航空發展的關鍵因素。就香港而言，它的主要吸引力
在於既能連接中國內陸城市，同時又具作為北美和歐洲新興航空樞紐交匯點
的潛力。

　　早期，種種技術限制，特別是航班可覆蓋的距離之短，對繪製符合當時
地緣政治形態的航線圖，構成了巨大挑戰。隨著泛美航空（Pan Am，下稱為
泛美）將航班的覆蓋範圍擴展至太平洋，公司便構思不同方法，將飛行網絡
與海洋東部連接起來。泛美致力與其附屬的中國航空公司（下稱為中航），[2] 共
同構建運輸網絡，連接中國大陸南端的珠江三角洲地區。在東南亞，殖民政
權紛紛將他們的殖民地與帝國中心接軌。雖然大英帝國到了 1930 年代，已逐

1.　《香港華字日報》，1936 年 10 月 13 日，8。
2.　Hoover Institution Archives, W. Langhorne Bond Papers, 1930–1998, Box 2。有關中國航空的
　　歷史，詳情參閱 Leary, *The Dragon's Wings*。

漸失去優勢，但帝國航空公司（Imperial Airways）仍然憑藉與香港的空中連接來佔一席位，以取得立足點。在香港，美國和英國的航空巨頭會面，連接上來往中國大陸的航班。隨著航線日益頻繁，更多航班匯聚此地，將香港塑造成一個早期的商業航空樞紐。

香港成為商業航空樞紐的致勝之道，既是航空政治史的一部分，也是那些富創業精神的航空公司，開拓新行業的商業故事。有主力研究政治史的學者，闡述香港利益與中國發展之間的互動，並發表研究指出，香港的利益被認作納入英國在華利益當中。[3] 從軍事角度來看，香港乃易受攻擊的前哨，是英國軍隊間爭奪資源的籌碼。[4] 商業歷史學家指出，無論是對中國或英國來說，香港均處於邊緣位置，香港企業家的代理商便借助這特殊地位，發展出「跨國經濟公民」。[5] 香港的成功很大程度建基本身處於中國及大英帝國的邊緣位置，以及其「不屬於中國一部分」的特殊地位。[6] 在這個布局下，這些複雜的關係推動著香港的發展。[7] 而各種地緣政治戰略和商業利益縱橫交錯的背景，也造就了一張商業航空藍圖的誕生，讓香港能在當中佔有一席之地。

本章探討工商企業如何聯同政治力量，將香港打造成一個具潛力的樞紐，能指揮及控制這個地區的空中航道。隨著樞紐變得日益重要，促成了開發機場的必要，以應付這新興行業預期的交通增長。作為連接中國及世界各地的中轉站，早在航空時代前，香港在海運方面已發展蓬勃。[8] 由1930年代到1950年代，香港演變成商業航空中心，當中涉及許多歷史偶然性，其一是香港作為受到英國殖民管治的身份，其二是香港被美國視為一個具吸引力的地區焦點，其三是早在1949年內地被中共接管前，香港已成為中國通往西方世界的窗口。香港後來發展成商業航空樞紐，遠遠不只是機場的實體擴建，而是為一個地方注入意義的過程。

3. Chan Lau, *China, Britain, and Hong Kong*.

4. Kwong and Tsoi, *Eastern Fortress*.

5. Chung, *Chinese Business Groups*; Kuo, "Chinese Bourgeois Nationalism."

6. Carroll, *Edge of Empires*, 57.

7. Law, *Collaborative Colonial Power*.

8. Sinn, *Pacific Crossing*.

爭取聯繫：建立戰前樞紐

當美國及歐洲航空公司管轄其國內市場，及爭奪接駁國際空域之時，香港已出現在商業航空的版圖上。橫跨了太平洋的泛美，於 1927 年成立，在二戰結束前，一直都是美國專用的國際航空公司。早年，這家剛起步的航空公司，因受惠於美國政府豐厚的郵政補貼及外交支援，得以從原來中美洲及南美洲的航線擴展開去。到了 1935 年，泛美率先提供首批跨越太平洋、飛往菲律賓的航班。[9] 其他美國航空公司控制著龐大的國內市場，而泛美則包辦長途航線。相比之下，歐洲航空公司則專注於提供短程航線，旨在輔助歐洲輪船及鐵路服務。與此同時，歐洲航空公司亦致力於擴大在地球另一端殖民地範圍的影響力。[10] 大英帝國稱霸於歐洲殖民列強，其時英國航空公司之間曾出現一輪短暫的競爭，後來到了 1924 年，帝國航空公司以「指定機構」（chosen instrument）的姿態登場，以私營壟斷經營，並獲取公共補貼。[11] 1930 年代中期，帝國航空打造了一個飛行網絡，擁有世界上最長的航線，並把重點放在航空郵件上，這項服務被視為比客運航班更為重要。[12] 1934 年，帝國航空與昆士蘭和北領地航空服務有限公司（Queensland and Northern Territory Aerial Services，後稱澳洲航空〔Qantas〕）合作，開通了倫敦和布里斯班之間，長達 13,000 英里、歷時 12 天的馬拉松航線。[13] 縱然阻礙重重，此飛行網絡終究會延伸到香港，並且與泛美所擴展的航線相連接。

雖然香港早期對商業航空偶有涉足，[14] 但一直到了 1930 年代，這方面才算是真正的萌芽。對於香港來說，商業航空的興起並非單一事件，而是牽動了整個地區的一股熱潮。地方政府與一些本地企業，乃至外國公司，都對這個迅速發展的行業施加了控制。商界陸續探討香港將會如何發展成為航空中心。1933 年，本地英文報紙《南華早報》（South China Morning Post）引述扶輪社的一次會議內容指：「儘管發展緩慢，但香港機場的未來是有前景的，這是

9. Van Vleck, *Empire of the Air*, 2; Davies, *History of the World's Airlines*, chap. 9.
10. Lyth, "Empire's Airway," 865; Davies, *History of the World's Airlines*, chap. 11.
11. Lyth, "Empire's Airway," 869; Lyth, "Chosen Instruments"; Davies, *History of the World's Airlines*, 34.
12. Lyth, "Empire's Airway," 873–74.
13. Lyth, "Empire's Airway," 877.
14. 吳邦謀，《香港航空 125 年》，5–16。

本地人普遍接受的觀點。」美國飛機出口公司董事長在與扶輪社成員的談話中，展望香港機場會「成為世界航線的交匯點，也是一個終點站——作為一些跨太平洋航班的著陸場以及更多『航空支線』的中心」。報導又強調帝國航空由英國經印度及新加坡赴往澳洲的服務計劃。這家英國航空巨頭將「積極開發華南地區的客運與貨運潛力」，也是「意料之中」的事。對商界而言，針對香港與中國不同城市之間的聯繫，前景似乎格外可觀。文章指：「今天，這個殖民地在世界各地的航運港口中名列前茅」，預見香港將會由一個海港蛻變成航空樞紐，文章最後總結道：「未來，它在世界機場的排名中，沒有理由不與其他機場一樣高。」[15]

早在1933年起，英國航運巨頭英國太古集團公司（John Swire & Sons）就尋求代理帝國航空的可能性。1934年，太古申請成為帝國航空的代理商時，宣傳了公司的航運經驗和貿易網絡：「我們在遠東從事貿易已有六十多年，這些年來，我們確立了在中國貿易中作為英國航運組織的領先地位。」基於公司「擁有航運代理的經驗，以及廣泛的業務範圍」，太古表示有信心在新的商業航空行業中，為帝國航空提供代理服務。[16]

除了香港本地的關注外，一些中國大陸公司、英國商界與政黨，以及來自法國和荷蘭等海外航空公司，都開始意識到香港及這個地區的機遇。在這些海外企業之中，泛美特別渴望把握機會，將香港與公司營運的航線連接起來。[17]

當帝國航空和泛美航空在策劃一條途經香港的長途航線時，本地的區域交通也開始有了起色，尤其是與中國大陸城市的聯繫。1930年代初期，人們不僅為著內地境內的航空交通發達而興奮，也是因內地能夠與香港、美國和歐洲聯繫而更加振奮人心。[18]為了配合中國政策，要求在嚴格控制下吸引外資，國民政府分別成立了一間中美合資和一間中德合資公司，均從事航空業務。[19]中美合資的中航開始從上海試飛到香港。[20]儘管中航試圖與香港當局合

15. 《南華早報》，1933年6月9日，10。
16. JSS, 13/8/4/3 Imperial Airways, Correspondence (incomplete), 1933–1941.
17. 《南華早報》，1933年8月23日，15。
18. Hope, "Developing Airways in China."
19. Kirby, "Traditions of Centrality," 26; Davies, *History of the World's Airlines*, 188–91.
20. *Hong Kong Sunday Herald*, April 2, 1933, 1；《南華早報》，1933年4月3日，14；《香港工商晚報》，1933年8月14日，1；《天光報》，1933年8月17日，3。

作，[21] 希望能在香港設站，但這個要求並沒有輕易獲得香港政府的批准。[22] 當美資試圖為泛美在香港建立一個基地來為菲律賓服務時，他們也沒有成功。[23] 英國看穿了美國的目的，知道對方欲利用這種聯繫，在中國新興網絡上擁有一個立足點。這兩個早期的商業航空巨頭，透過行使政治權力和領土控制，在航空交通上展開了激烈競爭，雙方都希望能擴張自己的網絡，而香港就正正是這場棋局中的一枚棋子。

　　香港政府確實在努力將香港打造成民航樞紐。1934年，有立法局議員感到不耐煩。時任香港總商會副會長的石油行業高管庇路（William H. Bell）對當時的情況表示失望，他認為「香港與世界任何主要航空公司都沒有直接聯繫的前景。不久之後，世界上大部分偉大的商業中心⋯⋯會通過空中連接起來。」而香港將無法承受在這競賽中「被排除在外」的代價。[24] 1935年3月，本地一份中文報紙評論指：「本港居華南之咽喉，歐亞交通之樞紐，在交通上，佔一極重要之位置，海航如是，空航亦無或異，有遠識者，均能推料香港將成為遠東民航之總匯也。」文章反映了香港政府積極參與發展的一面。而英國官員將優先權給英國主要航空公司——帝國航空，這點亦是不難理解的。[25] 1935年，香港輔政司表示期望到了1936年年底，香港可以「與帝國航空或其他航空公司聯繫起來」。[26]

　　帝國航空努力地把願景化為現實。1935年10月，帝國航空派出一名機師、一名副機長、一名工程師，以及一名無線電操作員，在檳城和香港之間進行測量飛行。當飛機在啟德降落後，機師 W. Armstrong 隨即告訴記者，在兩個英國的前哨之間建立空中聯繫「不僅可能而且可行」。[27] 帝國航空的飛機首次到訪香港時，公司的常務董事寫了一封信給《南華早報》的編輯。信中，帝國航空表示常務董事理解「把香港連接上英格蘭與澳洲航線的重要性」，他們也決定在香港和「主要路線的聯繫點」檳城之間進行試飛，以達到「雙

---

21. 《香港工商日報》，1933年10月25日，9。
22. 《天光報》，1934年7月27日，3。
23. 《南華早報》，1934年7月26日，10。
24. 香港立法局，1934年9月27日，172。
25. 《天光報》，1935年3月8日，3；《香港工商日報》，1935年3月8日，9。
26. 香港立法局，1935年9月12日，162。
27. 《南華早報》，1935年10月5日，12；《香港工商日報》，1935年10月6日，9；《天光報》，1935年10月6日，3。

向直通服務」。[28] 二戰前的航空世界中,「馬蹄形航線」(horseshoe route) 是帝國航空的一條主要幹線服務,試圖將大英帝國的大都會倫敦與偏遠角落連接起來,尤其著力於郵件服務的一環。一條航線是從倫敦飛往非洲南端,而另一條則穿越歐洲大陸、中東、印度、緬甸和馬來亞,然後抵達澳洲和新西蘭。雖然通往香港的支線在當時尚未構成主幹線的部分,但這條支線卻能將這城市與倫敦連接起來,同時為英國可能從遠東前哨往北部擴展做好準備(圖 1.1)。[29]

香港政府為了保護帝國航空的利益,不太樂意立刻接納美國航班。儘管泛美多番示好,香港政府仍拒絕允許它的飛機降落香港。[30] 泛美為了分散風險,表明打算在澳門建立一個基地,供公司的跨太平洋航線使用。[31] 對於泛美提議將葡萄牙屬地作為公司遠東服務的終點站,里斯本政府表示非常歡迎。[32] 然而,泛美官方只確認了一點,就是調查顯示澳門是否適合作為泛美跨太平洋航線的終點站。不過,泛美很快就表示澳門「不一定是唯一的終點站」。[33] 延至 1935 年 10 月,泛美代表告知記者,有關會否獲准在香港登陸的談判仍然繼續。航空公司的總裁特里普(Juan Trippe)拒絕透露公司的最終決定,[34] 關於東部航空總站的建議地點,泛美和美國郵局也不肯透露任何細節。特里普只承認他們正在與政府談判,可能會在中國、葡萄牙或英國屬地之中選其一。[35] 香港一家中文報紙,報導泛美與英國當局打交道遇到的種種困難時,問道:「政治問題果不能解決耶?」[36]

28. 《南華早報》,1935 年 10 月 5 日,12。
29. British Airways Archives, "O Series," Services, 6258; British Library, IOR/L/E/9/92, Collection 2/9A Civil Aviation — British Air Mail Service Flights across Siam to Hong Kong, Singapore and Australia; Davies, *History of the World's Airlines*, 325; Rimmer, "Australia through the Prism"。主幹線是連接一個國家或帝國中大城市的既定航線。指定此類路線的政治實體認為,主幹線所促成的聯繫,無論是軍事上還是商業上,都對國家發展和安全具有戰略意義。
30. 《香港工商日報》,1935 年 3 月 26 日,10;1935 年 6 月 4 日,10;《南華早報》,1935 年 10 月 30 日,15。
31. 《南華早報》,1935 年 8 月 29 日,13。
32. 《南華早報》,1935 年 9 月 3 日,10;《香港工商日報》,1935 年 9 月 3 日,9;《士蔑西報》,1935 年 9 月 3 日,12。
33. 《南華早報》,1935 年 9 月 5 日,11。
34. 《南華早報》,1935 年 10 月 23 日,14。
35. 《南華早報》,1935 年 10 月 24 日,14。
36. 《香港工商日報》,1935 年 11 月 20 日,9。

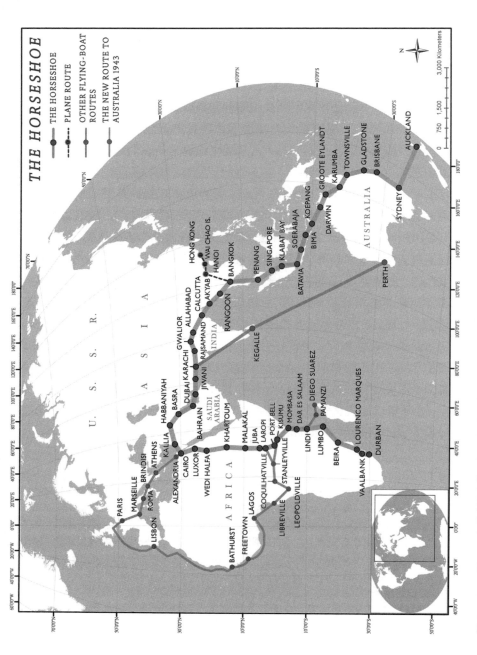

圖 1.1：1939 至 1944 年英帝國的「馬蹄形」航線。資料來源：取自 British Airways Archives,「O Series,」"Services, 6258 中的材料。

　　泛美計劃以澳門作為公司業務基地的試探，成功引起英國官員的恐懼。1935 年 11 月 29 日，香港總督去信殖民地事務大臣，表明他對泛美「放棄香港作為中國的一個**空中樞紐**的舉動感到非常擔憂」（著重部分由作者標明）。當他得知法國人在沒有要求互惠的情況下，授予中國航班在河內降落的權利後，就更加焦慮。由於競爭激烈，他敦促英國政府在與各方進行航空權談判時，能夠放軟一貫堅硬的立場。倫敦當局就此發出指引，聯絡葡萄牙大使，告知對方帝國航空和泛美航空之間談判在香港連接航路。大使亦將得到英國的保證，英國「將積極考慮」在澳門和香港之間建立航空服務，計劃「讓葡萄牙殖民地與通往歐洲和美國的主要幹線航路相連接」。[37]

　　關於選擇機場終點站位置的議題，導致緊張局勢升級。在這個形勢下，帝國航空急於將服務擴展到香港，以鞏固這英國管治的城市作為航空樞紐的潛力。在帝國航空首航香港的前一年，媒體報導了泛美航空和帝國航空如何為通往香港而做後勤和技術的準備。香港居民渴望泛美能夠投遞第一批跨太平洋的郵件。[38] 雖然那批預期中的郵件未有在 1935 年到達，但帝國航空在同年，只用了 12 個小時就運送了第一批來自檳城的郵件。[39] 香港也見證了帝國航空所進行過的數次試飛。[40] 一條報章頭條寫道：「由香港至倫敦　九日時間將可達」，預計服務將於 1936 年 2 月開始。[41] 不過，後來這預測也被證實為時過早，這架令人引頸以待的航班，最終於 1936 年 3 月 24 日才降落香港。

　　居民對航班的到來充滿期待。媒體還報導了每週郵件和乘客服務的費用：從香港到倫敦的票價為 £175，而香港到新加坡的票價則為 £35。[42] 那時，香港到倫敦和新加坡的輪船票價分別是 £60 和 £9，大約是機票價錢的三分之

37. British Library, IOR/L/E/9/129, Collection 2/22 Civil Aviation — Pan-American Airways trans-Pacific service; British Library, IOR/L/E/9/129, Collection 2/22 Civil Aviation — Air Services over China; British Library, IOR/L/E/9/129, Collection 2/22 Civil Aviation — Use of Hong Kong by Foreign Airlines.

38. 《香港工商日報》，1935 年 10 月 23 日，3。

39. 《天光報》，1935 年 10 月 25 日，3；《香港工商日報》，1935 年 10 月 25 日，9。

40. 《天光報》，1935 年 11 月 13 日，3；《香港工商日報》，1935 年 11 月 13 日，9；1935 年 11 月 20 日，9。

41. 《香港工商日報》，1935 年 12 月 22 日，9。

42. 《香港工商日報》，1936 年 3 月 17 日，9。

一。[43] 從另一個角度來看，當時香港的平均工資低於每天 $2，[44] 而由香港到倫敦的票價折合為數千港元。一封（半盎司）寄往倫敦、馬來亞和澳洲的信分別要花費 $0.50、$0.20 和 $0.80。而最高的郵費為 $1.50，適用於蘇丹和肯尼亞等目的地。[45]

3 月 23 日，帝國航空確認了航班的抵達日期，並表明歡迎公眾觀看飛機著陸。[46] 翌日，飛機如期抵達香港。九架皇家空軍（Royal Air Force）飛機引領航班進入香港時，這座城市正下著毛毛細雨。[47] 港督郝德傑（Andrew Caldecott）、航務政司荷路（G. F. Hole）、啟德警司奶路臣（E. Nelson）、郵務司（H. R. Butters）、皇家天文台台長（C. W. Jeffries）等政要聚集在停機坪上，見證帝國航空的班機多拉多號（Dorado）從檳城抵達香港。逾百人對飛機抵達表示歡迎，這次也「開啟了從倫敦到香港的直通服務」。慶祝活動持續到晚上，香港商界更舉辦了一場雞尾酒會來款待機師。[48]

班機在週一早上 6:00 由檳城起飛，上午 11:30 抵達越南西貢，然後經過輕微的維修後於下午 2:15 再次起飛。下午 5:30 抵達越南土倫（今峴港）。在土倫過夜後，飛機早上 6:30 分起飛，週二早上 11:35 降落香港。帝國航空計劃按照類似的模式，推出每週的航班時間表，週五從香港起飛，週六抵達檳城。從檳城再出發，帝國航空提供飛往倫敦和澳洲的航線。[49]

首航班機多拉多號上放了 16 袋加起來重達 47 公斤的郵件，還有一名乘客。16 個袋子中有 14 個是來自倫敦的，另外兩袋則來自新加坡和檳城。第一位乘坐帝國航空班機降落香港的乘客是來自吉隆坡的王怡林先生，他是一位「熱情的業餘飛行員」，來港探望他的兄弟。[50] 在回程的航班上，香港郵政派出 18 袋郵件，當中有 6,506 封信件和 194 張明信片是送往倫敦的，另外有 3,648 封信件與明信片則是送往其他地方。郵件負責人認為，這些郵件的負載量並不代表香港的日常需求，因為當中有 75% 的郵件都是由集郵家的信件組

43. 《南華早報》，1936 年 3 月 24 日，21。

44. *Administration Reports for the Year 1935*, 24–26, 36.

45. 《香港工商日報》，1936 年 3 月 22 日，9。

46. 《香港工商日報》，1936 年 3 月 23 日，7。

47. 《香港工商日報》，1936 年 3 月 25 日，9。

48. 《南華早報》，1936 年 3 月 25 日，11。

49. 《南華早報》，1936 年 3 月 25 日，11；《香港工商日報》，1935 年 3 月 25 日，9。

50. 《南華早報》，1936 年 3 月 25 日，11；《香港工商日報》，1935 年 3 月 25 日，9。

成，不會重複出現。[51] 雖然隨著時間推移，航空郵件的需求會回復正常水平，但一位乘客隨同一大堆郵件到來的現象，還是很顯眼。帝國航空 1936 年的時間表，封面列出「英格蘭、埃及、伊拉克、印度、馬來亞、香港、澳洲」，內面的地圖說明支線上從檳城經西貢和土倫出發，以香港作為目的地。貨運費用的詳細資料，分為東行和西行交通，以兩頁長的網格布局呈現，相比起說明乘客票價覆蓋範圍的兩頁資料，同樣重要。[52] 航空連結促進聯繫，不單是遠距離客運，早期比客運可能更重要的是，信息能夠以郵件的形式流動。

　　當大英帝國將香港與帝國的其他領土連接起來，香港才意識到途經檳城的香港—倫敦航空郵件服務需要「官方補貼」，因此香港將要承擔這筆服務成本。[53] 同樣地，英國國務大臣與帝國航空也準備了具體安排，制定了帝國航空營運檳城至香港航線的補貼條款，及政府認為適合這條「連接香港與帝國航空航線航道」的指令。[54] 帝國航空沒有隱瞞為英國政府所做的工作。在一次與扶輪社的講話中，負責香港服務的機師 J. H. Lock 表示，他的航空公司將繼續充當英國政府「發展帝國航線」的工具。公司的最終目標是「將每一塊遙遠的帝國碎屑與祖國聯繫起來」。[55]

　　帝國航空最終成功將香港連接到公司的網絡，與泛美的競賽也就開始了。儘管泛美已公開保證會在澳門設立基地，[56] 但它仍繼續申請在香港設立辦事處。一篇新聞文章指出，如果泛美要完成在澳門的跨太平洋服務，環球航空旅行仍舊欠缺一環。[57] 有傳言指，泛美將會停靠在澳門，並在河內轉機，以提供環球服務。[58] 與此同時，帝國航空吹噓來往香港與英國的時間，每程

51. 《南華早報》，1936 年 3 月 27 日，12。

52. British Airways Archives, "Imperial Airways and Associated Companies / England, Egypt, Iraq, India, Malaya, Hong Kong, Australia / Timetable in force from 1 September 1936 until Further Notice."

53. 《南華早報》，1936 年 3 月 24 日，10。

54. British Library, IOR/L/E/9/96, Collection 2/9E Civil Aviation — Air Service from Hong Kong to Penang.

55. 《南華早報》，1936 年 5 月 20 日，18。

56. 《南華早報》，1936 年 1 月 13 日，15；1936 年 3 月 13 日，10；《天光報》，1936 年 5 月 29 日，4；《香港華字日報》，1936 年 5 月 30 日，7；《申報》，1936 年 5 月 30 日，3。

57. 《天光報》，1936 年 5 月 17 日，3。

58. 《天光報》，1936 年 5 月 30 日，4。

只需短短五天。[59]有媒體甚至報導指,傳聞泛美會推出澳門首航班機,而900名渴望乘搭該航班的顧客正爭奪18個座位。[60]儘管媒體大肆炒作,但也有報導稱,英國抵制泛美進入香港的措施已陸續減弱。在帝國航空開通香港航線的一個月內,有消息稱,英國和香港政府已向泛美提供設施,將它在馬尼拉完結的跨太平洋航線延伸至香港。獲泛美支持的中航,亦將獲准進入香港,接駁上帝國航空的歐洲航班。一篇題為〈互助許可證〉(Mutual Aid Permits)的文章更指出,英國能在美國某些機場中提供一些服務,以獲取交換條件。[61]

由於帝國航空在香港建立了服務,使香港在泛美和中航眼中,變成了一個更理想的落腳點。一篇報紙文章強調中國的巨大交通潛力,敦促中國與香港建立聯繫。文章指,「現在正是邀請中國合作的好時機……香港很少人意識到中國航空的總里程多於帝國航空。」為保障香港的最佳利益,香港要確保不單連接英國、中國的航空服務,還要連接到北美洲。這些聯繫「肯定會讓香港躋身世界的航空地圖上」。[62]

有報導透露,英國和中國政府正就中航對香港的服務進行談判。選擇澳門作為「遠東終站」,除了擾亂路線,還會在任何連接上增加四十英里的船程。正如1936年8月一篇新聞報導所推測般,美國一旦授權英國航空公司,在跨大西洋服務上享有互惠著陸,帝國航空和泛美航空就會連接歐洲與北美洲,泛美更會進一步連接北美洲與亞洲。如這些服務可相繼推出,則可使香港成為一個「終點站」,香港旅客也將能夠乘坐飛機環遊世界。[63]

經過一個月的反覆周旋,[64]香港政府不僅認可泛美於香港設立「亞洲終站」以提供跨太平洋服務,也表示歡迎中航進駐啟德。不過,各方能夠同時達成兩項協議也是不足為奇的。泛美對中航的投資,很有可能促進外交討論和運作安排。消息傳到香港,指泛美航空和帝國航空已同意乘客在香港轉機。其

59. 《香港華字日報》,1936年6月17日,7;《天光報》,1936年6月17日,4。

60. 《天光報》,1936年6月20日,3;《香港工商日報》,1936年6月20日,11。

61. 《南華早報》,1936年4月22日,16。

62. *Hong Kong Sunday Herald*, March 8, 1936, 6.

63. 《香港工商晚報》,1936年8月8日,4;《士蔑西報》,1936年8月8日,9;《天光報》,1936年8月9日,3;《香港工商日報》,1936年8月9日,9;《南華早報》,1936年8月10日,14。

64. 《天光報》,1936年8月15日,3;《香港華字日報》,1936年8月15日,8;《香港工商日報》,1936年8月15日,9;1936年8月18日,12。

中一篇報章的標題稱「香港成為航空中心」，以示慶祝，並指「水上飛機即將到來」。[65]《士蔑西報》(*The Hong Kong Telegraph*) 稱「新措施讓香港成為太平洋空中樞紐」，又詳列了各旅程的長度，連接起來足以圍繞地球一圈──「香港至倫敦（帝國航空）5天；倫敦至紐約（聯合服務）2天；紐約至三藩市（國內）4天；三藩市至香港4天。」[66] 與倫敦、紐約和三藩市一樣，香港將成為舉足輕重的紐帶。香港一家中文報紙也附和道：「本港將成世界民航樞紐。」文中更預計未來除了英國、美國和中國外，香港市場還會進一步擴張至荷蘭、法國、蘇聯和日本。[67]

縱使慶祝活動已經展開，但鬥爭仍然持續。香港一家中文報紙提到中國民航公司已積極發展業務。[68] 泛美在香港設立了辦事處。[69] 當香港正準備迎接「巨型泛美飛剪號」時，啟德機場吹噓擁有「遠東最現代化的設施」。[70] 1936年10月23日，泛美巨型水上飛機抵達時，一眾港府代表、航空專家，以及中國立法院長孫科（中華民國創始人孫中山之子；前鐵道部部長、並曾任中航主管）等人都有參與歡宴。雖然飛剪號來港只屬試航性質，但機上仍載有19人，而且過程非常順利。[71]

巨型飛剪號是一艘可以降落在水面上的「水上飛機」，此特點令泛美得以避開早期飛行場地凹凸不平的路面。一篇英文新聞文章強調，除了現代化機場外，香港還具備「定義明確」的英國法律，在預計有飛船靠近的情況下，對船隻有嚴格的限制，消除了「在其他地區，特別是美國」發生碰撞的危險。[72] 英國在香港航線問題上向美國作出讓步，但也無損英國在香港維護其優越性。

帝國航空在香港首先隆重登場，泛美亦未能緊隨其後，這份殊榮由中航獲得。1936年11月5日，中航一架載滿6名乘客的飛船抵達香港，意味著來

65. 《香港工商日報》，1936年9月13日，5；《香港華字日報》，1936年9月13日，7；《南華早報》，1936年9月14日，14；《香港華字日報》，1936年9月15日，2。

66. 《士蔑西報》，1936年9月12日，9。

67. 《香港華字日報》，1936年10月13日，8。

68. 《香港工商日報》，1936年10月20日，9。

69. 《天光報》，1936年10月20日，3。

70. 《南華早報》，1936年10月22日，15。

71. 《天光報》，1936年10月24日，3。該活動是泛美具標誌性慶祝活動「著名第一」其中之一（San Francisco Airport Commission, *Famous Firsts*, 16–17）。

72. 《南華早報》，1936年10月22日，15。

往上海、香港、廣州的粵滬分支線正式通航。港督郝德傑與他的隨行人員，以及「為數眾多的……超過五十人」一起迎接這架「灰黃色的道格拉斯海豚水上飛機（Douglas Dolphin flying boat）」。機上人員包括中航總經理及泛美遠東代表。中航於啟德舉辦了雞尾酒會，以示慶祝。[73]

幾個月後，泛美將香港納入常規服務的網絡中。這條在港推出的新航線，[74]組成了泛美遠東擴張戰略的一部分。[75]泛美與中航共用一個香港辦事處，而且中航也是泛美的代理。泛美的水上飛機從三藩市飛往馬尼拉（經檀香山、威克島和中途島以及關島），然後從馬尼拉飛往澳門，再從澳門到香港，最後由香港飛返馬尼拉。此項服務將原來三藩市到澳門的二十八天輪船旅程，縮短至五天半的服務。[76]同時，將三藩市聯繫上美國大陸航空網絡，又在香港，接駁到一些中航公司如中航、帝國航空，甚至東南亞和歐洲的服務。[77]寄往菲律賓的空郵價格是港幣 $0.35，寄往關島是港幣 $0.80，寄往夏威夷是港幣 $1.80，寄往三藩市是港幣 $2.80。[78]至於載客票價，從三藩市到香港或澳門為950美元，從馬尼拉到香港的票價為80美元，購買來回機票可享百分之十的折扣。[79]

泛美致力不排擠澳門，稱葡萄牙飛地為「新項目的中國基地」。泛美表示，由於他們的水上飛機無法於廣州河降落，而且香港「對於基地營運來說不夠保護屏蔽」，從而證明上述選擇是合理的。然而，香港將成為「停靠港」和「與上海、中國內地、中南半島、海峽殖民地及印度的連接點」。[80]澳門將作為官方的終點站，而香港會是實際的接駁點——一個在不斷發展的民航網絡中真正的樞紐。

73. 《南華早報》，1936年11月6日，15；《香港工商日報》，1936年11月6日，10；《天光報》，1936年11月6日，3；British Airways Archives, "O Series," China, 3130。
74. 《天光報》，1936年12月4日，3；《香港工商日報》，1936年12月6日，3；《天光報》，1937年2月18日，3；《香港工商日報》，1937年2月18日，11。
75. 《香港工商日報》，1936年12月12日，11；1936年12月24日，10。
76. 《南華早報》，1937年4月7日，15；1937年4月20日，13。
77. 《天光報》，1937年3月1日，3。
78. 《天光報》，1937年3月11日，4；《香港工商晚報》，1937年4月19日，4。
79. 《香港工商日報》，1937年4月7日，3；《天光報》，1937年4月7日，1；《南華早報》，1937年4月7日，15；Pan Am, Series 5, Sub-Series 1, Sub-Series 2, Folder 1。
80. 《南華早報》，1937年4月7日，15。

　　1937年4月21日，泛美的中國飛剪號從三藩市開始了它的首次旅程，目的地是香港，在那裡「與帝國航空公司的航線相連，而該航線的遠東終點站正位於香港」。為了強調這架泛美水上飛機所展開的預期連繫，英國駐三藩市總領事會在送行儀式上向跨太平洋的乘客送行。[81]在馬尼拉，開往香港的部分，將轉用另一艘以往曾服務美國東岸的泛美水上飛機。[82]從馬尼拉到香港的穿梭水上飛機可容納32名乘客。然而，「由於對郵件空間的需求很大」，第一次的旅程中沒有乘客。水上飛機原定早上5:00離開馬尼拉，11:00抵達澳門，11:30再從澳門起飛，預計在近中午前抵達香港。在啟德停留過夜後，水上飛機將在回程航班上，跳過澳門，直接返回馬尼拉。[83]是次旅程，清楚地表明了香港而非澳門，佔有中心地位。

　　在1937年4月28日星期三的首航服務上，香港為泛美精心策劃了一場豐富的「官方歡迎節目」。節目內容發表於《南華早報》上，指出邀請了約400名賓客來代表「香港的不同階層」。節目預計吸引「大量」群眾到場，他們會被安排在專供貴賓使用的圍欄外觀看儀式。[84]在澳門，報導指群眾在飛機抵達時表現得非常雀躍，表明了此航班對葡萄牙殖民政府的重要。[85]然而，在對岸香港，「4,000多人前來見證商業航空和香港歷史上的重大事件之一」，[86]可見香港反應熱烈，顯然令澳門相形失色。

　　當飛機接近時，觀眾們趕到海濱及啟德，「他們在那裡視察帝國航空的多拉多號……還有一架中國航空西科斯基（Sikorsky），以及由遠東航空學校所擁有的各種小型飛機。」泛美水上飛機在香港上空盤旋一回後，降落九龍灣，並「滑向她在泊位上的繫船柱」。在上午11:55分準時到達後，署理港督史美（N. L. Smith）歡迎機組人員，並對群眾發表講話：「今天，我們慶祝完成了在這條世界通訊鏈上的最後焊接，這幾乎是當中最重要的一環。」他又表示：「雖然香港只是一個很小的地方，但我們宏偉的海港已出現在地圖上一段很長的時間……現在我們希望，香港將會同樣出現在空中地圖上，與同一個方向

81. 《南華早報》，1937年4月23日，12；TNA, CO 323/1457/40。

82. 《南華早報》，1937年4月20日，13。

83. 《南華早報》，1937年4月26日，16。

84. 《南華早報》，1937年4月27日，9；《天光報》，1937年4月23日，3；《香港華字日報》，1937年4月23日，2；1937年4月28日，2。

85. 《南華早報》，1937年4月29日，13。

86. 《南華早報》，1937年4月29日，12。

的倫敦相隔只有九天，紐約則位於另一個方向，也是僅僅相隔六天半。」泛美的代表比克斯比（H. M. Bixby）回應指：「意義重大……今天站在最美麗的港口上，身處這個無比宏偉的**空港**，你們親眼目睹泛美航空的服務，首次與偉大的帝國航空直接連接。」（著重部分由作者標明）比克斯比的言論，反映機場（空港）既是連接水上交通的海港，又是連接空中交通的航空中心，兩者之間有著連續性。中國郵政總局局長朱昌星稱這次是「歷史性事件」，因為該航班帶來了「中美之間第一件**經香港**的直遞空郵」（著重部分由作者標明）。香港是否最終目的地並不重要；它的價值在於連接交通流量的紐帶功能。香港廣播電台 ZBW 播放了整個過程，「全球『聯播』」也將「美國和澳洲的聽眾」與事件聯繫起來。[87] 歡迎儀式隨後於水上飛機舉行，英國主事官員的女兒將之命名為「香港飛剪號」，英國國旗升起，美國、英國和中國的國旗則披在飛機上。[88]

正如多拉多號在飛往香港的首航中，只載有一名乘客一樣，香港飛剪號並沒有載任何乘客。媒體通過郵件的傳送量，來衡量這次連繫的重要性，而不是單計算乘客人數。[89] 1937 年 4 月 29 日，從香港飛往馬尼拉的航班載有「55 袋和 5 包郵件，重達 369,938 公斤，輕易地創下了殖民地紀錄」。與帝國航空首航的航班負載量相若，大部分貨物都是紀念郵品。泛美的貨物中，值得注意的是「一批由帝國航空郵輪從曼谷運來的人造奶油」。[90] 客運服務要待下週由三藩市出發，有 24 名乘客預訂了該航班，航班會於 4 月 28 日離開三藩市，經馬尼拉轉機後在 5 月 5 日抵達香港。大多數乘客還預訂了 5 月 6 日從香港回程的航班，該航班預定於 5 月 13 日抵達三藩市。[91] 這次首航場面之壯觀，可媲美之前帝國航空及中國航空的盛況。然而，這些早期航班的載客量很少，重要性在於促成了新穎的連繫途經（以及運送人造鮮奶油等容易腐爛但又並非不可或缺的同類型產品），以及於實際用途上加強了訊息傳遞的作用，如以郵件形式來傳送及時訊息。

87.《南華早報》，1937 年 4 月 29 日，12。

88.《南華早報》，1937 年 4 月 29 日，12。

89.《南華早報》，1937 年 4 月 28 日，14。

90.《南華早報》，1937 年 4 月 30 日，12。

91.《南華早報》，1937 年 4 月 26 日，16；1937 年 4 月 26 日，1；1937 年 4 月 29 日，12；Pan Am, Series 1, Sub-Series 6, Sub-Series 2, Folder 10; Pan Am, Series 5, Sub-Series 1, Sub-Series 2, Folder 1。

　　1938 年發表的一份殖民報告，吹噓香港啟德機場擁有「海上和陸地飛機設施」。泛美航空首航後的第二年，民航繼續發展，出入境旅客人數從 1937 年的 3,685 人次激增至 1938 年的 9,969 人次。[92] 1937 年 6 月，中德合資的歐亞航空公司，開通了北平（今北京）—廣州—香港航線，此舉被視為與德國漢莎航空聯合開通柏林航線的「最後一步」。[93] 1938 年 8 月，法國航空把河內與香港連接起來後，法國領事 M. Dupuy 稱這個「大英帝國與法國的合作」為「何其活躍、積極、親切的象徵」。[94] 同月，帝國航空將由曼谷飛往香港的服務倍增至每週兩次，「連接英格蘭—澳洲的幹線」。泛美航空維持每週經馬尼拉飛往三藩市的時間表不變。日本佔領中國的舉動，結束了香港來往漢口和廣州的營運，但中國航空繼續為桂林和重慶提供服務。[95]

　　1938 年 9 月，內地中文報紙《申報》注意到雖然香港民航歷史尚短，但發展迅速。香港的航班與「中國航空、歐亞航空、帝國航空、法國航空和泛美航空等公司」相連接，以及荷蘭皇家航空即將到來，使「香港在航空界佔有相對重要的地位」。然而，香港需要翻新機場設施，來應對這個「遠東民航樞紐」的交通需求。[96]

　　香港未有帶領區內商業航空的發展。在香港參與之前，泛美航空已經聯繫了馬尼拉，帝國航空也聯繫上了新加坡。然而，香港由起初落後於人，至 1937 年終成為全球航空基礎設施的中樞，所有環球商業航空先驅都在這個位於中國南端、浩瀚太平洋盡頭的香港相聚。在選擇著陸點時，自然地形發揮了重要作用，儘管這些考慮在早期顯得較為次要。因為技術尚未成熟到能發展成一個通用的平台，帝國航空多拉多號的著陸機制，就跟泛美航空香港飛剪號不同。泛美航空宣稱的選址原因（與澳門相比，香港「不夠保護屏蔽」）與其最終航班時刻表（在香港過夜對比在澳門短暫停留）之間的差異，凸顯了把香港建設為樞紐有壓倒一切的重要性。

　　在早期商業航空的網絡設計中，政治形勢勝過地形格局。帝國航空和泛美航空的航班匯合，加上中國航空的服務，令香港能在這個不斷發展的全球

---

92. *Administration Reports for the Year 1938*, 41–42.

93. 《南華早報》，1937 年 6 月 30 日，14。關於中西合資航空的問題，參閱 Kirby, "Traditions of Centrality," 26, and Kirby, *Germany and Republican China*, 76–77。

94. 《南華早報》，1938 年 8 月 11 日，9；《申報》，1938 年 8 月 10 日，4。

95. *Administration Reports for the Year 1938*, 41–42.

96. 《申報》，1938 年 9 月 25 日，4。

航空網絡中，成為一條紐帶。《南華早報》在泛美首航後的翌日吹噓：「香港現在是三條國際航線的交匯點。」帝國航空將英屬香港與檳城和歐洲連接起來，中國航空從這個位於中國南部的城市飛往中國各地。泛美航空提供經馬尼拉連接香港與北美的服務。[97] 雖然這三條航線都沒有香港本地的參與，但它們在香港的交接，標誌著這座城市的特殊位置。無論是政治或地理上，這條在香港新建立的商業航空紐帶，都促進了全球流動。

凡爾納（Jules Verne）的《八十天環遊世界》（*Around the World in Eighty Days*, 1873）為本來只有環球商業企業才能在現實中實現的環球航行，提供了想像動力。在商業航空領域，航空公司屬於國家企業。就香港而言，在這個時代中，因為其殖民地位，使這座城市未能擁有本地航空公司。大英帝國給予帝國航空一個先機，讓它在飛往香港的航班上享有特權，這不僅是為了與香港保持聯繫，從而加強對香港的控制，也是為了進一步提升帝國對中國新興市場的興趣。泛美航空從太平洋的另一邊擴展網絡，不僅受益於美國對馬尼拉的控制，還通過這些商業聯盟滲透到中國體制。針對在這個地區建設航空樞紐，雖然澳門提供了一個替代香港的選擇，但里斯本無法提供可與倫敦在全球影響力相匹配的網絡。儘管經歷了外交談判的考驗與磨難，以及安排「首航」，但香港終究於1937年4月28日與全球連接起來。報紙標題寫道：「環球航線現已成為現實。」馬尼拉和香港之間的首個定期航班服務，彌合了「飛行員、商務人士和旅行者的夢想」中最後剩餘的鴻溝。[98] 香港作為航空樞紐的基礎，在很大程度上，要歸功於本身位於中國邊緣、作為英國帝國前哨的臨界性，以及作為太平洋遠端連接美國的吸引力。

英國在華的空中樞紐？

二戰前，香港在空中連繫方面的競爭，主要體現在啟德飛行場上。「啟德」以兩位中國企業家來命名，他們於1910年代計劃在九龍灣即將開墾的土地上，打造一座花園城市。到了1920年代中期，二人的投資公司因資金耗盡，香港政府便接管了這個開墾工程，並將這片土地的用途重新規劃為機

---

97. 《南華早報》，1937年4月29日，12。

98. 《南華早報》，1937年4月28日，14；1937年4月29日，12。

場。[99] 香港政府的民航處關於啟德機場的簡略起源，追溯資料至 1930 年。1938 年，香港航線的匯合稍為擴大了飛行場的面積，使它成為「一片草地，沒有跑道，佔地 171 英畝」。[100] 同年年底，日本佔領了廣州，令靠近中國邊境的危險增加。1941 年 12 月，與日本的戰爭爆發，進一步擾亂了民航服務。1941 年 12 月 11 日，英國當局在摧毀了所有對日本人可能有用的設備後，便撤離了啟德。民航在香港戛然而止，在接下來的四年沒有重新經營。[101]

二戰於歐洲和亞洲不斷升級，早在日本佔領香港的數月前，香港政府已在香港物色擴建停機坪的機會。[102] 諷刺的是，儘管英國盡顯其戰時野心，但最終卻是日本當局完成了擴建啟德的任務。為了拓展空中勢力範圍，日本佔領軍摧毀了「周遭大量的華人財產」，繼而開墾土地，將啟德擴大至 376 英畝，並鋪設了兩條硬質混凝土跑道。因此，當英國在 1945 年重返香港時，啟德所佔的面積是 1941 年的兩倍。[103]

戰爭期間，各國對爭奪空中控制權的焦慮，推動著航空基礎設施的發展。在戰爭年代，即使與盟友產生利益衝突，英國仍要維護其帝國足跡。在香港，民航問題的討論構成英國遠東戰略的一部分。泛美航空與帝國航空的航線在香港相會，受到了各方追捧，這個聯繫更被視為盛大的創舉。然而，英國繼續與其他大國，主要是與盟友美國，在針對航空樞紐的領土主張上，爭奪空中航線的控制權。1943 年，戰時內閣闡明了英國內部交通、「殖民帝國」內部交通以及「大英帝國航線……與自治領和印度的合作」，為英國政府至為重要的目標。英國的目的是「確保盡可能地得到最多國際航道」。[104] 1945 年 4 月，已從帝國航空搖身為國有化英國海外航空公司（British Overseas Airways Corporation）的主席 Lord Knollys，他在拜訪英國外交部遠東部部長 JC

99. Chu, "Speculative Modern," 128–33；另參閱 HKPRO, HKRS558-1-141-12。

100. *HKDCA*, 1946–1947, 1.

101. *HKDCA*, 1952–1953, 2–3。有關啟德戰時活動，詳細可參閱 Kwong and Tsoi, *Eastern Fortress*, chap. 9。

102. 香港立法局，1941 年 2 月 20 日，56。

103. *HKDCA*, 1946–1947, 1; 1952–1953, 3；　另 參 閱 HKPRO, HKRS115-1-28; HKPRO, HKRS156-1-390-2; HKPRO, HKRS156-1-399。

104. TNA, CAB 66/42/12.

Sterndale Bennett 時強調，香港「不僅是作為一些公司設於中國營運的總部，還是一個航線站」。[105]

在商業航空領域，英國與戰時盟友美國利益衝突日益顯著。美國正計劃透過建造航空基礎設施來擴大全球影響力。航空為美國帶來全新的環球想像。[106]根據「空中邏輯」（logic of the air），一種新的世界秩會將會出現——以歐洲帝國的衰落及美國崛起成為全球領導者——預料美國在世界享有主導地位。按照這個邏輯，美國的崛起，並非因為領土的控制，而是基於航空公司所能提供的通道。[107]美國助理國務卿、羅斯福戰後航空戰略的設計師伯樂（Adolf A. Berle）提倡「開放天空」政策——一種不受限制的國際通行標準，聲稱將會使所有國家受益。[108]他的這個計劃會令具豐富領土的帝國處於不利位置，又同時賦予美國不可動搖的地位。到了1944年，美國已控制著世界上約七成的航空客運里程，在這領域佔著領先地位。[109]

1944年，美國召開了一次會議，「為建立臨時世界航線和服務作出即時安排」，並「討論通過遵循航空最新公約的原則和方法」。約700名來自52個國家的代表出席了11月1日至12月7日在芝加哥舉行的當屆國際民航大會。[110]蘇聯在最後一刻召回代表團，明顯缺席，這也預示了未來幾十年國際天空的衝突。儘管伯樂在會上鼓吹對美國有利的反殖民情緒，但英國及其他歐洲殖民大國仍然拒絕在他們的殖民地授予名為「空中自由」的航權，這表明在二戰結束時，帝國在空中的足跡將會延續下去。英國一方面呼籲建立一個國際組織，以確保其他地方的競爭方式，另一方面在其帝國航線上堅持英國海外航空公司的特許經營權。[111]美國的抵制窒礙了以多邊協議為原則的布局，英國民航部長對此表示失望，但預計這種安排將使英國及其自治領土能夠從美國獲得互惠設施。雖然重點不在香港，但是1945年的一項政策規定，國有的英

105. TNA, FO 371/50297.

106. 有關英美關係發展的更深入討論，參閱 Dobson, *Anglo-American Relations* and Woods, *Changing of the Guard*。

107. Van Vleck, *Empire of the Air*, intro.

108. Engel, *Cold War*, 95–96.

109. Van Vleck, *Empire of the Air*, 168–70.

110. 丹麥部長及泰國駐華盛頓部長也以個人身份出席，參閱 International Civil Aviation Conference, *Proceedings of the International Civil Aviation Conference*, 1, 113–19。

111. Van Vleck, *Empire of the Air*, chap. 5; Lyth, "Chosen Instruments," 50–51.

國海外航空公司將「負責聯邦服務以及對美國、中國和遠東的服務」。與美國達成協議，對英國的航空利益至關重要。[112]

在芝加哥會議上，美國有不一樣的意圖。美國這國際航空重量級人馬提倡了五項「空中自由權」：

1. 和平過境的自由，在不降落的情況下，由一國授予另一國飛越其領土之權利（第一項空中自由）。
2. 非載運目的（如加油、維修或備降）而降落之權利，由一國授予另一國非載運目的在其領土上降落（第二項空中自由）。
3. 從本國到任何國家之載運權利（第三項空中自由）。
4. 從任何國家到本國之載運權利（第四項空中自由）。
5. 於中轉站上裝載和卸下之權利，由一個國家授予另一個國家在第一個國家的領土上，裝載和卸下來自或運往第三國之乘客、郵件及貨物之權利（第五項空中自由）。

因為美國沒有海外領土，所以在這五項自由條款中，第五項對該國的航空未來至關重要。[113]

英國沒有在會議上讓步，但不到兩年時間，經掙扎後終屈服於國內日益嚴重的經濟衰弱。1946年2月11日，在百慕達舉行的英美民航會議上，英國為了在其他問題上得到美國的援助而多次妥協，雙方最後簽訂《百慕達協定》。英國向美國讓步，授予兩國之間協議中的五項自由。[114]《百慕達協定》的雙邊協定規定了每個國家航班的飛行航線，以及沿途停靠的站點，為隨後管理國際航空的安排繪製了藍圖。雖然「第五項自由」的引入可能削弱了領土地緣政治力量的重要性，但在大英帝國版圖不斷縮小的末端，香港仍然是英國的重要籌碼。在商業航空領域，香港有利於英國的議價能力，它的吸引力不僅在於作為一個航線的終點站，還因為它是全球航空交通的連接點。

112. TNA, CAB 66/56/42; TNA, CAB 129/3/21; TNA, CAB 129/3/22.
113. International Civil Aviation Conference, *Proceedings of the International Civil Aviation*, 3; Van Vleck, *Empire of the Air*, chap. 5.
114. 《紐約時報》，1946年2月12日，4。有關英美民航競爭的更深入討論，參閱 Dobson, *Peaceful Air Warfare*; Dobson, "Other Air Battle"。

《百慕達協定》允許英國航空公司提供由新加坡和香港到三藩市的服務，途經馬尼拉、關島、威克島和中途島以及檀香山。美國營運商也可途經相同的中途站，提供由三藩市和洛杉磯到香港的航線，以作為回報。[115]百慕達會議結束後不久，一位英國官員宣布召開一次民航會議，討論繪製太平洋航空服務圖，出席者來自澳洲、新西蘭、英國、加拿大及美國等地政府。傳媒將香港視為討論的主題，甚至有報導指，美國民航局已推舉泛美航空和西北航空，作為進出香港這條新航線的航空公司。[116]

自成為美英地區競爭的一部分後，香港開始參與戰後航線重建。英國企圖進行「第二次殖民佔領」時，[117]有理由將航空視為重振帝國足跡的重要工具，因此不會總是將這項利益與戰時主要盟友的利益掛鉤。與港口和鐵路相比，航空基礎設施的建設可以更經濟、更快捷。[118]在英國政權回歸後的幾個月內，香港著名商人嘉道理（Lawrence Kadoorie）已經與香港官員取得聯繫。1945年10月11日，他寫信予民政局，指出對泛美航空來說，澳門是香港的代替品。嘉道理鼓勵香港政府向美國和其他飛機營運商授予航空設施使用權，並建議英國「應該捉緊每個機會，表明政府有意在殖民地建設一個與海港一樣重要的機場」。隨著香港政府努力在香港重新建立自己的地位，嘉道理相信「通過鼓勵遊客前來，令香港重新聞名國際，我們獲得的將會遠遠超出所損失的」。1946年8月21日，他與輔政司溝通，敦促英國政權將基礎設施升級。嘉道理報稱一旦跨太平洋服務恢復後，泛美航空會選擇廣州而不是香港作為停靠港，並警告：「儘管航空運輸公司希望使用香港作為基地，但除非當局提供基本設施，否則他們會繞過殖民地。」[119]

英國最初專注於英聯邦航線，視之為確保航空秩序不受美國競爭影響的工具。然而，自1946年《百慕達協定》授予英國和美國航空公司權利，允許

---

115. TNA, CAB 128/5/11; TNA, CAB 129/6/37; TNA, Treaty Series No. 3 (1946), Agreement between the Government of the United Kingdom and the Government of the United States of America relating to Air Services between Their Respective Territories [with Annex] Bermuda, 11th February, 1946.

116. 《南華早報》，1946年2月20日，2。

117. 由 Low 和 Lonsdale 創造，用來描述二戰之後，英國在非洲的活動，「第二次殖民佔領」一詞已擴展到其他情況（參閱 Darwin, *The Empire Project*, 559）。

118. Bickers, *China Bound*, 306.

119. The Hong Kong Heritage Project, SEK-3A-064 B02/18.

他們經營到香港的航空服務之後，英國的注意力便開始轉向香港。在1946年一份關於香港的報告中，英國官員稱香港為「戰後航空網絡中最重要的一環」。從香港可輕鬆抵達西貢、新加坡、中華民國首都南京、馬尼拉和日本。1946年8月，英國海外航空公司推出每週一次的飛船服務，此航班在六天內將香港與英國連接起來。[120]

　　將香港打造為連接樞紐的熱潮再度升溫，促使英國當局加緊勘察工作，物色在香港興建航空基礎設施的合適地點。儘管日本擴展了飛行場，但啟德仍然是一個未完全開發的地點。英國當局重返香港後，審視兩條現有的跑道。西北—東南跑道長4,580英尺，寬330英尺，而東北—西南跑道則長4,730英尺，寬225英尺。1947年，香港政府評論指：「除了來自東南方的途徑外，其他途徑都非常糟糕」，強調需要「一流的現代機場」。[121]儘管日本人進行了「相當大的擴建」，使整個規模擴大了一倍，但啟德「仍然不足以容納重型飛機」。戰時航空業的進步，凸顯了啟德的不足。當局只好繼續尋找合適的機場地點，並指出幸運的是，「儘管有時進入啟德的方法很危險」，但很少發生事故。[122]1947年3月，一個代表民航部、空軍部和英國海外航空公司的技術小組前來檢視香港，以及整個遠東地區的機場。[123]

　　香港政府聯同倫敦，考慮將位於香港西北角落的屏山視為可發展地點。然而，民航部和英國海外航空公司發現飛機往南飛時會過度依賴天氣。空軍部派往香港的代表團建議將后海灣（Deep Bay，今稱深圳灣）作為備選方案，該地區位於屏山西北兩英里處，與中國接壤。后海灣的建設預計耗資約400萬英鎊，需時約30個月。與此同時，啟德需要翻新，以確保中航、英國皇家空軍及英國海外航空公司的營運暢順。[124]

　　除了英國當局，媒體亦表達了政府需要興建一個新機場的急切性。1946年11月，《南華早報》轉載《泰晤士報》（The Times）的一篇文章。文章指出，香港的地理位置以及作為自由港的運作模式，使它享有「戰前華南地區轉運中心的卓越地位」，注定要成為「遠東大部分航空交通的樞紐或終點站」。啟

120. *Annual Report on Hong Kong for the Year 1946*, 86–87.

121. *HKDCA*, 1946–1947, 1.

122. *Annual Report on Hong Kong for the Year 1946*, 86–87.

123. 《南華早報》，1947年3月8日，1。

124. 香港立法局，1946年7月19日，56–57；TNA, T 225/597。早在1946年6月年太古就獲悉政府在后海灣的計劃（JSS, 1/3/16 Director in the East Correspondence）。

德只是「租界」中的一個「小型的,而且按照現代標準,相當不完善的飛行場」。據報導,英國人甚至在重返香港之前,早已知道啟德「不可能按照現代航空標準的方式進行重建或擴建」。靠近飛行場時,「幾乎〔完全〕被群山環繞,而且經常被薄霧籠罩」,這個情況「對現代高速飛機來說,有時是非常危險的」。文章甚至提到,「只有那些在重慶與世隔絕的情況下,日復一日地進出該地區的美籍中國航空飛行員」才會心平氣和地考慮在啟德著陸和起飛。因此報導質疑,如果啟德仍然是唯一的機場,是否有任何營運現代飛機的航空公司會定期為香港提供服務。這篇文章還報導了在后海灣建造機場的提議,提供「一個無霧的著陸場,從海上可以清楚地靠近,幾乎適用於颱風以外的任何天氣」。香港對航空設施的需求不斷增長——啟德在天氣許可下,已被英國軍方、英國及中國的航空公司作日常使用,而美國、澳洲、法國和荷蘭的航空公司正在尋求定期航班服務的許可。文章作者擔心,若沒有任何迫切感,香港可能「被降級至次要地位……而並非作為遠東航空服務網絡的核心」。香港有望恢復從前在遠東航運的領先地位,只有發展成為東南亞的航空樞紐,才能提升海上地位。[125]

1947年,民航部技術考察組繼續報告啟德「只能做輕微的開發」,由於啟德身處「一座馬蹄形的高山」,故只能為「能見度良好的中型和輕型飛機」提供安全操作。呈上殖民辦公室的報告敦促須「在中國於廣州完成任何重大工作之前」,建造后海灣機場,以確保「英國領土上的機場將比中國的機場更有效地管理和運行,吸引更多運輸量流入香港」。[126]

美國試圖擴大對空中航線的控制,英國於是不得不加以抵禦。然而,英國爭奪自身對香港的影響力,不一定是為了香港,而是為了開拓這座城市的航空潛力,尤其是與中國的聯繫。儘管英國有著非凡的交通網絡,但1946至1947年間,英國航空僅佔香港客運量的17%。中國成為啟德的主要用戶,中國註冊的 C-46 和 C-47 內陸飛機,佔所有起飛的飛機數目一半。中航為上海、南京、重慶、昆明、海南和廣州提供空運服務。1946年5月,中航是唯一一家營運的民用航空公司,共有24班航班飛往香港,乘客總數達475名。[127]1947年,《英中航空協定》授予英國從香港飛往廣州和上海以及倫敦或新加坡

125. 《南華早報》,1946年11月6日,4。
126. TNA, T 225/597.
127. *Annual Report on Hong Kong for the Year 1946*, 86–87; *HKDCA*, 1946–1947, 2, 14, 15.

的航線後，交通量有望增加。作為回報，中國的航空公司可以從上海或廣州飛往香港和新加坡。[128] 在 1947 年的年度報告中，香港政府的統計列出為啟德提供定期服務的 13 家航空公司（4 家英國航空公司、2 家中國航空公司、3 家菲律賓航空公司，以及美國、法國、挪威和暹羅〔泰國〕各 1 家航空公司）。截至 1948 年 3 月 31 日的過去一年中，機場處理了 7,309 架次飛機升降（比上一年增加了 200% 以上）和 113,326 名乘客（比上一年增加了近四倍）。與前年一樣，中航主導了交通運輸市場，佔有 1947 至 1948 年總載客量的一半。[129] 與中國相比，英國享有技術和營運優勢，但英國官員當然意識到香港北部邊界可能出現的機會以及潛在的競爭。

到 1947 年初，政府仍不採取重建機場的行動，使香港本地政界不耐煩。在 3 月 27 日的立法局會議上，時任香港總商會主席兼立法局代表基爾斯比（Ronald D. Gillespie）抱怨指：「我看不到任何進展的跡象，我希望政府真正意識到事情〔需要在香港建立一個現代化機場〕的緊迫性。」[130] 本地政界人士明白，香港需要為建造成本投放大量資源。[131] 然而，相關的財政支出仍未決定好如何分擔，使倫敦的政客們猶豫不決。1947 年 10 月，英國工黨政府實行啟德現代化的承諾再次備受質疑。殖民地事務副國務卿回答指，雖然他意識到香港對大英帝國的重要性，但他不願英國政府承諾把啟德機場現代化，是因為「資本支出非常龐大」，香港政府可能會無法承受。他甚至認為要求英國納稅人承擔費用是不明智的，因此沒有直接回答英國政府是否已把啟德項目「無限期地放入冷庫」。[132]

英國政府最終於 1948 年 2 月通過后海灣的興建項目。這個決定部分來自防禦目的，但也基於另外三個民事考慮。首先，有別於啟德，后海灣將為未來長途飛機提供快速和經濟的擴展。其次，香港作為轉口港的價值，不僅對香港重要，也對英國在遠東的利益很重要。第三，在國際上，對於在中國南方建立一個長途機場的需求是毋庸置疑的。英國政府需要在中國政府於廣州建立具威脅性的設施前採取行動。[133] 因此，英國政府宣布準備為后海灣建設

---

128. TNA, CO 937/104/2；《泰晤士報》，1947 年 7 月 24 日，3。

129. *Annual Report on Hong Kong for the Year 1947*, 108–9; *HKDCA*, 1947–1948, 1, 8, 9.

130. 香港立法局，1947 年 3 月 27 日，81。

131. 香港立法局，1947 年 4 月 24 日，127。

132. House of Commons debate, October 29, 1947, vol. 443, col. 862–63.

133. TNA, FO 371/69580.

機場項目，提供300萬英鎊的貸款。而根據1947年9月的預計，該項目的總耗資為400至500萬英鎊，需時三到五年。[134]

英國政府對中國南京政府的反應持謹慎態度。雖然英國駐華大使館不覺得宣布貸款會引起中國任何尷尬反應，但港督認為，最好將英國通過后海灣機場建設的決定提早告知中國政府，並且親自與中國外交部長和廣東省長接洽。與此同時，中國的內戰升級。英國文件表明，后海灣的建設是要在1948年底進行的。[135] 到1949年2月，英國官員同意，任何公告都應提前通知中國政府。與此同時，他們也對中國不斷變化的政治局勢感到不安。[136]

儘管中國政局不穩定，但在1949年初，香港仍對其在通訊和運輸方面所扮演的角色充滿信心。1949年3月16日，港督葛量洪（Alexander Grantham）於立法局發表講話，誇耀1948年經香港的貨運和客運量均有增長，啟德每個月有25,000名乘客進出海港，「處理幾乎與帝國中任何機場一樣多的運輸量」。[137] 一名立法局議員回應說，鑑於香港的潛力，啟德機場「不適合作為一流的主要航空交通中心」。[138] 同樣地，港督在1949年初向殖民地國務卿報告了良好的航空增長。1938至1948年間，飛機抵達架次增加了14倍，達到每年9,144班次，乘客數量（進出香港）增加了23倍，達到232,558人次，貨運和郵件增長了5倍，達到1,875公噸。[139] 截至1949年3月的年度，乘客人數上升了一倍，單單在3月份就有20,043人次進出啟德機場，其中75%是往返中國的。香港當局重申啟德的不足，以及香港作為樞紐的作用，並匯報指香港「唯一的飛行場——啟德……大致上成功處理了大量飛機和乘客用戶」。然而，因為飛機難以從空中靠近跑道，因此無可避免地導致了在惡劣天氣下的延誤和改道。在香港正等待建造新機場的決定時，啟德的「臨時客運大樓」「有時非常擁擠」。[140]

葛量洪懇求英國政府對位於后海灣的新機場作出承諾，將該機場建造成為「東亞最繁忙的機場之一……這對香港和中國來說，都是一個天賜良機」。

134. TNA, FCO 141/16981; *HKDCA*, 1948–1949, 6.
135. TNA, DEFE 5/8/136.
136. TNA, FO 371/69581; TNA, FO 371/69582B; TNA, FO 371/75923.
137. 香港立法局，1949年3月16日，60。
138. 香港立法局，1949年3月30日，107。
139. TNA, FO 371/75923.
140. *HKDCA*, 1948–1949, 5–6.

然而，由於地緣政治格局經歷了戲劇性的轉變，原先預測1948至1949年中期的交通運輸量激增，被證實只是曇花一現。英國官員似乎曾一度相當樂觀，建議於1949年3月5日「在香港、中國和倫敦宣布」這個項目。然而，他們很快撤回這個決定，並在同年4月表示，他們應該「在目前的情況下，盡一切可能避免引起政治迴響，尤其是在中國」，因此「急於避免現階段在這裏〔倫敦〕或在中國發表任何公開聲明」，並進一步指出，「宣傳應僅限於最低限度的地方公告……為的只是讓調查及其他初步工作得以展開。」[141]

儘管英國人沒有就后海灣計劃發表公開聲明，但他們繼續通過中國外交部與中國政府進行交流。這件事已成為公開的秘密。1949年5月，一位部委代表主動提出徵地建議，並引述一篇專門文章，該文章引用了1898年英國從清政府那裏獲得的新界租約中的一個特殊條款。[142]與此同時，國民黨軍隊向南撤退加劇了外逃的熱潮，在1949年中期，香港機場平均每天處理1,300人次的乘客。全年政局仍然不穩定。1949年10月，中共軍隊攻佔廣州和昆明，徹底中斷了香港與中國大陸之間的航空運輸，航班數量立即下降了約60%。[143]

1949年接近尾聲時，英國外交部對英國政府處理新機場建設時「漫條斯理」的態度表示不安。官員們擔心，隨著中共權力的日益鞏固，當地地主可能會對驅逐令作出更激烈的反應。中共進軍至香港邊境的舉措，並沒有終止后海灣項目。儘管有報導稱上海終止了商業服務的營運，但航空部調查組據稱在1950年2月，終於「開始著手調查現場的初步工作」，此舉引起擔憂，恐防這種拖延的做法會導致該項目前功盡棄，或變成「官方刺激中國的一流例子」。外交部警告說，除非加快建設，否則新中國政府會積極反對該項目，而且沒有外交渠道允許任何討論。殖民地辦公室只能回應指：「如果有任何無可避免的延誤，導致我們不得不在後期放棄這個項目，那只能成為一件憾事。」[144]

1950年6月，英國官員開始放棄后海灣項目。港督葛量洪得出的結論是，「后海灣不是一個完善的提議」，這不僅是因為興建成本高，更重要的

141. TNA, FO 371/75923.

142. TNA, FO 371/75923.

143. *HKDCA*, 1952–1953, 5–6。英國政府與香港政府一起捲入了一場關於中共接管大陸後中國飛機留在啟德的權利糾紛。有關該爭議的詳細討論，請參閱 Kaufman, "United States, Britain"。

144. TNA, FO 371/83447; TNA, BT 245/991.

是，后海灣位於「共產黨伸手可及」的危險位置。他還認為，雖然改建啟德的主跑道在技術上不如后海灣那麼令人滿意，但不失為一個解決方案。有關延長現有跑道的討論因而展開，儘管英國官員認為需要明智地為項目設定成本上限。大家也普遍同意，香港需要不止一個用作防禦的機場。排除了后海灣後，香港政府決定在啟德和石崗興建兩個機場。到 7 月初，英國官員已在倫敦開會討論這兩個項目的成本。[145]

有關后海灣興建新機場的討論就此結束。英國官員重啟了啟德的發展項目，即使啟德曾被認為結構上差劣及不安全。技術專家對發展啟德表示抗拒，但政府的考慮是無可辯駁的。[146] 后海灣靠近中共領土，顯然削弱了這個地方興建機場的可行性。然而，香港空中運輸量急劇減少，也讓英國人暫停對這個新興的航空樞紐作任何重大投資方案。香港和中國大陸之間的空中連接停止，流失了航空流量中的最大組成部分。到 1950 年初，當中國業務完全停止時，香港更感受到巨大的影響。[147] 1949 年 7 月，中央航空運輸公司（前身為歐亞航空）每週營運 28 班飛往廣州的航班及 29 班飛往中國其他地點的航班，而中航則每週營運 35 班至廣州的航班，58 班至中國其他地方，另往印度和泰國各一班，每月有兩班前往美國。到 1950 年 3 月，兩家營運商的服務均已停止。1949 年 7 月，香港航空有限公司每週 28 班飛往廣州的航班也被取消。1950 年 3 月的航空交通量僅為 1949 年 8 月運輸量的六分之一。[148]

截至 1950 年 3 月 31 日的十二個月內，來港和離港的飛機總數分別為 11,057 架次和 11,016 架次。[149] 截至 1951 年 3 月 31 日止的年度，有 2,640 架次到港和 2,650 架次離港。因此，與上一年相比，飛機的升降次數下降了 76%。與中國大陸交通相關的 17,091 次著陸和起飛的損失，無法與連接香港與台灣新國民黨基地的 1,425 次著陸和起飛相比。同樣，同年總旅客人數下降了 74%，只有 73,064 人次，4,109 名台灣入境旅客和 5,403 名出境旅客的數量，也難以彌補前一年約十萬名來往中國內地旅客的減少。[150] 直到 1950 年代中期，飛

145. TNA, CO 537/5619.
146. TNA, CO 537/5620.
147. 香港立法局，1950 年 3 月 8 日，36。
148. *HKDCA*, 1940–1950, 3–4；TNA, CO 537/5619；香港立法局，1950 年 3 月 8 日，48。第二章會詳細介紹香港航空有限公司的歷史。
149. *HKDCA*, 1949–1950, 12；TNA, CO 537/5619.
150. *HKDCA*, 1949–1950, 12；*HKDCA*, 1952–1953, 60；TNA, CO 937/274.

機升降量一直保持在這些低水平，香港政府看不到恢復飛往中國大陸定期航班服務的跡象。[151] 儘管英國官員對擴建後的啟德機場是否適合未來機型存在分歧，但一個航空顧問委員會於 1951 年 2 月建議推遲后海灣項目，並敦促香港政府批准啟德機場的擴建。[152] 隨後，英國政府就倫敦向香港提供新機場貸款的適用性展開了辯論。香港行政局的非官守議員認為，擴大啟德對英國有利，因此由倫敦承擔部分費用是合理的。[153] 在接下來的幾年中，成本攤分和技術困難的問題仍然存在，但到 1950 年代中期，倫敦和香港的官員已將注意力集中在啟德身上。[154] 而啟德的工程則需要到 1950 年代末才能完成建設。[155]

＊　＊　＊

即使香港本已經是國際海上交通中心，但也不一定代表它將會成為航空樞紐。民用航空代表了一種顛覆性技術，具有重新規劃全球交通路線的潛力。因此，可以理解，英國當局連同在香港經營的英國航運業的既得利益者，根據過去香港海上交通的舊有足跡，努力開發新的空中航線。1939 年，將帶領太古在香港發展商業航空（第三章）的 John "Jock" Kidston Swire 已建議為公司的船塢業務設立一個「航空部門」，以「保障未來」。[156]

技術會不斷進化，但不是憑空發展起來的。事實上，隨著航空科技日趨商業化，香港當局在 1950 年代初期將啟德列為兩個項目——「陸地機場」和「水上機場」，兩者的「坐標位置」相同，卻有不一樣的「海拔」、「著陸區」和「照明系統」。[157] 在商業航空的早期，這種兩棲配置是必要的，因為帝國航空公司等營運商選擇飛船來規避建造大規模網絡和維修跑道的困難。[158] 新興而未成熟的科技為商業航空系統構成了阻力，使得航線自然而然地順應了從一

---

151. *HKDCA*, 1954–1955, 25; *HKDCA*, 1956–1957, 38.

152. TNA, BT 245/991.

153. TNA, T 255/599；香港立法局，1952 年 3 月 27 日，141–42。

154. 香港立法局，1958 年 3 月 6 日，45；香港立法局，1958 年 3 月 26 日，84–85、101–2。

155. 香港立法局，1953 年 3 月 4 日，28–29；香港立法局，1954 年 3 月 17 日，67、78–80；香港立法局，1954 年 6 月 16 日，216–20、225–27；香港立法局，1955 年 1 月 12 日，8–9；TNA, FO 371/141231。

156. JSS, 13/8/4/3 Imperial Airways, Correspondence (incomplete), 1933–1941. 有關 Jock Swire 的報導，請參閱 Bickers, *China Bound*。

157. *HKDCA*, 1952–1953, 12, 29; *HKDCA*, 1954–1955, 14.

158. Lyth, "Empire's Airway," 881；另參閱 HKPRO, HKRS156-1-409。

個港口跳到另一個港口的舊有模式。崛起中的大國（尤其是美國）和新領域的開放（在太平洋中部）為不斷發展的航空業引入了新的元素。在香港，以英國帝國航空為代表的舊世界力量與泛美及其中國合資企業為首的新世界力量相連起來。香港作為地區連接點，這個角色並不是注定的。這點在各方長期討論把澳門建立為航空基地的可能性上，尤其明顯。

香港位於中國大陸南端的地理位置及其作為遠東英國殖民前哨的政治格局，使它成為一個具吸引力的連接點，吸引了來自中國、英國和世界各地的商業公司，探討在這個地區建立立足點。為了進入誘人的中國市場，式微中的英國勢力與不斷上升的美國搏鬥和磋商。香港發展成為航空樞紐，看似是其海上發展的自然延伸。實際上，香港不僅經歷了技術上的考驗，更在區域及全球的變動下克服了許多障礙，才能成為航空樞紐。

香港作為商業航空中心的吸引力，在1940年代發生了驚人的變化。二戰時，日本為了滿足自身的軍事需要，在佔領香港期間擴大了啟德的基礎設施，進一步鞏固了香港航空業以後的發展。戰時對商業航空規則的審議，加強了香港在英國大局中的重要角色，為萎靡不振的英國勢力在地球的這一角留下立足點。戰勝國紛紛爭奪對領空的控制權，戰後重建計劃早在第二次世界大戰結束之前就開始了。隨著戰爭結束後，商業交通恢復，香港需要認真發展實體基礎設施，以應付空中服務。由於擔心中國內地的反應，決策者更加謹慎行事。

在短暫的和平時期，從中國進出香港的繁忙交通，為香港提供了財務進賬，以及支撐了香港商業航空樞紐的發展。在香港，中國的航空交通與通往歐洲和東南亞的航線相連，並與美國建立了更多的聯繫。這種交通為英國，不僅在香港亦在倫敦，帶來了巨大的希望。中共接管中國內地後，中國新興航空市場的誘人機會瓦解，香港與倫敦之間，有關香港基礎設施發展成本分攤的談判戛然而止。香港商業航空業務前景黯淡，促使英國當局考慮縮減基礎建設的規模。短短幾年前，雄心勃勃的規劃者還認為啟德不足以滿足香港的商業航空潛力，可是基於商業計算和地緣政治考慮，當局還是明智地決定重回啟德擴展。

　　David Edgerton 有説服力地反駁英國在20世紀衰落的説法。[159] 他爭辯説，英國在技術上仍然保持創新。[160] 特別是，他對英國飛機工業的研究表明，該國仍然是一個優先考慮技術、工業和軍事發展的「戰爭」國家。[161] 從二戰後香港的發展來看，英國的野心歷久不衰。然而，英國對飛機開發的投資，有別於對基礎設施發展的策略。雖然飛機技術的應用不受地域限制，但機場的基礎設施卻需立足於特定空間。正因為中共接管了中國內地，增加香港的地緣政治風險，英國失去了在香港興建新機場的興趣。大型機場項目被英國腰斬了，其後以財政為主要考慮，而規模縮小了的擴建，也只能靠英國駐港官員的毅力，才得以進行。

　　基礎設施的發展，即使規模縮小，也標誌著香港在全球航空版圖中的地位。儘管在早期屢次被錯誤估算，香港的突出地位，很大程度上歸功於其地理和政治上的位置。英國在香港的角色，是要將香港與被重新塑造成英聯邦的帝國網絡連接起來。美國在香港連接上這個英國網絡，完成了期待已久的空中環球路線。儘管中國發生了內部和外部的軍事衝突，但早在1949年之前，它已有望能提供龐大的全球航空交通流量，而香港正正處於一個有利位置，抓住這些交通流量的商機。後來，香港以北政治格局的變化，縮減了香港朝這方向的網絡空間。可是香港商業航空網絡，在既有的基礎設施的前提下，繼續從香港往周邊擴散。

　　香港航空基礎設施的實體表現，以及航線網絡擴張，均隨著地緣政治動態的變化而展開。在最初幾十年動盪的歷史時代下，香港在商業航空領域的中心地位，是通過謹慎的談判和務實的調整而建立起來的。

159.　Edgerton, *Rise and Fall*; Edgerton, "Decline of Declinism."

160.　Edgerton, *Science, Technology*.

161.　Edgerton, *England and the Aeroplane*.

第二章

重新定位：因應二戰後的地緣政治調整規模

啟德機場　空前冷落

本港與共區航空交通，現尚未有通航消息，在目前情況下，啟德機場寂靜，為過去所未有。平日成為遠東最繁忙航空站之香港，今日則大改前景。連日來未屆下午五時，啟德機場中之辦事人員，早已離去，無事可為。

《香港工商日報》，1950 年 1 月 9 日 [1]

　　最初香港航空樞紐的成立，是為了配合大英帝國從香港向北擴張，提供一個立足點，但 1949 年中共接管中國大陸後，不得不改變航空路線。一直以來，樞紐被視為英國、美國及中國等航空公司的空中交匯點。由中共掌權的中國，切斷了中國內地與香港航空樞紐以及其他非共產主義國家的聯繫。自國民黨軍隊從內地撤離後，香港的飛行路線改往台灣。失去最大的飛行夥伴，香港的商業航空業如何堅持下去？

　　1950 年代，香港航空樞紐大幅削減擴展計劃，然而，基礎設施的建設仍然持續進行，跟隨後地緣政治的轉變並行。與中國大陸失去聯繫，只是重塑香港商業航空發展的其中一個因素。在去殖民化時代，香港基礎設施的投資縱然下降，卻仍為英國政權的合理性作出了貢獻。第二次世界大戰暴露了殖

---

1. 《香港工商日報》，1950 年 1 月 9 日，5。

民列強脆弱的一面，他們在香港及東南亞其他地區，被日本軍隊迅速擊敗的情形就是一個縮影。戰後，以英國為首的列強不得不重新制定政策，以應對崛起中的民族主義，以及不斷加劇的經濟競爭。[2] 就香港而言，針對英國與中國在主權問題上的爭議，要獨立是一件不可能的事。[3] 英國開始不再將香港視為其帝國象徵，反而是作為維護其全球大國地位的戰略中，其中一個重要的組成部分。

為了成功執行這個戰略，英國需要在香港投資基礎設施，加強這座城市的競爭力，以動員香港參與全球權力和財富上的競爭。[4] 然而，英國的體制並沒有依一個明確而統一的方向前進，體系中的不同勢力都試圖從這個過程中獲利。在香港，從商業航空的發展可見，這個行業在戰後沒多久已逐漸遵循英國權力制度。英國在倫敦和香港之間的利益競爭，凸顯了企業在香港的經濟重建和發展中爭奪控制權和影響力，過程備受爭議。

當時，冷戰逐漸成形，敵對陣營將香港變成一個前沿地區，接壤帝國主義與民族主義，影響了去殖民化的全球動態。香港的自由貿易原則，面臨民族和發展理念的衝擊。[5] 本地的考量牽動了冷戰動態，[6] 在香港的案例中，這促成了香港政府在去殖民化時代獲得群眾支持。在隨後的地緣政治重組中，香港重新調整了領空。民航將香港與處於冷戰分歧一側的新興航空樞紐連接起來，這個行業不僅將擴張中的航線重新定向到另一個地區，而且還塑造了一個由航空公司所促進的經濟及文化交流活動領域。

香港繼續提供連接英國、美國及其盟國的航空服務，而它四周的空域發展，也反映了東南亞地區的重新配置，繞過中國大陸的北向跳島航線，將香港與北美連接起來。這個過程隨著航線的增加、啟德的建設以及以香港為基地的航空業重組而形成。

2.　Duara, *Decolonization*, 7.

3.　跟直布羅陀和福克蘭群島情況相似（Ashton, "Keeping Change within Bounds," 49）。

4.　Duara, *Decolonization*, 16.

5.　Duara, "Hong Kong," 211–12.

6.　Zheng, Liu, and Szonyi, *Cold War in Asia*.

一個重置空域的關鍵

事實證明，中共接管中國大陸以後，那些因著香港商業航空迅速增長而萌生的狂喜是沒有根據的。交通量的爆炸式增長，尤其是1948和1949年，並非一種可持續的發展，而是反映了國民黨政權垮台時經過香港的流亡潮。1950年，新的基線開始出現，而政府也可相應配合，以制定航空發展政策的需求。

直至1951年3月，飛往香港的定期航班已減少至十家航空公司，每週提供共29班服務。泛美航空提供最多航班，每週共八班，五班「經由太平洋」飛往美國，三班經由曼谷飛往倫敦。英國海外航空每週提供六班航班，分別飛往倫敦（經曼谷）、東京和新加坡，各佔兩班。在香港註冊的國泰航空每週提供五班航班，三班飛往新加坡（兩班經曼谷，一班經西貢），一班經海防飛往河內，一班經馬尼拉飛往納閩。緊隨其後的是法航（每週三班經西貢飛往巴黎的航班）和澳洲的澳航帝國航空公司（每週兩班，東京和悉尼各佔一班）。其餘航空公司每週提供一班航班（挪威的布拉森航空飛往奧斯陸；加拿大太平洋航空飛往溫哥華；香港航空飛往台北，並接駁西北航空往美國明尼阿波利斯；菲律賓航空飛往馬尼拉，再飛往美國和歐洲；泰國航空公司飛往曼谷）。[7]

英國海外航空遺憾地表示，「由於缺乏英國政府的全力支持」，英國的航空業已失去「作為遠東地區交通主導地位」的機會。該公司將香港視為地區中的「自然重心」（natural center of gravity），位於「日本與東南亞、日本與緬甸、東巴基斯坦與印度之間的航線上，設有多個分支」。在當前地緣政治環境下，即使「因現實政治暫時將中國視為交通範圍以外」，英國海外航空列出了「從香港徑向」到韓國、日本、台北、馬尼拉、婆羅洲、印度尼西亞、新加坡、曼谷、西貢、仰光、吉大港、加爾各答、海防和河內的潛在航線，並且聲稱：「所有航線均可經一架能於36小時，或最多48小時內返回（香港）基地的飛機來提供服務。」甚至指出，香港和澳洲之間的航線也將會是「自然而合法的擴張」。該航空公司不滿在「航空政治」方面上，僅僅依靠英國通過雙邊條約行使的限制性權力，認為這是不足夠的。限制航空交通只會加劇「英國影響力的迅速減弱」。取而代之的是，英國政府應該利用其在該地區的殖民地財

---

7.   *HKDCA*, 1952–1953, 39–40.

產，提供英國服務來填補航空交通的漏洞，以便英國政府能夠「有理由和有
實力」地抵抗入侵勢力，尤其是來自美國的勢力。[8]

因此，在1952年3月結束的一年中，英國海外航空超越了泛美航空，將
每週航班頻率增至9班，增加了兩條經曼谷飛往倫敦的航班，還有一條飛往
東京的航班。菲律賓航空公司也將航班增加了一倍，達到每週兩班。另外有
兩家營運商加入競爭，越南航空從法航的三項服務中，接手其中兩項，每週
提供兩趟飛往西貢的航班，經河內和海防各一趟。國民黨的民航空運公司亦
加入市場，提供每週一班飛往曼谷、兩班飛往台北、兩班經台北飛往東京的
航班。[9]

到了1953年3月，英國和香港營運商進一步擴大了市場份額。英國海外
航空將航班增至每週11班次（5班經曼谷前往倫敦，4班前往東京，2班前往
新加坡）。國泰航空增加了一條經馬尼拉飛往納閩的航班，而香港航空則將
飛往台北的服務增加了兩倍。[10]儘管經香港的飛機升降量復甦乏力，但乘客
數量卻呈現更穩健的增長。截至1952年3月的一年中，增長率只有5%，可是
接下來的兩年分別增長了16%和12%。1950年代，泰國主導了入境和出境的
客運量，由於曼谷是連接歐洲的紐帶，這點也屬意料之內。往返中南半島的
旅客仍佔流量的很大一部分。由於馬尼拉是通往美國及南行交通的大門，所
以菲律賓很快成為旅客數量第二高的國家。1950年代初，郵件量錄得可觀增
長，商業貨物量則在低位徘徊。[11]

到1953年，儘管資源匱乏，英國官員仍然將香港定位為樂於與「鄰近國
家」交流的環球樞紐。香港民航處處長在1953年的報告中自豪地表示：「香港
位於世界幾家主要航空公司的幹線上。」英國海外航空「經營從英國經香港到
東京的幹線服務，一些經曼谷，另一些經新加坡」。加拿大太平洋航空公司在
其北部航線上，經由日本將香港與加拿大連接起來。在南半球的連繫方面，
香港是澳航帝國航空公司定期航班的連接點，連接澳洲和日本。除了英聯
邦，友好的殖民夥伴和盟友也飛經香港。法航及其「附屬區域的越南航空」將
香港與中南半島連接起來，再通往巴黎。比法國網絡更廣泛的，自然是美國

8.　British Airways Archives, "O Series," Geographical, 3316.

9.　*HKDCA*, 1952–1953, 39–40.

10.　*HKDCA*, 1952–1953, 39–40.

11.　*HKDCA*, 1952–1953, 58, 60; *HKDCA*, 1954–1955, 42.

的影響力。泛美世界航空公司開通了「從美國跨太平洋，經亞洲到歐洲」的幹線，途經香港。與泛美航線相關的是菲律賓航空公司，該公司將美國西海岸「通過馬尼拉連接到香港以及歐洲和英國」。結合香港在這些主要幹道上的地位，香港還提供前往鄰近目的地的「頻繁服務」，例如「菲律賓群島、台灣、泰國、北婆羅洲和新加坡」。廣闊的中國內地市場倒是缺了一席，處長謹慎地提到「與中國大陸和海南島的空中通信仍然暫停」。[12] 1950 年代初，英聯邦在香港的民航業上發揮主導作用，並獲得美國和這個地區內其他盟國在商業利益上的支持。

冷戰衝突不斷升溫，為流經香港的商業航空注入了活力。法國失去對越南北部的控制權，也為香港商業航空流量帶來新的變數。1954 年的《日內瓦公約》規定在北緯 17 度線的位置建立軍事分界線。[13] 儘管法航保留了每週經西貢飛往巴黎的航班，但 1954 年 9 月，法國殖民統治下運作的越南航空，停止了從香港經河內飛往西貢的航班。同樣，1954 年 3 月，國泰航空停止了經河內的服務。[14] 1955 年 1 月，對於英國當局針對香港與中國之間的往來，認為「就著恢復服務一事，不適合與中國進行任何談判」，也就不足為奇。[15]

與此同時，其他途經香港的航線也得以建立，形成新的區域結構。泰國航空公司除了提供每週兩班從香港飛往曼谷，並接駁到加爾各答的航班外，還於 1954 年增設了每週兩班來往香港和東京的航班。國民黨的民航空運公司將所有從香港飛往台北的航班，延長至東京，到了 1955 年 3 月，每週一共有四班航班飛往東京。同樣到 1955 年 3 月，印度航空公司推出每週一班從香港經曼谷飛往孟買的航班。在「一長串經營往返香港的區域服務的外國航空公司名單」以外，日本航空公司還開通了香港和東京之間的每週服務。朝鮮戰爭結束後，大韓國民航空開始每週一班經東京飛往漢城（2005 年改稱首爾）的航班。兩家於香港註冊的航空公司繼續在「區域範圍」上，取得令人滿意的表現。尤其是國泰航空於 1956 年擴充機隊，並承諾會「大幅增加」服務。[16] 香港

---

12. *HKDCA*, 1952–1953, 39; Pan Am, Series 2, Sub-Series 1, Sub-Series 3, Box 2, Folder 1.

13. Matejova and Munton, "Western Intelligence Cooperation."

14. *HKDCA*, 1954–1955, 26–27.

15. TNA, FO 371/115397.

16. *HKDCA*, 1954–1955, 25–27.

成為東南亞區域交通的樞紐，不僅連接歐洲，還通過菲律賓、台灣、日本和韓國的空中走廊連接北美的幹線。

政府報告指出，香港擁有「來自世界各地主要航空公司的充分服務，特別是英國海外航空和泛美航空」。1953至1954年間，英國海外航空由香港的領先地位中抽身出來，從每週五趟經曼谷來往香港和倫敦的航班中，削減了兩班，以及在每週四趟來往香港和東京的航班中，減少了一班。泛美航空重新登上與香港連繫航班次數的榜首，在太平洋航線上，每週增加兩班飛往美國的航班，另外增加每週一班經曼谷飛往倫敦的班次。1955年3月，泛美航空每週的航班總數達到11班。相比之下，英國海外航空只有8班。除了最高航班頻率外，泛美航空在啟德也獲得「最多往返香港的乘客」、「使用最多類型的飛機」的頭銜。[17]

總的來說，這些交通流量的重新配置，進一步反映了懸掛著美國及其友好夥伴旗幟的航班持續增長。在截至1955年3月的一年中，東京的乘客數量位居榜首（主要分布在國民黨的民航空運公司、英國海外航空和泰國航空），其次是馬尼拉（由菲律賓航空主導）。排名在這兩個目的地之後的是洛杉磯和紐約，兩者均由泛美航空提供服務。國泰航空憑藉在新加坡熱門市場（與英國海外航空共享）的份額以及對其他區域目的地（如納閩和西貢）的影響力，來保持自己的領先地位。[18]從總流量來看，全年民航升降架次增長20%，客運量增長22%，郵件量增長19%，商業貨運量增長8%。[19]值得注意的是，儘管交通量出現如此驚人的增長，大多數香港居民仍然無法乘搭飛機旅行。1953年，從香港出發的航班，最便宜是國泰航空飛往馬尼拉的機票，單程票價為300港元。這個票價相等於一位香港大學會計師半個多月的工資，或者是半熟練男性打工族兩個月的薪水。英國海外航空從香港到東京的單程費用為992港元，大約是助理講師的月薪。[20]香港本地居民顯然不是航空公司的主要目標客戶，外國遊客才是。1950年代末，國泰航空出版了一些時事通訊，其中載有某些乘客的評論：一個9歲的美國女孩；一對美國夫婦；一個往返香

17. *HKDCA*, 1954–1955, 26–27, 31; TNA, BT 245/860.

18. *HKDCA*, 1954–1955, 50–51.

19. *HKDCA*, 1956–1957, 25.

20. *HKDCA*, 1952–1953, 44; *Report of the Salaries*, 20–21; Ma and Szczepanik, *National Income of Hong Kong*, 20.

港和新加坡的日本商人;一個居住在新加坡的華人,在曼谷和新加坡之間飛行;一位德國旅客;以及一個來自德里的美國家庭,往返香港和曼谷。[21]

香港航空交通流量增加,不僅是冷戰衝突升級背景下的產物,也結合了全球航空業增長這項因素。國際民航組織報告稱,1956年定期航班,運載了7,800萬名乘客,平均旅程長575英里,「幾乎相當於將錫蘭全部人口從科倫坡空運到悉尼。」乘客人數比1955年增加了15%,大約是十年前的4.5倍。航空技術取得突飛猛進的發展:1945年,每架飛機平均以每小時177英里的速度運載17名乘客;到了1955年,飛機則以每小時200英里的速度運載了28名乘客。[22]

在這個全球背景下,香港的商業航空持續增長。本地一家中文報紙在慶祝啟德航空交通流量的增長時,更吹噓啟德是全球航空業第四繁忙機場。文章宣稱,香港收復了失地並取得如此成就(儘管誇大其詞),有賴港府的努力,也是必然的結果。[23] 在以香港作為樞紐的龐大航空網中,美國的代表變得更加引人注目。泛美航空在洛杉磯-香港的航線上,部署一架 DC-8,堪稱「世界上最大、最快的越洋噴射機隊」,將行程縮短至23小時45分鐘。[24] 在截至1958年3月的一年中,泛美航空的升降次數佔香港所有飛機的15%,超越英國海外航空的11%(兩家在香港註冊的航空公司分別佔14%和10%)。在載客量方面,泛美航空的份額甚至更大,佔19%,而英國海外航空的份額則是10%(以及本地航空公司的14%和11%)。[25] 針對在商業航空方面的利益,英國對事態發展早有警覺,並且密切關注局勢。[26] 1950年代後期,英國海外航空繼續與泛美航空爭奪市場份額,尤其是與東京方面的聯繫。[27] 儘管英國在1950年代初期,誓要奪取香港樞紐的控制權,以遏止國家在去殖民化時代影響力的下降,冷戰的動態卻推動美國於1950年代後期,至少在商業航空這門關鍵產業上,對香港的興趣大大提升。

21. Swire HK Archive, CPA/7/4/1/2/4–6 *Newsletter*, August–September 1959.
22. *HKDCA*, 1954–1955, 42.
23. 《華僑日報》,1956年9月12日,10。
24. Pan Am, Series 2, Sub-Series 1, Sub-Series 4, Box 1, Folder 1.
25. *HKDCA*, 1957–1958, 45–58.
26. TNA, BT 245/873.
27. 《大公報》,1959年4月7日,4;1959年4月19日,4。

機場發展

　　這輪航空交通量增長，除了與冷戰相關，也恰逢英國政府提出加強對發展香港航空基礎設施的承諾。有關在后海灣興建新機場的討論平息後，英國當局繼續考慮為香港打造一個「符合國際標準的機場」。1951年，民航部朝著這一目標，安排了新的技術團隊，「在現場審查有關於殖民地上興建國際機場的各種計劃」，以求取得切實的進展。團隊撰寫的布律賓報告書（Broadbent Report），於1951年6月發表，也決定了啟德的發展。1952年，香港政府和民航部原則上接納這個報告書，當中提出了一項發展計劃，包括興建一條新的主跑道，以及擴建現有跑道。調查工作自那年起展開。[28]

　　雖然英國官員把機場建設的討論範圍局限於啟德，[29]但直到1954年6月，政府才批准大幅發展啟德，和提供必要的財政撥款。在1954年批准的項目中，指定建造「一個海角，寬795英尺，長8,300英尺，其中包含一條鋪砌好的長7,200英尺跑道，一條在東南端長300英尺、一條在西北端長800英尺的保險道，海角盡頭是一條與跑道平行、寬60英尺的滑行道」。這個150英畝的海角將會來自一個綜合的填海工程。當局計劃將主跑道西北方向的山丘夷為平地，「以提供四十分之一的間隙角（clearance angle）」，而被拆除的山坡則可為跑道項目提供堆填物料。這個項目估計耗資9,675萬港元，其中英國政府提供免息的4,800萬港元貸款。在大約9英畝的額外填海土地上，政府將建造停機設施、維修區以及新的航廈。航廈旨在促進旅客和行李的高效流動，如有需要，可在不中斷服務的情況下，加倍處理流量。跑道及相關設施「必須承受總重量為25萬磅的飛機」。（英國海外航空的航班不列顛尼亞號，總重量為15萬磅。）這項計劃打算在1958年底，完成所有主要工作，新的航廈區域於1959年底投入使用。[30]據聞，機場的開發項目「吸引了世界的興趣」。機場發

28. *HKDCA*, 1952–1953, 33–35；香港立法局，1953年3月4日，28–29；Government of Hong Kong, *Papers on Development*, 1。

29. TNA, CO 937/273; TNA, CO 937/274；香港立法局，1954年3月17日，67、78–80；香港立法局，1954年6月16日，216–20、225–27；HKPRO, HKRS163-1-1324。

30. *HKDCA*, 1954–1955, 18–19；《南華早報》，1954年6月3日，1；香港立法局，1958年3月6日，45；HKPRO, HKRS163-1-1897; HKPRO, HKRS163-1-1329。1954年7月24日，殖民地事務大臣向港督通報了300萬英鎊（4,800萬港元）的15年期免息貸款（HKPRO, HKRS1448-1-149; HKPRO, HKRS1764-1-5）。英鎊的官方匯率為 HK$16 = £1。

展策劃委員會的成員偕同港督視察了現場環境和正被夷為平地的山丘,可見當局對施工進度相當關注。[31]

1958年9月12日,新跑道正式開通。由於當局宣布歡迎任何人士參加儀式,民眾連日來都熱切期待開幕日。[32]港督柏立基(Robert Black)和家人乘坐直升機,越過港口,主持啟用典禮。在剪彩儀式與歷時兩分鐘的鞭炮助慶後,600名嘉賓和約50,000名觀眾一同欣賞飛行表演。新聞報導提及噴射式飛機時代的到來,以及新機場基礎設施將會帶動社會和經濟的發展,[33]而現場的雀躍氣氛則主要來自飛行表演。[34]三架英國皇家空軍噴射式戰鬥機列隊飛行表演,隨後是國泰航空(DC-3和DC-6B)、泛美航空、印度航空、澳洲航空、香港航空、加拿大太平洋航空和英國海外航空的飛行表演。典禮上展出的八架民用飛機,象徵著啟德的營運機型。港督稱新跑道是「一項非常出色且獨特的工程成就」,「香港人可以為之感到自豪。」跑道的開通是「在世界主要航線之一,發展民航設施的重要一步」,並且說:「從今以後,香港不僅會以優美的天然海港聞名,還會以富有想像力的跑道規劃而聞名⋯⋯就像我們過去的港口一樣,這條跑道將幫助我們在這個現代航空時代發展貿易,而這正正是香港繁榮的基石。」最後還自豪地聲稱,連同政府承諾建造的其他設施,啟德將成為「遠東最現代化、設備最齊全的機場之一,可與世界上任何主要機場相媲美」。[35]

中文報紙用了多頁篇幅來報導慶祝活動,並附上插圖。一份報紙的頭條新聞稱:「啟德機場創下歷史新頁」,「兩年內新候機大廈落成」,「啟德機場設備將為遠東之冠」,更刊登了新跑道和噴射式飛機在天空飛越的照片。[36]另一份報紙則刊登了跑道照片、航廈的圖則、運載主禮方的直升機,還有新加入的英國海外航空彗星四型噴射機、加拿大太平洋航空的不列顛尼亞三一四式機,以及泛美航空的波音式雙層巨型機的照片。這些照片的另一頁是啟德這

31. *HKDCA*, 1956–1957, 12;《南華早報》,1955年1月27日,12;HKPRO, HKRS1764-3-18。
32. 《香港工商日報》,1958年9月9日,5;《大公報》,1958年9月9日,6;《香港工商晚報》,1958年9月10日,6;《華僑日報》,1958年9月12日,5;HKPRO, HKRS70-1-1。
33. 《香港工商晚報》,1958年9月10日,6;《華僑日報》,1958年9月12日,5。
34. 《香港工商日報》,1958年9月12日,5。
35. *HKDCA*, 1958–1959, 18;《南華早報》,1958年9月13日,1;HKPRO, HKRS70-1-1。
36. 《香港工商日報》,1958年9月13日,5。

個項目的詳細報告，和為期兩天關於啟德成長的詳細介紹。[37] 即使是左派報紙也無法忽視這場盛會，其中報導了一名女性觀眾在機場廁所，丟失了價值1,300港元的鑽石戒指，以間接批評資本主義。[38] 跑道開通兩天後，其他報紙繼續刊登祝賀信息。一份中文報紙報導，傳達了泛美航空公司及美國一眾市長的祝福：「機場新跑道的啟用帶來太平洋區繁榮。」[39]

隨著一些後續建設，香港在1959至1960年，迎來了「現代化噴射式運輸機的定期服務」，實現當初在1952年計劃裡的承諾。1960年，民航處處長指出：「在發展計劃中，各個項目的分階段和完成時間簡直是再好不過了。在這個時候，航空公司的高性能飛機剛能投入營運，跑道和活動區域已為他們做好準備。」香港官員對這項及時而且高效的建設感到自豪。新設施的建成減輕了飛機載重的約束，並延長了營運時間，為「世界主要航線」提供了更大的靈活性。[40]

諷刺的是，啟德工程的竣工引起了英國當局更大的關注。在慶祝新跑道和機場設施落成的活動中，英國官員開始質疑他們是否在中國割讓的地區，或在租界內，興建了新機場設施。啟德位於界限街以東，界限街是1860年《北京條約》所涵蓋割讓領土的北端。界限街以北，延伸至深圳河以南的地區，即後來被稱為「新界」的地區，在1898年的《展拓香港界址專條》中租借給英國，為期99年。1959年2月，殖民地事務處質疑「啟德機場的任何部分（包括重建區域）是否位於1860年中國割讓了的九龍邊界，如果是的話，哪部分在九龍，哪部分在毗鄰的新界內，後者由中國於1898年租借給英國，為期99年」。[41]

港督最後得出結論：「新機場大樓將被視為位於租界內，而跑道在1997年租約期滿後，可能會或可能不會被包括在九龍灣水域的英國份額中，這取決於西北／東南分界線的確切走向。」法律顧問建議，除非他們能夠獲得「更權威的1898年海岸線圖」（圖2.1），否則「不可能劃出一條精準的線」。由於擔心中共會否成為1958年日內瓦《領海及毗連區公約》的締約國，殖民

37. 《華僑日報》，1958年9月13日，4、7、12；1958年9月14日，7。
38. 《大公報》，1958年9月13日，6。
39. 《香港工商日報》，1958年9月14日，5。
40. *HKDCA*, 1959–1960, 38.
41. TNA, FO 371/141231.

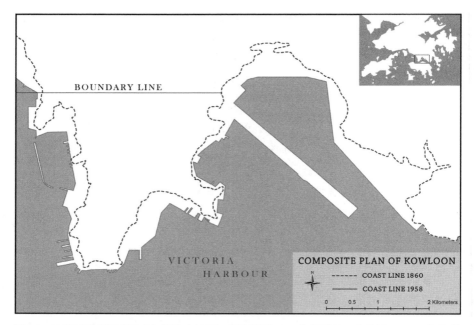

圖 2.1：地圖示意圖標記為「九龍綜合地圖，實線顯示 1958 年海岸線，虛線顯示 1860 年海岸線」。1860 年的地圖非常不準確，所示的海岸線僅為近似值。資料來源：TNA, FO 371/141231。

地部得出初步結論：「由於在 1898 年，關於割讓區與租借區的分界線有一條默示協議，因此我們無法通過隨後在海灣的建設來改變線路，從而對我們變得有利。」最後，官員們未有解決問題，亦認為沒有必要在當時作進一步討論。[42]

啟德確實為英國提供了比最初建議的后海灣更具軍事防禦性的機場位置。然而，填海造地技術的進步，卻帶來連 19 世紀中英條約談判者也無法預見的潛在外交問題。縱使當年經過長年累月的商議，英國當局仍然忽視了租借和割讓領土之間存在的重要差異。諷刺的是，在 1860 年劃定邊界時，當年雄霸海洋的英國，只顧爭取更多領土而忽視了周圍的水域。由於租約尚餘 38 年才期滿，外交問題要在多年後才會出現。儘管如此，在冷戰高峰期，有關分界線的議題，即使是在香港邊界內，也觸發英國官僚機構最高層的警覺。

---

42. TNA, FO 371/141231.

　　隨著新跑道和設施正式投入使用，香港航班的升降次數持續增長，但也只有1940年代後期無以為繼的高漲水平約一半數量。然而，自1955年以來，除一年外，乘客數量每年增長20%以上，因此，到1960年，客運量已超越1949年高峰期的數字。[43]

在香港成立一家英國航空公司

　　爭取在香港設立航空基地的航空企業，不單是海外公司。外國企業促進香港發展成為航空樞紐，除此之外，本地企業也開始萌芽，於區域與全球航線的交界，參與新興產業的發展。1930年代中後期，海外利益推動了商業航空的發展，但第二次世界大戰的爆發令發展進一步放緩。然而，事實證明，戰時發展所造成的影響不止是破壞性的。除了軍事盈餘被重新用於商業上，在衝突期間穿越相關地區的飛行員，也在戰後的民航發展中發揮了重要作用。在爭奪香港基地的競爭者中，國泰航空最早出現，也是其中最突出的一個。

　　國泰航空的成立，應該歸功於兩位富有進取心的飛行員：一位美國人及一位澳洲人，他們發現了二戰後亞洲對航空運輸的需求。兩人曾在中國航空公司任職，那是一家在民國營運的航空公司，公司得到美國的投資及管理協助。澳洲人堪茲奧（Sydney de Kantzow）和美國人法尼爾（Roy Farrell）「體驗過戰爭的嚴酷、危險和歷險後，仍不願捨棄東方的誘人生活以及創業機會」。[44]

　　法尼爾是飛越喜馬拉雅山脈「駝峰」，並將補給品從印度運送到中國軍隊的勇敢飛行員中之一員。戰爭結束後，他夢想在遠東開一家「有點像航空公司」的公司。在二戰結束後的幾個月內，這位富進取心的戰時飛行老將，在紐約購買了一架1942年完工的C-47，這架陳舊的運輸機在戰爭年代曾為美國軍隊服役。憑藉這第一架飛機，法尼爾將一批貨物經南美洲、非洲、印度和緬甸運往上海。飛機於1946年元旦當日登陸上海，這項服務標誌了澳華出入口貿易公司（Roy Farrell Export-Import Company）的誕生。不過，大部分貨物卻在中國機場被盜，這次貨運演變成一場經濟災難。然而，法尼爾卻能堅持下來，這位飛行員後來與他在戰時遇到的堪茲奧一起，繼續在這個地區擴張他

43.　*HKDCA*, 1959–1960, 41.
44.　Swire HK Archive, CPA/7/4/1/1/170, *Newsletter*, November 1981; Bickers, *China Bound*, 308.

的生意，不止在澳洲購買了另一架 C-47，還在香港、馬尼拉、新加坡及悉尼均開設了分支機構。[45]

兩人的飛行營運就此展開。戰爭導致航運業的遠洋運輸設施無法正常運作，這為初期的航空公司提供了從事航空貨運包機業務的機會。為響應西南太平洋各地對貨物的巨大需求，兩個創業家在該地區經營不定期服務。然而，這個機會是短暫的，隨著航運業復甦，空運業務便無法與海運競爭。[46]

對於自由工作的飛行員來說，幸運的是，隨著政局恢復和平與穩定，民用航空旅行也有所增長。法尼爾和堪茲奧將他們的業務轉移到香港。他們宣布計劃購買「現代英國註冊飛機」，由「經驗豐富的航空公司機組人員」駕駛，可用於「大英帝國內」的包機服務。[47] 1946 年 9 月 24 日，國泰航空有限公司根據 1932 年的《公司條例》在香港註冊成立。[48]

事實上，這家初創的公司更將業務擴展到大英帝國網絡之外。據英國紀錄顯示，戰後第一架在香港註冊的飛機屬於澳華出入口貿易公司。[49] 兩位創始人抓緊了商機，將兩架 C-47 翻新為 DC-3 標準，並提供往來港澳、上海、馬尼拉和悉尼（經摩羅泰、達爾文和克朗克里）的恆常不定期客運及貨運航班。公司提供往來馬尼拉和香港的不定期航班，使它成為戰後第一家獲菲律賓外交部授權，從事商業航空交通的英國航空公司。[50] 公司推出的來往悉尼航班服務，是澳洲和中國之間第一條直飛航線。[51]

國泰航空還為移民人士及學生提供前往澳洲和英國的包機服務。10 月，公司推出了前往英國的包機，以及前往新加坡和曼谷的額外包機。1946 年 10 月 23 日，公司首次飛往英國的包機，被吹捧為「澳華出入口貿易公司的擴展服務，這是世界上第一家國際航空商品服務公司，（往來）澳洲－馬尼拉－香

45. Swire HK Archive, CPA/7/4/1/1/151, *Newsletter*, October 1976; Swire HK Archive, CPA/7/4/1/1/170 *Newsletter*, November 1981; Swire HK Archive, CPA/7/4/1/1/172 *Newsletter*, November 1983; Swire HK Archive, *The Weekly* 67 (January 12, 1996), 4。 另 請 參 閱 Young, *Beyond Lion Rock*, part 1。

46. Swire HK Archive, CPA/7/4/1/1/170, *Newsletter*, November 1981.

47. 《南華早報》，1946 年 9 月 6 日，13。

48. HKPRO, HKRS 163-1-700.

49. TNA, FO 371/53649.

50. 《南華早報》，1946 年 11 月 26 日，5。

51. 《南華早報》，1946 年 12 月 26 日，1。

港-中國，及現在到英國」。到1946年11月，這家航空公司已獲得本地一份中文報紙的報導。在最初三個月的營運，新成立的國泰航空公司運送了大約3,000名乘客和15,000公斤貨物。到1947年底，國泰航空公司擁有七架DC-3型客機和兩艘卡特琳娜水上飛機，以應付不斷增長的交通量，當中以包機佔大比數。次年交通需求持續增長，國泰航空開始提供定期航班服務，到1948年3月，每天兩次從香港飛往澳門，每週飛往馬尼拉四次，每週兩次經曼谷飛往新加坡，每週一次飛往仰光和曼谷。[52]

儘管業務仍有增長，隨著新的競爭對手出現，政府的控制也更嚴格，驅使創始人於1948年重組國泰航空。政府對航空交通的監管，意味對交通採取放任政策的時代已告終，同時標誌著自由航空公司營運商的終結。在香港成立的新航空公司——香港航空公司（Hong Kong Airways），也加劇了香港航空業的競爭。[53]

香港航空公司是國泰航空在香港的主要競爭對手，起源可追溯到英國海外航空公司與怡和洋行之間所構思的一個概念，旨在提供往來香港和廣州的穿梭服務。英國海外航空在1946年時已密切關注國泰航空的雛形。值得注意的是，這家英國巨頭在文件中提到國泰航空在廣告中使用了英國國旗，並在1947年發布了「香港自家航空公司」的標語。[54] 早在1946年國泰航空開通首個包機航班時，英國海外航空和怡和洋行已經協商了透過合資企業，來研究此類服務的商業可行性。這間企業最初被稱為東方航空快運公司。潛在投資者評估了他們的建議，尤其是與國泰航空進行本地競爭的影響。1947年，這個合資企業更名為香港航空，被視為英國海外航空積極將市場擴展到廣州和其他地方的行動，也是應對國泰航空蠶食他們在曼谷等地服務的防禦性舉措。[55]

---

52. Swire HK Archive, CPA/7/4/1/1/151 *Newsletter*, October 1976; Swire HK Archive, CPA/7/4/1/1/170 *Newsletter*, November 1981;《南華早報》，1946年10月23日，1；1946年12月11日，1；1946年12月16日，1；《香港工商日報》，1946年11月24日，3。

53. Swire HK Archive CPA/7/4/1/1/170 *Newsletter*, November 1981。隨著新資本的注入（詳情如下），公司更名，並於1948年10月18日註冊為一家名為「國泰航空控股有限公司」的私人有限公司（HKPRO, HKRS163-1-700; Swire HK Archive, *Cathay Pacific Airways Limited Prospectus*, April 22, 1986, 10, 68）。

54. British Airways Archives, "O Series," Geographical, 3278.

55. British Airways Archives, "O Series" 6812.

　　1947年3月4日，香港航空公司在香港公司註冊處成立並註冊。這家航空公司受英國海外航空的完全資助，屬於其子公司，最初由英國海外航空任命的董事掌舵營運。英國海外航空通過香港本地的代表，直接或間接持有399,998股，幾乎是全部股份的總和，其中部分人士（包括著名的香港華人居民利孝和）則每人獲派1,000股。最初子公司註冊時，「據香港人所知，只是紙上談兵」，雖然香港航空公司公開宣稱希望能在香港和中國之間飛行，但英國和中國當時尚未簽署航空雙邊協議。[56]

　　處於關鍵時刻，香港航空公司和國泰航空均申明他們的航線主張。兩家航空公司呼籲民航處和殖民地部，確認區域服務的定義，以便與英國海外航空的幹線服務有所區分，並申請在各自領域開發區域航線的許可。1947年4月，於倫敦舉行的殖民地民用航空服務會議上，各方達成諒解。香港航空服務處處長堅稱，國泰航空被認為是「具指定機構的性質」，而英國海外航空的營運力則被認為不足以滿足「香港不斷增長的貿易，例如在馬尼拉和曼谷的貿易」。因此，國泰航空被賦予「負責營運香港以南地區」的責任。協議說明國泰航空獲准為曼谷提供服務，「惟不能妨礙英國海外航空的服務。」[57]

　　隨後，香港航空公司獲得開發香港北部領域的許可。這間英國海外航空子公司將負責香港與中國大陸和澳門之間的服務，包括將英國海外航空幹線從英國延伸至上海，「直到幹線飛機能直通上海。」據了解，英國海外航空打算在有可調用的飛機時，營運與國泰航空的競爭服務，而香港航空公司則可能會飛往日本。英國海外航空還希望飛往中國沿海港口和台灣。雖然英國海外航空有著顯赫的國際地位，但公司當時的政策是盡量減少在遠東的承諾。公司的財務部也對香港航空公司的資本設置了限制。因此，兩家總部位於香港的航空公司之間的分歧，以及對香港航空公司的限制「並不令人抗拒」。[58]

　　英國當局在英國海外航空營運力不足的背景下，加上當局對北方市場潛力的評估以及收回東南亞市場份額的信心，決定在指定的承運人之間作出安排。英國海外航空牢牢地抓住主幹路線，它的子公司香港航空公司則承接了香港與中國大陸之間的航線。國泰航空在擴張東南亞市場方面享有一定的自由度，主要是中英雙邊協議的路線三，其中包括「香港經馬尼拉、檳城、新

56. British Airways Archives, "O Series" 169, 3318, 3321；《南華早報》，1947年10月15日，1。
57. British Airways Archives, "O Series" 3132, 6812.
58. British Airways Archives, "O Series" 3132, 6812.

加坡、曼谷、法屬中南半島至香港（循環路線）」。[59] 這項安排有助建立國泰航空增長領域的基礎，以及形成源自香港的區域交通流量。

在此諒解的基礎上，加上1947年7月23日執行的雙邊協定，香港航空公司提出開通以香港為基地的兩條航線服務，兩條航線均在新雙邊協議涵蓋的範圍內進入中國大陸。這兩條航線，一條是往返香港和上海，另一條則往返香港和廣州，均須經英國和香港政府批准，並指定香港航空公司作為這些航線的英國營運商。1947年7月29日，香港航空公司第一架飛機抵達香港後，才發現公司正就指定航線進行談判。除了這兩條航線外，香港航空公司還申請了港澳航線，並表示希望將上海航線延伸至天津，及開闢新航線至台灣。公司的內部員工是從英國海外航空調配過來的，香港本地只僱用了一名經理和一些本地員工。最初的四架飛機都是包機性質，機組人員全都是來自英國海外航空。1947年10月，香港航空公司終於獲得指定航線。1947年12月2日，香港航空公司開通了上海航線，每週提供3班往返服務。1948年1月10日，廣州航線正式開通，最初是每天2班往返，兩個月後增加到每天4班。[60]

儘管國泰航空已與香港航空達成協議，但它仍然不滿這家英國海外航空子公司能貿然進入本地市場。1947年10月3日，國泰航空與其他三家聲稱代表香港本地利益的公司去信《南華早報》表達不滿，指香港航空公司的營運是「由英國政府強加予殖民地的」。這些公司把香港航空公司邀請當地商業參與營運的做法，描述為「一種粉飾，試圖使公司看起來是由本地掌控的」，而實際上它「幾乎完全是由英國海外航空擁有和遙距控制的」。他們擔心香港航空公司的成立，會開啟香港某些行業的「殖民地國有化」進程。[61]

英國海外航空標榜公司作為「政府指定機構」的地位，不滿在香港受到的待遇。[62] 根據外交部的觀察所得，有三家航空公司阻撓英國海外航空控制香港民航業的行為。經計算，已在香港成立的航空營運公司包括國泰航空、遠東航空及 Skyways。遠東航空被認為足以經營一所飛行培訓學校，而港督認為

59. British Airways Archives, "O Series" 3132.
60. British Airways Archives, "O Series" 169, 2898, 3132, 3317, 6812.
61. 《南華早報》，1947年10月3日，5。
62. Bickers, *China Bound*, 309.

Skyways「尚未在這裡建立自己的地位」。國泰航空被裁定違反了「英國指定公司的實質權和有效控制權應由英國（或香港）人持有的基本原則」。[63]

　　香港政府對國泰航空大膽進取的表現，表示一定程度的同情和支持，但國泰「一半為美國人所擁有」的事實，使它難以在英國海外航空和英國民航管理局的強烈反對下，獲得官方特許經營權。在調解兩家本地航空公司對手之間的糾紛時，香港政府拒絕將特許經營權授予國泰航空或香港航空，並給予國泰航空出售美國股權的機會。[64]與戰前泛美航空在英國殖民地的航空接駁問題相呼應（參閱第一章），隨著戰後的經濟復甦，英美之間在香港商業航空利益方面的競爭持續存在。

　　出售美澳利益予英國公司是無可避免的。隨著戰後英國重返香港，民航航線要收歸英國控制。1947年，倫敦外交部去信英國駐南京大使館，稱此為「政策問題」，「從英國領土營運的地方和地區航空服務應與主要航線相連並設置為支線」，並且應由「受英國或殖民地控制的可靠公司」來經營此類服務。[65]

　　1947年初，國泰創辦人意識到這家半美資航空公司的弱點，於是開始尋找英國買家。Skyways董事長克里奇利準將（Brigadier-General Alfred Cecil Critchley）飛往香港談判有關收購國泰航空的事宜，但最後未能在價格方面達成協議。太古集團於1947年晚期捲入戰局。1948年1月，香港政府向國泰航空發出最後通牒，明確表示唯有將其在美國的持股比例降至10%以下，才能確保公司能獲得特許經營權。[66]

　　國泰航空的創辦人將他們的多數股權，出售給太古這家在亞洲活躍近一個世紀的英國公司。[67]本地報紙稱這筆1948年7月1日生效的交易，為「航空公司合併」。「國泰航空、澳大利亞國家航空公司（Australian National Airways）和太古」是相關的主要持分者。是次合併旨在「將澳大利亞國家航空公司的經驗與國泰航空已有的本地經驗相結合，前者被公認為世界上最大、最高效的

63. TNA, FO 676/357.
64. Swire HK Archive, Cathay Pacific Airways Limited Board Minutes, June 25, 1951.
65. TNA, FO 676/357.
66. Swire HK Archive, CPA/7/4/1/1/170 *Newsletter*, November 1981; Swire HK Archive, *The Weekly* 67 (January 12, 1996), 4; HKPRO, HKRS163-1-361.
67. Swire HK Archive, CPA/7/4/1/1/170 *Newsletter*, November 1981; Swire HK Archive, *The Weekly* 67 (January 12, 1996), 4. 自戰爭結束以來，太古集團一直密切關注該地區商業航空的發展（JSS, 13/1/2）。有關太古集團悠久歷史的權威記載，請參閱 Bickers, *China Bound*。

航空公司之一，後者則以企業營運和優質服務著稱」。這次交易只是將一家無畏的初創公司，吸納到這個區域上一個堅實的英國機構當中：「自戰爭以來，在太古集團佔有整個遠東地區大片既定利益的背景下，國泰航空一直是這個區域的航空先驅。」[68]

這次的「航空合併」是由太古集團主席 Jock Swire 與澳大利亞國家航空的 Ivan Holyman 精心策劃。[69]太古附屬公司、澳大利亞國家航空、Skyways 和遠東航空成立了一家新的香港公司，後來接管國泰航空的所有資產。堪茲奧接受澳大利亞國家航空對資產的估值，各方亦一致同意堪茲奧保留 10% 的股份，並擔任公司經理，以及在董事會中佔一席，他的美國夥伴也保留 10% 股份。在 Skyways 和遠東航空退出談判後，新公司於 1948 年 7 月 1 日在新的股份結構下開始營運。[70]

澳大利亞國家航空持有 35% 的股份，太古集團連同其附屬公司成為國泰航空最大的持股集團。1948 年重組完成後，太古集團持有 10% 的股份，太古集團旗下的太古輪船（China Navigation Co. Ltd.）則持有 35% 的股份。[71]最初的協議允許馬來亞航空公司或英國海外航空，通過減持澳大利亞國家航空和太古輪船的股份，換取同等股份注資。[72]不過，因英國海外航空繼續推行以香港航空公司競爭的戰略，所以這筆注資最終並未實現。

1949 年，國泰與大股東太古簽訂了總代理協議。[73]太古由此起擔當國泰航空業務發展的先鋒角色。爭取於澳洲境外飛行失利的澳大利亞國家航空，也憑藉所持國泰股權加闊了版圖。法尼爾和堪茲奧的持股比例分別降至

68. 《南華早報》，1948 年 6 月 6 日，14。

69. JSS, 13/6/1/1, Establishment of Cathay Pacific Agreements, 1948–1949; JSS, 13/1/3 General Correspondence, July–December 1948; JSS, 13/10/1 copy of letter from J. K. Swire in Melbourne to C. C. Roberts, Hong Kong, June 3, 1948; JSS, 13/10/1 December 1950–June 1951。

70. Swire HK Archive, Cathay Pacific Airways Limited Board Minutes, October 27, 1948; JSS, 13/6/1/1, Establishment of Cathay Pacific Agreements, 1948–1949; JSS, 13/1/3, General Correspondence, July–December 1948；《南華早報》，1961 年 5 月 29 日，23。

71. Swire HK Archive, Cathay Pacific Airways Limited Board Minutes, October 27, 1948.

72. Swire HK Archive, Cathay Pacific Airways Limited Board Minutes, August 12, 1948.

73. JSS, 13/6/1/1, Establishment of Cathay Pacific Agreements, 1948–1949.

10%。法尼爾通過一家控股公司，將他的股權保留達數年；堪茲奧則繼續擔任總經理。[74]

　　1948年，由於堪茲奧在重組中，將美資股份減少到相等於他自己股份的10%，香港政府正式確立國泰航空與香港航空公司的航空服務專營權（前者是此地區行業的先驅，現由英國和澳洲佔90% 股權；後者是一家實際上由英國海外航空全資擁有的香港公司，在倫敦擁有強大的人脈關係）。1949 年 5 月，各方達成協議，英國海外航空與太古集團分別為香港航空公司和國泰航空簽署了協議，在殖民地部和民航處的支持下，分配了「南區」予國泰航空，而香港航空公司則除澳門及馬尼拉外享有「香港以北地區」。香港航空公司已經在之前擁有了澳門的特許經營權，馬尼拉則是雙方均可通行的國家。綜合以上協議，英國海外航空放棄了中英條約中「三號路線」的使用權。有關香港－澳洲的特許經營權，因香港政府堅持由自家的航空公司提供服務而未能解決，而澳洲政府則在澳洲航空公司的影響下，拒絕除英國海外航空以外的任何航空公司進入。有關香港－新加坡直航服務的討論也仍未解決。[75]

　　1950 年 4 月 17 日，堪茲奧將持股減半，太古集團、澳大利亞國家航空公司及太古輪船，按照原來的持股比例吸收其股份。1951 年 6 月 2 日，太古集團以每股 50 港元或總計 150,000 港元的價格收購了美籍股東 10% 的股權。同日，堪茲奧斷絕了與國泰航空的聯繫，並以同樣的價格出售了剩餘的 5% 股權，一半售予太古集團，另一半售予澳大利亞國家航空公司。[76] 堪茲奧所擔任的公司經理職能，也被吸納到太古管理層當中。經過歷時近三年的股權出售後，國泰航空的股權，由澳大利亞國家航空持有 39.69%，太古輪船持有 37.19%，以及太古集團持有 23.12%。通過後兩者，太古集團佔據大多數股權。[77]

74. Swire HK Archive, CPA/7/4/1/1/170 *Newsletter*, November 1981; Swire HK Archive, *The Weekly* 67 (January 12, 1996), 4; Swire HK Archive, CPA/7/4/6/34 *Cathay News* 34 (1965); Swire HK Archive, Cathay Pacific Airways Limited Board Minutes (April 17, 1950, March 31, 1951, and June 25, 1951)；《南華早報》，1957 年 11 月 22 日，8。另請參閱 *Beyond Lion Rock*, chap. 11。

75. 《南華早報》，1948 年 9 月 28 日，3；Swire HK Archive, Cathay Pacific Airways Limited Board Minutes, June 25, 1951; TNA, CO 937/69/6; Bickers, *China Bound*, 313–14。

76. Swire HK Archive, Cathay Pacific Airways Limited Board Minutes, April 17, 1950; Swire HK Archive, Cathay Pacific Airways Limited Board Minutes, June 25, 1951.

77. Swire HK Archive, Cathay Pacific Airways Limited Board Minutes, June 25, 1951.

　　太古乃國泰航空的主要控股集團，但國泰航空不時招攬其他英聯邦集團加入股東行列。1954年，國泰歡迎鐵行輪船公司（又名半島東方輪船公司；Peninsular & Oriental Steam Navigation Company）進駐，這是一家自19世紀以來一直在遠東開展業務的英國航運公司。該公司「通過與澳大利亞國家航空公司的合作」，注資500萬港元，以資助國泰購買新的DC-6。[78] 到1955年2月，鐵行輪船成為31.25%的股東，澳大利亞國家航空公司的份額下降至14.88%。太古輪船的股權為31.25%，與鐵行輪船看齊，太古集團則佔22.62%。[79] 換言之，太古集團仍然是大股東。1956年，另一家對遠東地區長期感興趣的Borneo Company Limited，[80] 以50萬港元購買了國泰航空4.19%的股份。[81]

　　以上就是國泰航空從一家澳洲—美國的合資企業，搖身一變成為一家專業管理的英聯邦公司的歷程。該公司後來與另一群英方利益，在引導香港民航發展中互相抗衡。

爭取成為香港的航空公司

　　英國海外航空曾希望通過子公司香港航空公司，從香港獲得向北擴張的機會。在幹線航線上，英國海外航空已經為部分東南亞地區提供服務，而國泰航空則按照與英國海外航空的協議，只能以區域航空公司的身份分擔部分流量。香港航空公司向北擴張的第一站是中國市場。然而，兩條首航路線從一開始就受到阻礙。就上海航線方面，香港航空公司面臨與中國承運商中國航空公司的激烈競爭，中國航空憑藉卓越的設備，佔據了80%的載客量。香港航空公司與中國航空和中央航空公司競爭的廣州航線，因為執政當局在軍事和經濟上均失去了對國家的控制，中國貨幣迅速貶值，使公司備受困擾。由於中國承運商所安排的服務供過於求，導致情況進一步惡化。這些中國承

---

78. Swire HK Archive, Cathay Pacific Airways Limited Board Minutes, December 8, 1954。在一篇名為 "Scheduled Voyages, Europe-China, by Owner and by Registry Arriving during 1953" 的研究中，P&O 的船隻被歸類為「英屬」（TNA, FO 371/110276）。

79. Swire HK Archive, Cathay Pacific Airways Limited Board Minutes, February 16, 1955.

80. 早在19世紀，The Borneo Company 就已活躍於該地區。例如見《北華捷報》（North-China Herald），1856年11月1日，55；1857年12月19日，81。有關公司歷史的說明，請參閱 Longhurst, Borneo Story。

81. Swire HK Archive, Cathay Pacific Airways Limited Board Minutes, April 25, 1956.

運商也因為中共的崛起，損失了不少內部北方航線。為了令所有資源用得其所，包括飛機和機組人員，中國承運商不惜經營任何有利可圖的航線，尤其是利用香港這個避風港。雖然英國當局知情，這些中國承運商仍然在未經官方授權或經營許可的情況下飛經香港。英國指定的航空公司並未在互惠的基礎上獲得飛行這些航線的機會。英國海外航空嘗試一個原本相信可行的方案，結果卻為公司迎來虧損。[82]

1948年10月，香港航空公司被指定成為兩家英國固定營運商之一，提供馬尼拉服務後，卻發現這條航線由泛美航空所主導，作為直通美國西海岸的航線。香港航空公司的客流量主要包括往來菲律賓和華南的「二等和三等中國客流量」，市場由致力於票價競爭的中國經紀負責。[83] 次年，香港航空公司的發展情況更加惡劣。中共的領土擴張導致公司暫停上海服務。儘管香港航空公司曾試圖與新政府進行談判，但公司也得承認，「任何飛往上海的定期航班，要重新投入營運還需要一段時間。」國民黨政府撤退到廣州，但最後也失守，香港航空在廣州的服務也於1949年11月停止。[84] 對香港航空公司來說，將香港的航空業務與國泰航空南北劃分，是一個不合時宜的交易，皆因中共對大陸的接管，不但取消了香港航空公司的航線，而且限制了公司的擴張。英國海外航空曾以為可以支撐香港航空公司的兩條航線，均一去不復返。英國海外航空行動迅速，早在廣州易手之前，已經將香港航空公司轉售給怡和。在中共控制廣州的幾天內，交易已經完成。[85]

雖然英國海外航空已將香港航空公司的擁有權移交給怡和，但仍有繼續參與該航空公司的營運，並繼續努力發揮其區域影響力。[86] 在中共接管大陸後，香港航空公司試圖改變從香港出發的北行航線，主要是通過與台灣政權發起「私人」討論，以提供飛往台北的服務，並探討將服務擴展到沖繩和東京的可能。[87] 儘管香港航空公司於1949年11月成功開通了香港—台北航線，[88]

82. British Airways Archives, "O Series" 169, 3317; TNA, FO 371/76337.

83. British Airways Archives, "O Series" 3317.

84. British Airways Archives, "O Series" 3319; Bickers, *China Bound*, 314.

85. British Airways Archives, "O Series" 169, 3132; TNA, FO 371/76337, CO 937/69/7；《南華早報》，1949年11月28日，1。

86. British Airways Archives, "O Series" 68.

87. TNA, BT 245/1073; TNA, FO 371/84794.

88. 《南華早報》，1949年11月19日，14。

旅行證件的問題又阻礙了香港和台北之間的交通。飛往日本的航班申請，需要獲得美國及日本政府兩方的許可，在等待結果之際，香港航空公司的財務業績持續受到影響。[89]

到1950年底，香港航空公司未有保留任何飛機，需使用國泰航空的包機來飛行餘下的航線。[90] 對英國海外航空而言，這是一項棘手的商業問題。當香港航空公司獲得提供飛往台北和日本的航空服務許可時，公司包租了美國營運商西北航空的飛機。香港航空公司作為備受英國當局授權的營運商，卻使用帶有美國國旗的設備來飛行，這點讓英國感到難堪。[91] 這些香港航空公司的航班乃由英國政府授予，與西北航空飛往沖繩、東京和美國的服務相連。倫敦官員並不歡迎這樣的安排，認為會令英國落入美國人的圈套。[92]

英國海外航空曾計劃為香港航空公司配備自己的飛機，以移除西北航空的參與。然而，這個英國營運商也很現實，沖繩有利可圖的交通權也是「美國政府的禮物」，因此需要互惠互利。有關移除西北航空公司的提議，雖然背後的代價高昂，但英國海外航空連同倫敦當局均認為這是一項值得的舉措，因為一旦西北航空提供香港的服務，將為香港－日本的航線帶來國際競爭。[93]

與此同時，承辦國泰航空的太古集團，在嘗試擴大業務期間多次遭遇了挫折。在1951年6月25日的董事會會議上，國泰航空公司董事長羅拔士（C. C. Roberts）談到太古集團對遠東航空服務的興趣。由於英國海外航空與怡和洋行關係密切，因此太古申請英國海外航空的代理權沒有成功。英國海外航空與怡和曾計劃在中國各地聯合營運。儘管英國海外航空與怡和在中國發展的野心遭到美國的反對而以失敗告終，但英國海外航空仍於1946年將代理權授予怡和集團。與此同時，澳洲工黨政府決心將航空服務掌握在政府手中，拒絕了澳大利亞國家航空飛往香港的要求。太古集團隨後向香港政府提出上訴，要求准許澳大利亞國家航空往來香港—澳洲，但面對澳洲政府在殖民地部的反對，加上英國海外航空在英國民航部的影響力，這條航線預留給

89. British Airways Archives, "O Series" 169; TNA, FO 371/84794.

90. Swire HK Archive, Cathay Pacific Airways Limited Board Minutes, June 25, 1951.

91. 《南華早報》，1950年8月17日，11；TNA, FO 371/84783; TNA, FO 371/84793; TNA, FO 371/84795; TNA, FO 371/93126。

92. British Airways Archives, "O Series" 9953.

93. British Airways Archives, "O Series" 9954.

了由澳洲政府擁有並隸屬於英國海外航空的澳洲航空公司，故這次上訴宣告失敗。[94]

英國當局明確地保護英國海外航空主幹航線的壟斷地位。1949年，殖民地輔政司知會國泰航空，區域營運商只可能提供「幹線服務以外、英國海外航空所無法承擔的部分交通，或若有需要的短期服務，或為滿足不同類別的服務，但不能與幹線服務競爭」。[95]英國海外航空確保在其監督下運作的區域公司，受制於英國網絡的骨幹。

英國海外航空曾希望實現英國和香港政府的目標，將香港航空公司與國泰航空合併，組建一家「為香港和公司利益服務」的區域性公司。然而，英國海外航空無法與太古集團就轉讓合併實體的控股權達成共識。1949年，國泰航空在協議所界定的南部地區發展起來。除曼谷、新加坡和馬尼拉外，國泰航空在1953年還增設了飛往仰光、哲斯頓（亞庇）、山打根、納閩、西貢、河內和海防以及加爾各答的服務。一份行業雜誌稱讚國泰航空有「令人羨慕的規律性和高利用率的紀錄」，並稱這家英國獨立航空公司的業務是「在為數不多、懸掛英國國旗的私人定期營運商中，一個堅實的成就」。相比之下，北部地區仍未開發，為英國留下了「真空之地」。英國海外航空將責任歸咎於怡和洋行的「不作為」，認為怡和「允許美國人滲透」，令問題進一步複雜化。英國海外航空堅持，英國必須發展北部地區，而不是「留下了一個真空地方，讓美國人和日本人逐漸填補」。1949年底，英國海外航空將全部擁有權出售給怡和洋行後，到1956年1月再次入股香港航空公司並持有50%的股權。[96]

英國海外航空再次增加香港航空公司的股份持有量後，並對西北航空進港採取了堅定的立場。按照「英國海外航空對美國，特別是針對泛美活動的全球政策」，英國海外航空認為沒有理由同意，「即使是暫時性的，讓兩家美國幹線營運商跨越太平洋飛往香港。」英國海外航空副主席甚至表示，他寧

94. Swire HK Archive, Cathay Pacific Airways Limited Board Minutes, June 25, 1951。國泰航空會議紀要的早期條目表明，太古「已經有一段時間」相信，為了太古及其合作夥伴的利益，「必須⋯⋯在遠東以某種方式進入空中。」(JSS, 13/10/1 條目，日期為 December 1950 / June1951)。另請參閱 Bickers, *China Bound*, chap. 12。

95. HKPRO, HKRS163-1-361.

96. British Airways Archives, "O Series" 9953, 9954; British Airways Archives, "O Series" N584; TNA, BT 245/1060; *Flight & Aircraft Engineer*, January 22, 1954, 88–89.

願承受香港航空公司因失去沖繩的交通權所遭受的損失，也不願看到西北航空飛往香港。[97]

英國海外航空的風格似乎很適合香港航空公司。這家香港航空公司在1957年甚至創造了一個月的盈餘。然而，該航空公司無法克服貨幣和票價缺乏競爭力的問題。1957年10月，香港航空公司開通了香港經台北至東京、香港至馬尼拉、香港經台北至漢城、香港至台北的航線，甚至開通了令人期待已久的香港經沖繩至東京航線。這些航線幾乎全部沒有產生任何收益，據月度統計顯示公司持續虧損。從賬面上看，馬尼拉的服務似乎效率最高，但公司不得不以無法匯出的比索來支付巨額費用。為了解決這些難題，英國海外航空討論通過合併兩家香港區域航空公司和馬來亞航空公司，來實現單一遠東區域公司的願望。然而，太古集團與怡和洋行之間的競爭，仍然是一個巨大的障礙。此外，不單太古集團拒絕與英國海外航空及馬來亞航空討論實行三權分割，馬來亞政府也為著一場爭取馬來亞絕對自治權的政治運動，不同意捨棄馬來亞航空公司的身份，即便是從屬部分身份。[98]

又一年黯淡的前景，迫使英國海外航空止損。1958年12月，英國海外航空購買了怡和洋行在香港航空公司的剩餘股份，為與太古集團商討建立區域公司的談判奠定基礎。太古集團將持有區域公司85%的股份，英國海外航空則持有15%的股份。1959年6月30日，香港航空公司停止營運，表面上希望「減少它在世界各地的聯營公司的承諾，並將業務局限於幹線服務」，實質上英國海外航空停止了對香港航空公司的投資和營運，並將其定位限於為國泰航空提供諮詢關稅問題。從那時起，英國海外航空將「促進和鼓勵」區域服務，盡可能把控制和管理權交給香港。國泰航空「同意這項精明的政策」，願意成立一家新公司，來經營國泰航空和香港航空公司所涵蓋的領域。[99]

新公司主要由國泰航空所擁有、管理和營運，與國泰航空「迄今為止的管理方式相同」。新公司也盡可能採用國泰航空的公司章程，而董事會將由國泰航空的董事會組成，只要英國海外航空持有新公司不少於15%的股份，則

---

97. British Airways Archives, "O Series" 9954.

98. TNA, FCO 141/15126; TNA, FCO 141/15127; British Airways Archives, "O Series" 9953; British Airways Archives, "O Series" 9954; National Archives of Singapore, ABHS 950 W4627 Box 2739, 110/3/8 Pt 1, 1949–1967。長期以來，英國海外航空都希望組建一家區域公司。1952年，一個調查小組就組建公司可能性編寫了一份報告（TNA, CO 937/236）。

99. British Airways Archives, "O Series" 9953, 9954; British Airways Archives, "O Series" N584.

可繼續享有提名一名董事的權利。英國海外航空同意將它在這個地區的業務僅限於幹線服務，並承諾不營運只於該地區內往來的服務。新公司同意努力促進英國海外航空和英國民航運輸的利益。同樣，英國海外航空將盡可能利用本身的影響力，促進新公司在這地區的利益。[100]

英國海外航空曾對 Cathay 這個名字表達不滿，Cathay 這個名字的「意思是中國，在政治上是一個糟糕的詞」。[101] 因此，新的區域公司被臨時指定為遠東航空（Far East Regional Air Services）。然而，英國海外航空最終還是妥協了。1959 年 6 月 18 日的最終協議，將控股公司稱為「國泰控股」，或「其他國泰航空認為合適的名稱」。對於怡和洋行而言，該協議分配了「象徵性持股」，以「盡可能順利地將香港航空公司從怡和洋行軌道，轉移到太古的軌道」，並在一定程度上緩解怡和洋行「有點棘手的問題」。[102]

1959 年 4 月 7 日，國泰航空公司董事長於年度股東大會上解釋了這份協議，將合併歸因於經過「一段時間」才意識到「讓兩家區域航空公司在香港以外營運是不划算的」。在 1959 年 7 月 1 日合併完成後，英國海外航空和怡和洋行各獲得合併後 15% 和 0.5% 的股份。合併前的國泰航空股東按比例分配新公司剩餘的 84.5% 股權（表 2.1）。[103] 這基本結構一直持續到 1970 年，讓太古集團繼續控制國泰航空。

1959 年 1 月 7 日，本地一家中文報紙提早宣布香港航公司空解散的消息，預計公司將於下個月停止營運並被國泰航空所吸納。[104] 1959 年 2 月 24 日，本地一家英文報紙更準確報導了「航空公司合併」的消息，指國泰航空與英國海外航空成立了一家新公司，「以吸收香港航空有限公司的管理和全部股份」，包括香港航空公司飛往漢城、東京和台北的航線。新聞文章還報導，合併後

100. British Airways Archives, "O Series" N584; JSS, 13/10/2 Special and Extraordinary Resolutions of Cathay Pacific Airways Limited passed on 16th June, 1959.
101. British Airways Archives, "O Series" 9953。1955 年，怡和曾對「Cathay」這個名字提出過類似的抱怨，並呼籲把它更改為一個折衷的名字，例如「香港太平洋航空公司」(TNA, CO 937/439)。
102. British Airways Archives, "O Series" N584; JSS, 13/6/1/1。早在 1952 年準備的一份調查報告說，若位於英國的母公司有更實質的參與，英國海外航空就會建議使用「British Oriental Airlines Company（英國東方航空公司）」的名稱，以便共享 BOAC 的首字母縮寫。(TNA, CO 937/236)。
103. Swire HK Archive, Cathay Pacific Airways Limited Annual General Meeting, April 7, 1959.
104. 《華僑日報》，1959 年 1 月 7 日，12。

表格 2.1：1959 年國泰航空與香港航空合併後的持股比例

	持股
太古	18.31%
太古輪船	25.30%
澳大利亞國家航空公司	12.05%
鐵行輪船公司（又名半島東方輪船公司）	25.30%
Borneo Company	3.54%
英國海外航空	15.00%
怡和	0.50%

資料來源：Swire HK Archive Cathay Pacific Airways Limited Board Minutes, December 8, 1954; Annual General Meeting, April 7, 1959。

的新公司將「於 7 月 1 日左右」開展商業營運，並「繼續以國泰航空有限公司的名義營運」。[105] 當傳聞已久的合併方案於 1959 年 7 月 1 日完成時，當地中文報紙報導：「國泰新組航空，今日正式始業，加入英海外航空利益，並吸收香港航空公司的業務。」[106]

　　最初，英國海外航空將國泰航空視為競爭對手，並幫助香港航空公司發展航線，後來不得不改變方向，同意將兩家香港航空公司合併為一家區域航空公司。太古堅持保留國泰航空作為存續公司，一開始令英國海外航空相當不悅。然而，香港航空公司在致力拓展北部航線以及保衛香港北行服務上（特別是抵抗北美的侵佔）徒勞無功。與此同時，國泰成功打入香港南行航線，而且通過購置飛機以擴充機隊數量。英國海外航空承擔了香港航空公司長久以來的財務負擔，並為該航空公司的損失作承保。最終，這英國巨頭作出讓步，雖極度不滿條款，亦要同意合併方案。

　　這個合併最終得以結束一場由太古集團所領導的國泰航空，和得到英國海外航空及怡和支持的香港航空公司之間長達十年的競爭。英國海外航空得以抽身，但這個地區的勝利最終屬於太古集團和國泰航空。然而，值得注意的是，英國海外航空仍然是「幹線」航線的營運商，而國泰航空則負責把附屬區域交通轉送到以往帝國網絡的骨幹網。

105. 《南華早報》，1959 年 2 月 24 日，6。
106. 《華僑日報》，1959 年 7 月 1 日，15。

聚合交通流量並找出本地份額

途經香港的民航交通流量由此展開。1949年，香港與中國大陸的聯繫發生災難性中斷，航空商業在1950年代初萎靡不振。香港政府重新調整了戰略，以發展香港為區域航空樞紐的潛力。憑藉連接香港與香港以南地區航空交通的使命，國泰航空成為東南亞新興商業航空網絡的關鍵成員（圖2.2）。

到1950年代中期，冷戰的動態發展令香港商業重新煥發活力，飛機升降架次和乘客數量的急劇攀升，正好證明了這一點（圖2.3）。乘客數量的急劇增長，表明高容量的飛機接近滿載運行。啟德新跑道啟用後，這種趨勢愈演愈烈。1960年代初至中期，乘客人數的增長持續超過飛機升降架次的增長。啟德因科技進步而升級，成效顯著：跑道及相關設施讓香港機場能夠容納更大更重的飛機，市場需求反應良好。

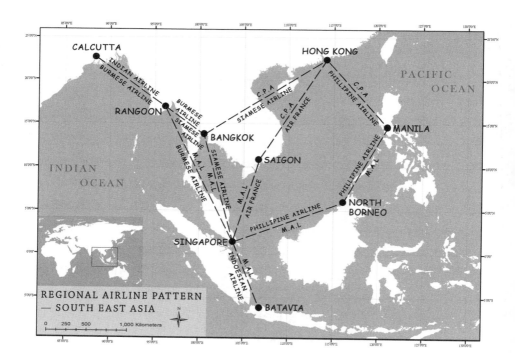

圖2.2：1950年國泰於東南亞地區格局中的地位示意圖。香港－曼谷航線與「暹羅航空公司」共享；香港－西貢航線與法國航空公司共享；香港－馬尼拉航線與「菲律賓航空公司」共享。資料來源：取自 British Airways Archives, "O Series" 3658 中的材料。

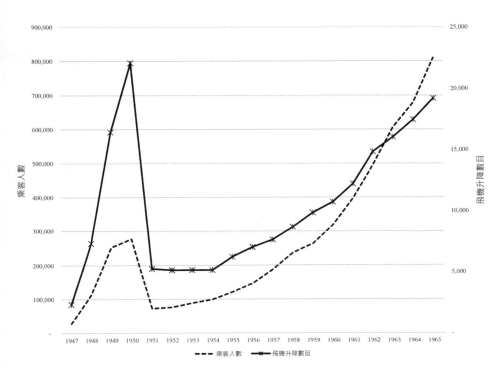

圖2.3：1947至1965年啟德的飛機升降架次及乘客人數。資料來源：Director of Civil Aviation, *Hong Kong Annual Departmental Reports*, 1947–1965。

　　國泰航空是一家本地註冊的航空公司，與行業一起成長。1951年3月，國泰航空每週只有5班班次（佔定期飛機升降架次的17%），[107] 到了1960年3月，它的服務幾乎翻了四倍，達到每週19班，擴展到經曼谷往加爾各答、萬象、金邊；經台北往東京；經汶萊往古晉；經馬尼拉往悉尼。到1960年，國泰的定期飛機升降架次不單增加至總數的20%，而且航班服務還超越了英國海外航空及泛美航空（兩家航空公司每週均有16班班次）。[108] 由於英國海外航空和泛美航空繼續控制倫敦和美國的遠程服務，國泰航空的增長部分來自香港航空公司的航道，尤其是到東京的服務。這家本地營運商在行業巨頭的激烈競爭中確立了自己的地位。隨著1960年代乘客數量持續攀升，國泰航

---

107. *HKDCA*, 1952–1953, 39–40.
108. *HKDCA*, 1959–1960, 21–23.

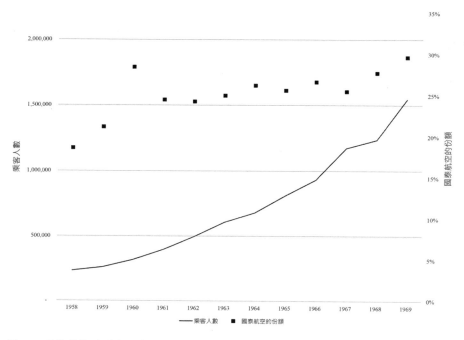

圖 2.4：啟德機場的乘客人數和國泰航空的份額。資料來源：Director of Civil Aviation, *Hong Kong Annual Departmental Reports*, 1958–1969; *Cathay Pacific Annual Reports*。

空持續佔據超過五分之一的客流量，到 1960 年代末更上升至總客流量的 30%（圖 2.4）。

　　國泰航空的這番成就，絕非易事。對這家航空公司的潛力，尤其是遇到國泰的老牌競爭者時（例如在長途國際服務和技術方面擁有經驗及優勢的澳洲航空公司），英國官員曾經不屑一顧。事實上，若不被視為英國的殖民地機構，國泰甚至不會獲分配航空權。只要不與英國海外航空的利益發生衝突，英國官員確實也關注國泰的利益。[109] 然而，國泰作為「殖民地航空公司」的地位，使它在英國官員的航線談判中，甚至在英聯邦內部的地位都較低。[110] 1959 年，倫敦官員對國泰航空拒絕設立區域支線公司感到失望，並向香港政府表示，國泰航空「將不可避免地面臨來自其他航空公司的競爭」。他們指

109.　TNA, BT 245/1510.

110.　TNA, BT 245/552.

出，英國不可能說服其他英聯邦成員，「在即使可能會犧牲自己的航空公司的情況下」，調整他們的政策「以遷就一家**香港航空公司**」（著重部分由作者標明）。[111]

1962年，澳洲航空公司要求在香港獲得「袋鼠航線」（澳洲和英國之間的航線）的權利，充分又明確地標示了香港的關鍵地位。根據一項計算，大約43%由澳洲前往歐洲的航班途經香港，因此澳洲航空可以分享這項業務是公平的。長期以來，倫敦一直否認澳洲人享有這些權利。英國官員承認，「除了倫敦，香港是唯一一個有價值的地方。」他們認為有必要「維護英國海外航空的網絡，該網絡是因為獲得殖民地的交通權而建立的」。這些殖民地「逐漸成為獨立領土」，這份「禮物」也變得難以捉摸。倫敦牢牢地保護香港的交通權，皆因「隨著其他殖民地點迅速喪失，它逐漸成為維持英國全球航空網絡一個愈來愈重要的主要談判力量來源」。英國官員認為太容易進入香港，只會貶低香港權利的價值，因此在成本／收益分析中給予英國海外航空特權。「英國海外航空在歐洲和其他地方的很大部分權利，都是由香港給予的權利所維持的。香港作為一個討價還價的籌碼，其價值必須保持在高位。」儘管香港很重要，但港督在倫敦與澳洲就通過香港的航空權進行談判時，卻被擱置一旁，這是「香港及其航空公司國泰航空都密切關注的問題」。這一點倫敦的英國官員是知道的。[112]

香港對英國在航空業的利益仍然很重要，但國泰航空不一定會受益。在1962年6月為航空部長訪問香港前準備的文件中，英國當局承認，「香港在我們關於民航的國際談判中，具有突出及日益重要的地位。」因香港本身的交通聯繫，香港對英國來說意義重大：「飛經香港及在香港中途停留（至少有一段時間）的交通正在增長。」同樣重要的是，在非殖民化時代，英國的足跡正在縮小：「我們可以在談判中討論的其他殖民地數量正在迅速減少。」倫敦官員意識到只把香港打造成「一張談判牌」而罔顧當地利益是相當危險的。香港的政府很快批評倫敦將「他們的本地航空公司國泰航空」的利益，排在「英國海外航空的幹線營運利益，或英聯邦與澳洲航空合作的緊迫性」之後。儘管倫敦官員讚賞香港在商業航空領域的戰略意義，並承認國泰航空是盟友（即使是「本地」英國航空公司），但文件建議部長只提議「通過頻繁的諮詢來處

111.　TNA, BT 245/1005.
112.　TNA, BT 245/1187.

理主幹線和本地利益」。[113] 換句話說，香港作為位於不斷萎縮的帝國中的一個戰略據點，在與英聯邦及其他地區的航空官員就擴大航線問題進行談判中，對英國的利益來說仍然很重要。然而，等級制度是明確的，優先權乃給予幹線交通，而國泰航空作為拒絕遵守英國宏偉計劃的分支，只好自求多福。

* * *

二戰後，香港的民航業得到理想的發展。在某些方面，這個行業的復甦遵循了與1930年代萌芽成長相同的模式。香港的寶貴價值仍然源於它位於英國、美國和中國航空交通的十字路口。事實上，戰時盟國在戰爭結束之前，已經制定了在香港周圍空域擴張航線的戰略。隨著英國政權重返香港，香港和英聯邦的利益迅速行動，要求在香港的航空業中佔據主導地位。儘管美國航空公司的速度較慢，但仍然緊隨英國政權之後。中國大陸的政治格局有著急速而具戲劇性的轉變，在它的推動下，中國與香港的航空聯繫一度大增，令香港喜出望外。香港航空交通匯合的主要參與國家，仍是中英美。但香港與中國聯繫的激增，為它的民航發展的宏願，注入了新的元素。

儘管航空公司以及香港和倫敦的政府都對香港民航業增長抱有很高的期望，但地緣政治的轉變很快就打破了這種希望。中共接管中國大陸後，切斷了香港與中國各大城市之間的航空聯繫。有關基礎設施發展的需求減弱，但對后海灣機場防禦性的擔憂卻是顯而易見的。途經香港的航空交通急劇減少，因此消除了建造新機場的緊迫性。英國官員慢慢考慮機場選址，並且調整投資規模。將啟德打造成一個現代航空的想法最初遭到譴責，認為不切實際，但基於其位置與大陸空軍有合適距離，啟德重新露面，成為一個可行的選擇。

英國當局，不僅是為了應對香港以北不斷變化的地緣政治，也為了因應非殖民化的情況，不得不重新調整他們的承諾。1950年代，英國政府致力重申其全球影響力。[114] 英國評估它在不同地區的力量，當中香港佔有突出地位。[115] 香港位於地球的另一端，賦予英國在這個地方行使地區影響力。與此

113. TNA, BT 245/1005.
114. Lynn, *British Empire*, 7。Howe 認為「1950年代的英國是『後』許多事情……〔但〕離後帝國還是很遠」（"When (If Ever)," 234）。
115. 英國在中東和南亞的深入討論，參見 Husain, *Mapping the End*。

同時，香港官民亦相繼要求提升自理能力。對於倫敦來說，香港既是重要的地緣政治據點，也是宣示殖民等級制度的場所。在航空領域，香港營運商需要由英商（至少英聯邦企業）所持有。

　　倫敦致力通過對航空政治和英國海外航空的控制來維護主權。當在港英商爭奪航空權時，殖民體系便需要進行調解。然而，倫敦知道在香港，必然要與當地英國組織分享權力。在 1948 年殖民地部「香港：本地航空服務」的文件夾中，收錄了一篇摘錄自《飛機》（*The Aeroplane*）的文章。文章呼籲關注東亞和東南亞的英國殖民政府，尤其是在由來已久的海上航運業中，如何側重當地英資的利益。文章指出：「我只希望對航運方面的關注，不會過分地淹沒航空運輸的擴張。」文章續說：「本來殖民地航空運輸先驅所需的適應和妥協」，最好來自英國海外航空和「一些英國獨立航空公司」，這些企業更有能力提供「技術建議」和「傾向更靈活的想法」。這篇文章引起了殖民地部的共鳴。在談及本地英資勢力的部分，頁邊空白處有一個手寫的註釋，上面寫著：「多麼準確！」[116]

　　在香港，英國海運公司長久以來致力塑造新興的民航業。然而，香港航空業不得不屈服於英國海外航空，因為它控制著舊帝國網絡「幹線」航線上乘客、郵件和貨物的通行。即便是在區域流量的層面上，唯有在英國海外航空的自身資源變得有限，而且出現長期虧損後，才向當地營運商作出讓步。國泰航空以香港的航空公司身份出現，令英國巨頭感到懊惱。英國海外航空曾希望組建一個區域性企業集團，以便監控這個地區前殖民地的航空交通。鑑於 1950 年代的事件，國泰有理由指責英國海外航空將英國的國家利益置於殖民要求之上。

　　隨著英國公司之間的競爭愈演愈烈，商業航空的發展需要基礎設施投資。如果戰前的發展反映了一項新技術對全球交通流量的影響，那麼戰後香港商業航空的轉型，則凸顯了令人不安的地緣政治格局、對基礎設施升級的需求，以適應持續的技術進步，以及香港和倫敦雙方在商業利益方面的不懈談判。隨著計劃的恢復和縮減，另一波席捲這個地區的地緣政治浪潮提供了發展機會。

116.　TNA, CO 937/69/4.

　　香港與這個地區的其他地方一樣，陷入了爭奪領土和航空控制權的冷戰鬥爭中。地緣政治因素改變了航線的發展方向，在中國大陸周邊形成了一條走廊，將這個地區與來自北美和歐洲的長途交通連接起來。從這種結構中出現了一個地區，包括香港以北的韓國和日本，東部的台灣和菲律賓，以及東南亞的城市中心。結合長途連接，這種交通模式為香港周邊航線的擴張奠定了基礎。這個地區也成為經濟和文化交流的平台，為香港創造了民航業務的服務範圍，並帶來了航空業的競爭對手。在隨後的幾十年裡，國泰航空不僅要與這些嶄露頭角的航空公司角力，還要與英國的公司競爭——主要為既是股東又是對手的英國海外航空。隨著民航業務不斷擴大覆蓋範圍，這一歷史背景將決定國泰航空如何在不斷發展的行業中為自己的策略定位。

第三章

打造品牌：國泰的太平洋

乘搭國泰航空　探索東方不同面貌

作為一間扎根香港25年的英國航空公司，我們非常注重「面貌」。有
來自9個異國他鄉最漂亮的面孔，以23種語言（當然包括英語）向你
展露微笑。又有擁有百萬英里飛行經驗的英國機師和熟練的維修人
員。還有我們的瑞士廚師與他們所炮製的誘人國際美食，免費雞尾
酒，精通多國語言、樂於助人的代理，遍布於東方的機場及市中心
的售票處，搭乘我們的航班往返14個主要城市的國際乘客。服務比
其他航空公司更頻繁、令人更愉快。這本免費小書，讓你探索東方
之旅——要吸引人乘坐國泰航空，必須先吸引他們到東方。

1971年，國泰航空於美國的廣告[1]

　　國泰航空自1959年兼併其唯一的本地競爭對手以來，一直以香港本地航
空公司之名飛行。在那段時期，經濟顯著增長，香港發展成國際航空交通樞
紐。與西方市場的緊密聯繫，拓展了香港在國際上的影響力，並培育在區域
及全球交通網絡的中心地位。在競爭激烈的商業航空市場中，相比起區域競
爭對手，以及歐洲、北美的重量級企業，國泰航空該如何自處？作為英屬香
港的航空企業，這點對國泰的足跡乃至品牌風格上，又具有什麼意義？

1.　　Swire HK Archive, Swire HKAS 391044158720.

國泰航空主力擴張公司版圖，這反映了香港的戰後重建和地緣政治格局。國泰航空發展蓬勃，銳意改變路線，從早期像馬可孛羅（Marco Polo）的「Cathay」擴展到整個「Pacific（太平洋）」的野心，改成務實地開闢一個能夠反映香港居於冷戰另一側的區域空間。隨著 1960 年代商業航空業的擴張，這家嶄露頭角的航空公司展示了業務發展的雄心，以服務將自己與航空領域內的巨頭及其他新興的航空公司區分開來。國泰航空繼續彰顯它的企業形象，代表香港這個地區，與世界其他地區建立聯繫，並為香港打造了一個特殊的國際化品牌。

本章首先探討國泰航空如何為其地盤炮製航線示意圖，然後討論公司的前線機組人員。配合人事政策，國泰航空改變機組人員的造型，特別是經歷了數輪變化的女性員工制服。到 1970 年代初，國泰航空已經打造了一個國際化品牌，並以香港為基地，制定了一個不斷發展「東方」的服務構想。這個過程凸顯了國泰航空的競爭地位，以及在那個時代的本地、區域及全球動態。

在公司轉型的歲月以及香港經濟騰飛的期間，國泰航空展現拓展業務到香港以外地區的雄心。為了吸引來自不同國家的客戶，國泰航空引入了與公司網絡和客戶群的業務需求相呼應的文化元素。航空公司在塑造機組人員的過程中，融合了這些元素，也促成了香港體現國際化的願望。國泰所打造的國際化品牌，將香港的世界性延伸到其中華傳統之外，吸納了與香港相連港口的區域特色，並培養了一種面向服務西方的心態，以迎合香港渴望融入西方市場的方針。[2]

世界主義這個概念，為國泰航空的商業利益帶來方便，令這香港品牌得以迴避國家問題。[3] 國泰航空引入了民族風格的制服設計，背後的民族概念曾為國泰帶來了困擾。在首輪制服設計中，公司將香港的獨特性融入大中華地區文化之中，以表達對中華傳統的重視。香港所引以為傲的中華文化底蘊，為國泰航空提供了商業資源和盈利機會。然而，若這家總部位於香港的航空公司，欲在更大的文化背景下塑造國際化形象，則更需要謹慎地行事。世界

---

2. 學術界將世界主義解釋為超越地方和國家的個人取向，以表達對世界社區的歸屬感（例如，參見 Cheah and Robbins, *Cosmopolitics* 的哲學討論）。然而，有關企業的品牌和定位，在類似的世界主義討論中，篇幅仍然很少。

3. 作為社會及政治理論和研究的框架，世界主義將分析擴展至國家之外的範疇（參見 Beck and Grande, "Varieties of Second Modernity"）。

主義的想像通常建立在對差異持開放態度，而國泰航空的經營策略則更進一步，將國際化的形象，視為在商業航空領域取得成功的關鍵，並堅持以這種定位來吸引國際旅客。

　　國泰航空並非憑空創造多輪的國際化形象。自 1960 年代以來國泰航空發展迅速的時期，女性空中服務員的制服為公司提供了一種富有成效的途徑，來表達國際化的品牌形象。[4] 本章採用縱向研究方法，透過分析國泰航空女機組人員不同年代的制服，揭示航空公司在 1960 至 1990 年代香港迅速發展的背景下，各種選擇背後的文化考慮和實際問題。在那段時間，國泰的制服設計，如同香港本地情況和國泰航空的商業利益一樣，誕生於一個促進城市和航空公司發展的聯繫網絡上。國泰航空為女性空中服務員所設計的制服，開闢了一個獨特的角度，去探索這家航空公司和香港在區域和全球發展背景下，如何尋求能夠反映本地高度敏銳性的國際化外觀。

繪製國泰航空的「太平洋」[5]

　　航空作為一項新技術，以商業化的方式進一步滲透大眾；隨著它的規模不斷擴大，也加強了貨物與人口的流動。在這個過程中，泛美航空和英國海外航空等行業巨頭，均努力擴大在全球的影響力，而在區域內的一些初創公司則使勁地建立立足點。來自世界各地的航空公司，彼此縱橫交錯的航線圖合併成一個動態模式，不僅意味了國際航空交通日益加劇的競爭，同時表達了關於企業形象和戰略的理想抱負。英國海外航空沿用前身速鳥（Speedbird）的標誌，作為公司飛行服務一個富有風格的形象；泛美航空一系列的商標設計，則展示了公司不斷擴展的飛行網絡。

---

4. 空中服務員的制服亦成為許多學術分析的焦點。Haise 和 Rucker 調查了空中服務員對其制服的滿意度，以及他們對制服在形象塑造中作用的評估（"The Flight Attendant Uniform"）。Zhang, Ngo, and Wang 採用科學方法，改良了越南民族的服飾，令空中服務員的制服更加舒適美觀（"Optimizing Sleeves Pattern for Vietnamese Airlines Stewardess Uniform"）。Black 從文化的角度探討這個問題，解釋空中服務員制服的功能及其為澳洲航空傳達的信息（"Lines of Flight"）。

5. 感謝 Jane Ferguson 提出「國泰航空的太平洋」（Cathay's Pacific）與公司英文名稱 Cathay Pacific 的雙關詞。

即使作為一間擁有全球網絡的航空公司，泛美航空也重新設計了標誌，以反映公司不斷擴大的網絡及增長野心。1928年，公司的第一個標誌只描繪了美國的南端和拉丁美洲。到1940年代，該繪圖已經延伸至大西洋彼岸。直到1950年，該公司才正式從泛美航空公司更名為泛美世界航空公司。隨後，公司採用了環球商標來象徵其全球業務（圖3.1）。[6] 在亞洲，泛美航空的策略受到不少企業青睞。為了嘗試擴大勢力範圍，這些企業模仿泛美航空的標誌設計。菲律賓航空公司將自家航線吹捧為「東方之星航線」，並於1950年代採用了一個帶有翅膀的地球儀作為標誌。該地球儀描繪了以菲律賓為中心的橢圓形地圖，從歐洲和非洲向左延伸與右邊的美洲。[7]

作為一家成長型航空公司，國泰航空於1950年代初期已擁有初步的航線圖，還模仿了泛美航空的繪圖標誌。國泰航空的第一架飛機 Betsy（一架於1946年註冊為 VR-HDB 的道格拉斯 DC-3 飛機），目前於香港科學館展出，飛機上繪有一張地圖，其中包括中國東南部與海峽對岸的台灣、菲律賓、中南半島、馬來亞、婆羅洲和澳洲北端。國泰航空另一架最早期 DC-3 飛機 Niki 的複製品，守衛著國泰航空的香港總部，呈現出一個更加模糊的盤古大陸景觀（圖3.2 a 及 b）。

國泰航空這些早期標誌，反映了公司於1940年代和1950年代不斷發展的業務計劃。1948年，國泰航空的標語是「服務東方」（Serving the Orient），配合著一個包含美洲在內的球形標誌。[8] 早期，國泰航空不單沒有一個統一的商業標誌，而且公司的中文名稱也並非固定。一塊杯墊展示了公司早期的中文名稱，其中包含了「太平洋」的字眼（後來被刪除），此設計揭示了擴展到澳洲，甚至是美洲世界的宏偉抱負（圖3.3）。到1960年，隨著航空公司的航線網絡愈趨明確，公司標誌反映了更加有限的地理範圍，以示與所提供的服務一致（圖3.4）。

根據英國對國泰航空固定航線的規定，公司制定了「太平洋」服務範圍的定義。當局還規管此類受限制服務的許多元素，例如頻率、票價和互惠權利。因此，這家總部位於香港的航空公司在嚴格的指引下營運，面對的競爭不僅來自連接另一端航線的本地營運商，有時還來自英國海外航空。

---

6.   Pan Am, Series 12, Box 1, Folder 1.

7.   TNA, FO 371/93180.

8.   Swire HK Archive CPA/7/8/51.

1950年代，國泰航空的營銷標語為「國泰航空公司往返遠東各地」，到1965年已改為「北亞和東南亞營運固定航班的最大區域航空公司」，這個地區正是「東方」。[9]1964年，為了鞏固在這個地區的主導地位，國泰廣告宣傳：「國泰航空是東方最有經驗的航空公司。從新加坡到漢城……從加爾各答到東京，國泰航空擁有東方所有航空公司中最快、最頻繁的航班。」廣告的尾聲是：「國泰航空……最了解東方的航空公司。」[10]在這個過程中，國泰航空所主張的地盤，從1950年代定義不明確的「遠東」，轉變為1960年代意義同樣模糊，卻是更神聖的「東方」。從「西方」角度來看，「遠東」比「近東」或「中東」距離「更遠」。「東方」被定義為「北亞和東南亞」，這也許是為了排除可能被界定為亞洲西部（遠至土耳其）和亞洲大陸遠東邊緣的地方。雖然如此，國泰航空的業務範圍已擴展到西部的加爾各答及東部的東京，而且不顧任何定義的距離邏輯，來呈現「差異性」的基調，邀請乘客參觀奇異的「東方」。在這一時期，「東方」的概念不僅支配了國泰航空的空中航線，而且成為了公司吸引迷人的服務人員，及為旗下產品提供靈感的資源庫。其後，香港經濟騰飛，深化和擴大了與區域及全球的聯繫，這也為國泰航空表達公司的世界主義，以及香港的世界主義奠定了基礎。

國泰航空延攬國際化人才

自成立之初，國泰航空已密切關注員工的組成。1958年，在公司為「友好和……乘客」出版的第一期時事通訊中，這家自詡為「一間擁有英國飛行員的英國航空公司」，不僅詳細闡述了公司的英國私有持股權，而且還介紹了公司所建立的「一所新的空中小姐學校，以挑選及培訓更多國泰空姐」，來擴大服務範圍。時事通訊未有透露更多有關選拔和培訓過程的細節，反而收錄了名字叫 Miss Katherine Cheuk 的照片——「其中一位年輕而有吸引力的『老手』」。[11]1958年年底前的第四期時事通訊則讓讀者一窺空姐的個人生活。

9.　Swire HK Archive, JSS.CX.2010.00002; Swire HK Archive, JSS.CX.2011.00005; Swire HK Archive, JSS.CX.2011.00008; Swire HK Archive, JSS.CX.2011.00028.

10.　Swire HK Archive, JSS.CX.2011.00012.

11.　Swire HK Archive, CPA/7/4/1/1/1 *Newsletter*, 1958.

1958 年年底，國泰購買了第一架 *Electra* 噴射式飛機。這架新飛機開創了為乘客提供舒適旅程的時代。頭等艙的臥鋪座椅，為「昂藏七尺的英俊男士」提供腿部伸展的額外空間，讓他們可以「安然入睡」。[12] 時事通訊中，一篇介紹洛克希德飛機製造商所出產的「世界上最快的噴射式和螺旋槳客機」的文章，與一張照片並列起來。兩位「迷人的國泰地勤小姐，Alice Cheng 小姐和 Mary Lewis 小姐」的照片為封底增光添彩，她們「在香港五顏六色的花店中」擺姿勢，在那裡「趁著閒暇時間去購物」。[13]

儘管二戰後機艙服務員主要是女性，但在商業航空發展的起初數十年內，男性一度被認為更能勝任這份工作。1943 年末，基於美國徵兵，迫使泛美航空改變原本全為男機組人員的組合，女性員工才能加入成為機組人員。其中「七位漂亮的女孩」是「在女性中，第一批基於能力、才能和外表，而『贏得翅膀』的人」，他們加入了服務從邁阿密起飛的泛美飛船，成為客機的機組人員，打破了「泛美航空 17 年，國際航線上全是男性機組人員的長久不成文傳統」。每位女性新成員都承擔了空中任務，「實際上是接替男性的工作，讓他們履行服兵役之義務」，以補充現有的男性服務人員。即使由於戰時人力短缺，讓女性進入泛美客艙服務，但她們仍然僅限於在某些航班上當值，因為「在戰爭期間，女性飛往歐洲被認為是不安全的」。隨著第二次世界大戰的動盪平息了，平等權利便成為一個問題。一位最早的泛美空姐回憶道：「男性事務長不喜歡我們」，「他們只做一半的工作，卻獲得雙倍的工資。」[14]

---

12. Swire HK Archive, CPA/7/4/1/1/4 *Newsletter*, November–December 1958; Swire HK Archive, CPA/7/4/1/1/7 *Newsletter*, February 1960.

13. Swire HK Archive, CPA/7/4/1/1/4 *Newsletter*, November–December 1958。那個時期，女性工人的加入，大大擴大了亞洲勞動力。與大多數女性工人相比，空中服務員來自大相逕庭的社會經濟階層，並具備了截然不同的工作經歷（見，例如 Tsurumi, *Factory Girls*）。

14. Pan Am, Series 1: Corporate and General, 1920–1994, Sub-Series 5: Financial and Statistical, 1922–1992, Sub-Series 1: Traffic and Sales, 1930–1984, Box 1, Folder 1 255 5 1930–1954 Traffic/Sales; Pan Am, Series 10: Personnel, 1912–2005, Sub-Series 2: Flight Attendants, 1930–2005, Box 1, Folder 1 257 22: Women ground Job, 1941–1960, *New Horizons*, October–December 1944; Pan Am, Series 10: Personnel, 1912–2005, Sub-Series 2: Flight Attendants, 1930–2005, Box 1, Folder 1 291 1: *Clipper* magazine, Stewardesses, 1967–1976, Pan Am *Clipper* 24, no. 9 (October 1, 1962), and 6, no. 10 (October, 1980); Pan Am, Series 10: Personnel, 1912–2005, Sub-Series 2: Flight Attendants, 1930–2005, Box 1, Folder 1 291 5: Stewards and Stewardesses, 1957–1970。諷刺的是，雖然女性機艙服務人員的加入，打破了職業性別隔離，但無形頂障卻仍然存在（Hesse-Biber and Carter, *Working Women*, 54–60）。

　　在戰後的香港，國泰航空很快就起用混合性別的機艙人員。對於國泰航空來說，新聞報導通常會透露這些女性空中服務員的姓名。當提到她們的名字時，她們或會被稱為客機女乘務員（air hostess／flight hostess）或空中小姐（stewardess）。她們的名字提供了一些有關她們的文化或種族背景的線索：英文名字表示她們較為西化；或根據她們的姓氏來判斷她們擁有的是中國或西方血統。1959年年中，新招募的機艙人員為組合增添了色彩。「三名新聘的日本空姐，受僱於東京的國泰。」她們來香港報到，而且參加一個為期三週的培訓課程。報告列出這三位新成員的資料：「佐藤幸子小姐，23歲；竹內須磨小姐，25歲；和吾妻樽子小姐，25歲。」[15] 1959年11月，在國泰出版的時事通訊中，這幾位新加入的國泰航空團隊成員，迅速於「員工隨筆」的部分被描述為「三位具吸引力的日本女孩」。無論是來自中國、西方和日本，這些「富有魅力」的女性機艙服務人員，完美地為國泰航空新引入的 *Electra* 客機增添新色。同期的時事通訊稱 *Electra* 為「極速怪獸」。[16] 這項「怪獸」般的新技術，其絕妙之處在於與「美女」般的機組人員相映生輝，並為這間剛起步的航空公司提供了一個完美的組合。

　　儘管國泰航空在過去十年取得了巨大的增長，而且與本地競爭對手合併，但在1950年代末期，國泰航空的機艙人員仍算是一個相對精細的團隊。Josephine Cheng 管理大約50名機艙人員，她的職責包括安排機艙人員的制服、設備和輪班時間表。Jo 擁有優秀的背景（廣州嶺南大學工商管理學士學位），她加入國泰航空的原因是「商業世界對她沒有足夠的吸引力，而成為空姐卻有著無限的可能性，能夠認識不同的人、到訪不同的地方，這點令人無法抗拒！」[17] 她一開始已是公司的「1948年最年輕的空中小姐」。[18] Jo 加入時，國泰只是一間「本地小型航空公司」，於十年內蛻變成一間可以提升「國際聲譽」的航空公司，藉著工作把 Jo「帶到遠至東京和悉尼」等地。[19]

---

15. Swire HK Archive, CPA/7/4/2/1/1 *News in Brief*, July 15, 1959.

16. Swire HK Archive, CPA/7/4/1/1/5 *Newsletter*, November 1959。中文報紙也注意到有具日本血統的空中服務員加入國泰航空。（《華僑日報》，1959年7月9日，15；《香港工商日報》，1960年2月14日，4；《華僑日報》，1960年2月14日，15；1960年3月25日，15）。

17. Swire HK Archive, CPA/7/4/1/1/6 *Newsletter*, December 1959.

18. Swire HK Archive, CPA/7/4/1/1/19 *News*, November 6, 1961.

19. Swire HK Archive, CPA/7/4/1/1/6 *Newsletter*, December 1959.

在 1950 年代末和 1960 年代初,國泰的客戶主要來自美國和英國。儘管國泰為眾多旅客以外的商界人士提供服務,香港旅遊協會仍然就公司的乘客概況,給予了清晰的估計。旅遊業在香港是一個規模不大卻又發展迅速的行業,於 1960 年吸引了 163,661 名遊客,兩年內增長了近 60%(圖 3.5)。儘管英國和美國的代表性有所下降,但兩國在 1960 年仍然佔據了三分之二以上的市場份額。日本和菲律賓分別以 8% 和 7% 的比例位居第三和第四位。[20]

面對大量的西方客戶群,這間總部位於香港的航空公司如何塑造品牌形象?與整個航空業一樣,國泰航空渴望為女性機艙員工描繪迷人的生活。與Jo 在同期時事通訊獲刊登照片的兩位「國泰空中小姐」,分別是穿上了和服的佐藤幸都小姐和身著旗袍的 Eleanor So 小姐,她們在馬尼拉機場受到菲律賓

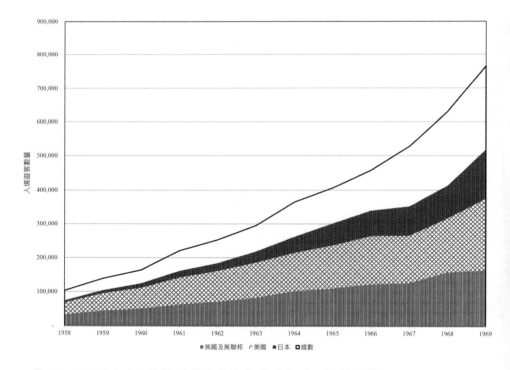

圖 3.5:1958 至 1969 年按國籍劃分的香港入境旅客。資料來源:Hong Kong Tourist Association。

---

20. *Hong Kong Tourist Association Annual Reports*, 1957/58, 15; *Hong Kong Tourist Association Annual Reports*, 1960/61, 16.

旅遊協會旅遊經理的歡迎。[21] 她們令人嚮往的生活已超越了工作本身。1961年1月，時事通訊報導一位「漂亮的國泰空姐」Rose Tam，在香港小姐比賽（環球小姐選美比賽的一部分）中獲得第二名，並被新出版的香港刊物《星島畫報》選為「最有吸引力的封面女郎」，她的身影出現在全彩封面上，另有兩頁內文報導她的工作和家庭生活。[22]

雖然國泰航空致力推崇空中小姐令人嚮往的生活，但公司的機艙人員確實出現過「嚴重流失」的情況，「主要的原因是婚姻。」女性機艙人員的服務條件本是單身，從而使她們「免因家務而受煩惱，並對工作感到欣喜」。至於流失的原因是什麼？她們因太「出色」的工作而尋覓到婚姻伴侶。公司在1961年的一份報告中指出：「一位國泰空中小姐飛行了三個月，然後遞交了辭呈。」「她嫁給一名乘客，另外還有五個相似的個案。」這項流失佔全部機組人員達百分之十以上。[23] 儘管人們禁不住將這種基於婚姻狀況的就業條件，歸納為香港航空公司的落後，但重要的是，不要忘記即使在美國的勞動力市場，也普遍存在「婚姻障礙」（marriage bars），那是一項禁止僱用或留用已婚女士的政策。在美國，「婚姻障礙」的情況一直持續至1950年，甚至在那之後，這種做法仍然存在於女性機艙人員之中。[24]

由於員工因結婚而離職，意味著航空公司需要不斷補充勞動力。同一份報告提到，14名學生（「9名年輕女性和5名年輕男性；平均年齡21歲」）正接受為期23天的培訓，成為「空中小姐和艙務長」。新成員包括「三名日本女孩、一名印度女孩、三名來自新加坡的、一名菲律賓的、兩名華裔的女孩」。對比起女性機艙人員的多元化，男性成員都是「年輕的華裔男人」。[25]

國泰航空「基於自力更生、熱情，以及有魅力的個性」而揀選了這些學員。1961年，國泰航空是香港唯一一間以香港為基地，以及為機組人員進行培訓的航空公司，並從85名應聘者中挑選出這14名學員。前一年競爭更加激烈，應聘者總數達到340人。國泰航空對所有申請人進行了面試，問到關

21. Swire HK Archive, CPA/7/4/1/1/6 *Newsletter*, December 1959.
22. Swire HK Archive, CPA/7/4/1/1/9 *Newsletter*, January 1961.
23. Swire HK Archive, CPA/7/4/1/1/19 *News*, November 6, 1961.
24. Goldin, *Understanding the Gender Gap*, 174–75，引用聯合航空公司於1980年代的持續法律訴訟，以維護其「不婚」條例。
25. Swire HK Archive, CPA/7/4/1/1/19 *News*, November 6, 1961；《華僑日報》1961年10月15日，15。

於「學校教育和語言要求」。那些在面試中脫穎而出的幸運兒,需要在出席選拔委員會前,撰寫一篇論文。雄心壯志的艙務長申請人必須用中文寫一份論文,因此「年輕的**華裔男人**」(著重部分由作者標明)注定要擔任艙務長。[26]

除了這些困難的面試,航空公司對語言的重視程度,也反映在其他培訓方式。培訓期間,新員工要聽取自己的錄音,以了解公司對他們所發出的廣播和歡迎致辭所作的批評。許多人被告知:「你這樣說似乎自己也不太確定這會否是一次愉快的旅程。」主管提醒他們:「我們不能忽視語言的缺陷……英語畢竟不是我們的母語。」[27]公司的目標,不僅是針對新員工所講的非地道英語而衍生出來的語言缺陷,而且還灌輸一種經嚴格訓練才學得的服務態度。

國泰航空的培訓計劃灌輸新員工對待每位乘客的「信條」,這意味著她們必須「學會有效地完成艱鉅的機艙任務,並掌握給乘客提供服務的藝術,看起來孜孜不倦地專注工作」。除了了解機艙增壓、技術問題和計算時間外,她們還要學會處理文件紀錄、路線信息以及空中酒吧服務。她們需要知道如何端上一杯茶(根據 Jo 的說法,有六種方法可以做到這一點,其中一種方法是錯誤的)。她們要超越一般乘客對他們的期望,成為一位「能為他人做跑腿而富有魅力的人」。事實上,她們應該幫忙那些帶著嬰兒和行李而一路奔波的父母。除此之外,正如 Jo 所提醒她們,還有更多的要求:「有些人可能認為你所做的事情,可以由一位保姆來完成……但我們比任何人更清楚,妳被聘用是因為妳能付出更多。」她們不應該表現得像「那些令人失望的醫院護士,將無力的旅客搖醒,給他端茶」。國泰航空的「獨特性」在於國泰的「**女孩**從未犯過欺凌乘客的過錯」(註:這種特定性別的備註是針對女性職員)。相反,她們「在客人提出需求之前已經做好了準備」,並遵從包括「三個元素」的指引:可靠的資訊、禮貌及預期能力(「任何客人所需的東西,都應該要在〔乘客〕按鐘之前已經送到」)。[28]

1961 年的一則新聞報導,以乘客讚譽在飛機上感受到「寧靜而愉悅的氣氛」作結。據說有一位「來自底特律旅行社」的女性寫道:「您的員工似乎接受過培訓,讓每個人都有賓至如歸的感覺。」一位澳洲人指出:「這趟航班是我在環球旅行中,體驗過最友好和服務最好的一次。」一對美國德州夫婦說:

26. Swire HK Archive, CPA/7/4/1/1/19 *News*, November 6, 1961。

27. Swire HK Archive, CPA/7/4/1/1/19 *News*, November 6, 1961.

28. Swire HK Archive, CPA/7/4/1/1/19 *News*, November 6, 1961.

「我們環遊世界已有16年，一直乘搭來自歐洲和美國主要航空公司的客機。我們從來沒有享受過這般服務，從新加坡飛往香港的航空服務，是如此親切、熱情和周到。」[29]成為香港唯一的航空公司兩年後，國泰航空致力打造具有國際競爭力的航空服務，以吸引經驗豐富的（西方）旅客。公司視挑選及培訓傑出的機組人員，為其中一個重要的策略。

　　到1964年，國泰航空決定公開地闡明女性空中服務人員的聘用準則和留用政策。1963年10月，國泰航空推出月刊《東方旅遊》（Orient Travel），旨在「不僅吸引旅遊行業的成員，也要引起具旅行意識的公眾的注意」。月刊第五期提到國泰航空為女性機艙人員推出了誘人的「雲端生活」。以「『怎樣才能成為一名空姐？』許多來自世界各地、渴望尋找一份令人興奮的職業的女孩都在問這個問題」。作為文章的開首，指「所有年齡層的女孩普遍都被這種迷人的生活所吸引」。國泰航空為「空姐」（和艙務長）提供培訓課程，而且一直維持招聘「不同國籍空姐」的政策，以配合「於東南亞航線上飛行的國際化乘客」。國泰航空「比大多數航空公司擁有更多會説多國語言的空姐」，為乘客提供不一樣的客艙體驗。搭乘國泰航空，乘客很少會在航班上找不到一位「能夠用他最明白的語言與他交談的空姐」。在國泰航空的服務範圍內，空姐至少要有説雙語的能力，包括英語及其中一種亞洲語言。國泰亦要求空姐「擁有迷人的外表，儘管比外表更重要的是性格開朗、受過良好教育及身體健康」。公司從「20至25歲的女孩中挑選空姐，她們可以從事空中服務直至35歲」。這些政策令國泰航空空姐的平均「飛行壽命」達到四年，已經超過了全球平均18個月的水平。國泰航空營造了一種家庭氛圍，「女孩們」似乎很享受她們的工作，並且願意停留更長的時間，「但她們當中有大多數人都是為了結婚而離開的。」在國泰航空服務期間，這些空姐接受了培訓，並有望能提供「可與五星級酒店媲美」的客艙服務。[30]

　　國泰航空致力維持服務質素的同時，也用心地展示迷人的空姐陣型。空姐的姓氏已經是國泰多元化的明顯指標。此外，國泰航空1964年11月時事

29. Swire HK Archive, CPA/7/4/1/1/19 *News*, November 6, 1961.

30. Swire HK Archive, CPA/7/4/6/5 Cathay Pacific Airways — *Orient Travel* Monthly News Magazine, February 1964。空姐的強制婚姻狀況及退休年齡，是香港印刷媒體關注的國際問題。1968年，本地中文報紙報導，美國的新法例，在符合男女平等的基礎下，規定不得在空姐結婚後解僱她們，也不能在她們33歲時解僱她們（《香港工商晚報》，1968年8月11日，2；《香港工商日報》，1968年8月12日，2）。

通訊內一篇題為〈來自遠東所有角落的迷人女孩〉的文章中，解釋了公司的招聘政策。這篇文章的開首引述一位新聞作家似乎「讚嘆」國泰航空「與大多數的航空公司不一樣」，未有因為國籍問題而限制機艙人員的選擇。文章提到，除了外表，國泰航空的機艙人員「至少能說國泰航空所屬服務地區的一種語言（同時能操一口流利英語）」，並因其「得體、優雅和美麗」的特質而獲得取錄。為了證明國泰航空積極地四處尋找優秀人才，文章指出新員工是從「一眾有熱誠的申請者中篩選出來」，其中包括「3位來自曼谷的泰國女孩、5位來自台灣的女孩，還有4位來自新加坡⋯⋯13位來自大阪、和一位來自香港的印度女孩。」[31]

　　國泰航空為了傳達公司的影響力，以及希望透過女性機艙人員所說的語言，反映她們的多樣性，於是在旗下旅遊雜誌上製作了一幅「空姐郭娣」（Kathy the air hostess）的漫畫（她身穿國泰航空制服，擁有豐滿的身段），說：「現在的噴射機太快了，用各種亞洲方言講完起飛的指導，便立刻要解釋到達手續了！」英文版漫畫由空姐阿娣傳達類似的信息，中英兩個版本之間唯一的區別，在於中文版的阿娣所指的是各種「亞洲方言」，而不是「國泰的語言」（Cathay's languages）（圖3.6 a 及 b）。[32] 英文版大膽聲明，儘管語言的起源不同，但各種語言都是「國泰的」。中文版將航空公司的服務範圍，描述成一個有語言差異的亞洲地區，但虧得國泰空姐的才華，這問題很容易就克服了。

　　國泰航空從東方服務地區，招募了能說多種語言、富有吸引力的新員工，藉此展示西方如何界定現代美的定義。她們不僅能說一口流利的英語，其中許多都有英文名字，而且她們也是率先採用了西方的化妝品。1963年，英國化妝品牌 Cyclax 派化妝師到港，向國泰空姐展示如何因應航空公司服務地區的氣候條件來化妝。[33] 首期《東方旅遊》欣然報導了由「香港第一家百貨公司」連卡佛主辦的活動。文章特別指出，其中一位美容顧問「負責伊麗莎白女王加冕時的妝容」。[34]

---

31. Swire HK Archive CPA/7/4/1/1/71 *Newsletter*, November 4, 1964。當地媒體也留意到有來自日本、台灣、泰國等地的學員到港參加培訓（《香港工商晚報》，1964年11月24日，3）。

32. Swire HK Archive CPA/7/4/6/28 Cathay Pacific Airways — *Orient Travel* Monthly News Magazine December 1966.

33. 《華僑日報》，1963年10月15日，11。

34. Swire HK Archive, CPA/7/4/6/1 Cathay Pacific Airways — *Orient Travel* Monthly News Magazine, October 1963.

KATHY the air hostess
— by Jay Gluck —

With all these fast jet flights, I've no sooner finished takeoff instructions in all Cathay's languages, than it's time to start the arrival information!

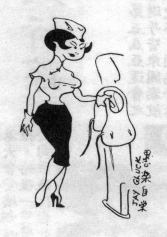

空姐郭娣

現在的亞洲方言講解起飛的指導，太快了噴射機用，各種便，立刻要解釋達到手續了！

圖 3.6a 及 b：這幅漫畫吹噓說：現代噴射機太快了，國際化的女性機組人員還未來得及用各種亞洲方言給乘客講解起飛的事項。資料來源：Swire HK Archive, CPA/7/4/6/28 Cathay Pacific Airways—*Orient Travel* Monthly News Magazine, December 1966。

　　1965 年，啟德機場的美容課程吸引了五十多名國泰航空女員工。教她們彩妝藝術的是 Diane Cheng，她曾是國泰航空的空姐，後來加入 Revlon 擔任美容顧問。她向在場好學的學員展示如何使用由 Revlon 所捐贈的化妝品及指甲油，以及解釋如何選擇顏色，她告訴她的學生：「如果一個女孩塗了與自己指甲顏色不相符的唇膏，乘客可能不知道如何表達，但他肯定能感覺到有些

不對勁。」一位邵氏影城的代表，也是一位精通好萊塢化妝修飾又友善的加
州人，為 Diane 的課程作出補充，並提供了著重於「輕輕帶過」的自然化妝方
法。當提到「因睫毛膏而導致變硬的睫毛，或是線條畫得太明顯的眉毛」時，
他引用了一項調查，聲稱遠東地區只有 5% 的女孩懂得正確的化妝方法。他
又為每位女孩拍照，並與她們個別討論臉部結構。美容導師表示：「對於那些
經常要與公眾接觸的人來說，一個能夠襯托出精緻五官的自然妝容是必不可
缺的。」雖然這些美容產品在商業市場上可能很容易買到，但如何正確地應
用，則需要一定的鑑賞能力，才能根據一個人的自然特徵塑造外觀，他認為
「遠東女孩」這一項技能尚嫌不足。[35]

　　國泰航空的女性員工一直對這個主題感興趣，當一位澳洲美容顧問到訪
香港，進行化妝示範及解答化妝品問題時，六位國泰空姐欣然地接受了她的
化妝建議。[36] 一名空姐到訪過位於美國德州沃思堡的美國航空培訓學校，以
及位於芝加哥機場美國聯合航空的培訓中心，她所持觀點與邵氏影城代表正
正相反，她指假眼睫毛「與唇膏一樣普遍」，並表達對美國同行的欽佩，聲稱
「美國的空姐在儀容方面，訂立了非常高的標準」。[37] 國泰於 1968 年版的時事
通訊中，刊登了一張地勤小姐參加啟德化妝班的照片，她在學習「如何固定
假眼睫毛」。[38] 次年，負責空姐的 Jenny Tung 被問到有關眉毛化妝的技巧，說：
「要經常把眉毛向上畫⋯⋯ 否則妳看起來可能會很憂鬱。」[39]

　　1967 年 6 月的《國泰新聞》（Cathay News），分析了公司的招聘政策與對化
妝的執著兩者之間的聯繫，令人印象深刻。這篇中文文章指：「許多人認為航
空公司只聘用漂亮的女空姐和地勤人員，這是一種誤解。」「事實上，大多數
航空公司的招聘標準與其他公司相同，著重於行為、個性和工作能力，外表
並不重要。」然而，這篇文章也承認，一般來說，航空公司職員大多擁有令

35. Swire HK Archive, CPA/7/4/6/15 Cathay Pacific Airways — *Orient Travel* Monthly News Magazine, July 1965; Swire HK Archive, CPA/7/4/1/1/77 *Newsletter*, March, 30, 1965.
36. Swire HK Archive CPA/7/4/6/17 Cathay Pacific Airways — *Orient Travel* Monthly News Magazine, 1965.
37. Swire HK Archive, CPA/7/4/1/1/85 *Newsletter*, August 24, 1967.
38. Swire HK Archive CPA/7/4/1/1/97 *Newsletter*, November 25, 1968.
39. Swire HK Archive CPA/7/4/1/1/105 *Newsletter*, September 22, 1969.

人愉悦的外貌，背後的原因則很簡單，因為空姐知道怎樣化妝，以及注意自己的裝束和姿勢。因此，國泰航空定期為女員工進行化妝和禮儀培訓。[40]

國泰航空精心挑選和培訓女性機艙人員，令公司機艙人員的規模能夠隨著業務上升而有所增長。至1967年，公司一共有75名來自亞洲不同國家的女性機艙人員，她們除了會說母語外，還能操流利的英語。1964年，日本開放出境旅行後，國泰根據公司營運環境調整服務，女性機艙人員中有29人為日本裔，比起香港的23人還要多，另外有6名來自泰國、5名分別來自馬來西亞和菲律賓、3名韓國人，以及2名分別來自印度和台灣。[41]

1965年，香港一家英文報紙報導了一位名叫 Somruedee Tongtaam 的泰國「空姐」，她在國泰航空工作了近一年，會說「英語、法語和泰語」，往返於香港和新加坡、馬尼拉、加爾各答以及日本之間。她是跟隨她的姑姑進入到這個行業。Somruedee 的姑姑曾經做過泰國公主的侍女，「陪同公主前往英國參加女王伊麗莎白二世的加冕典禮」，是「有史以來第一位泰國空姐」。Somruedee 不單擁有精湛的語言能力，還擅於烹製泰式和歐洲菜餚，這是她在招待客人時能夠展示的一項技能。文章還稱，Somruedee 喜歡穿她的泰國民族服飾，並會視乎場合搭配合適的珠寶。[42] 在芸芸國泰航空的機艙人員中，Somruedee 的家譜可謂是最優秀的。然而，公司對於女性機艙人員的語言要求之高，其實已保證了她們有一定程度的傑出背景。至於那些在成長過程中沒有培育出如 Somruedee 同樣品味高雅的空姐，國泰航空也會協助她們提升個人的優雅、魅力和美麗。

航空業並非唯一的行業，將女性員工置於顯眼位置，以塑造客人對品牌的認知。[43] 在一眾嶄露頭角的航空公司中，也並非只有國泰航空，才把這種亞洲女性氣質的概念，引入航空服務中。其他亞洲航空公司更精心塑造女性

40. Swire HK Archive CPA/7/4/6/33 *Cathay News* (June 1967)。中文媒體也有一篇文章報導指，化妝在女性機艙人員的嚴格培訓中是重要的一環（《香港工商晚報》，1967年3月6日，3）。

41. Swire HK Archive CPA/7/4/6/33 *Cathay News* (June 1967)；《香港工商日報》，1967年4月4日，6。1963年，國泰航空決定終止與英國海外航空的代理協議，並在東京開設自己的辦事處。1964年3月，國泰航空在京都和名古屋都分別開設了自己的辦事處（JSS, 13/10/1，1964年4月的會議紀錄）。

42. 《南華早報》，1965年11月2日，4。

43. 見例子，如 Barnes and Newton, "Women, Uniforms"。

機艙人員的形象，讓她們看起來更具吸引力，成為與乘客互動的前線員工。[44]
由於西方的意識形態、做法和期望主導了市場，亞洲航空公司於是透過女性
的身體，構建一個曖昧的亞洲概念，去與全球市場競爭。[45]儘管國泰航空是
香港唯一的航空公司，但公司還是打造了一線的女性員工，來呈現其國際化
的一面。國泰航空的女性機艙人員，也反映了公司客戶來往的地區。香港擔
任了一個重要但非主導的角色，投射國泰航空所渴望呈現的世界主義，這是
光靠種族不足以完成建構的。這些魅力非凡的女員工，除了要與說英文的客
戶交談外，還要用母語吸引他們。她們自然的外表縱然吸引，公司仍要從演
藝圈等地，為她們安排提升魅力的最新課程。

　　機艙裡這批亞洲女性的形象，與駕駛艙的機組人員，形成了鮮明的對
比。在早期其中一份的時事通訊中，國泰航空吹噓擁有「在遠東地區最有經
驗的飛行員」。1958年，國泰航空的首席飛行員，因他的空中服務而獲英女
皇嘉獎。公司的另一位高級機長是澳洲皇家空軍老將。[46]一位來自1940年代
的國泰空姐回憶道：公司的飛行員，「很多都是二戰時期的王牌。」[47]到1961
年，國泰航空已擺脫了早期的標語——「擁有英國機師的英國航空公司」。[48]
然而，在駕駛艙裡仍然是由英國機師掌舵，未有機會讓亞洲機師參與。國泰
航空的機師繼續由西方人主導，其中大部分來自英聯邦。1967年，國泰航空
在一篇題為〈驕人的水平！〉的文章中，誇耀駕駛艙工作人員的經驗，並說公
司「來自英國、澳洲和新西蘭」的機師達到「每年繞東方飛行350,000英里」的
平均紀錄。[49]

　　這家嶄露頭角的香港旗艦航空公司，需要在跨國企業的世界中取得成
功。對於這間擁有良好發展前景的航空公司來說，全球航空旅遊業務未有同
化或單一化消費者的喜好。相反，這些偏好會根據所涉及的商業目的或功能
而有所不同。國泰航空會從世界各地採購最好的資源。作為一間具國際化規
模的航空公司，國泰員工應包括一位來自西方（英聯邦）的駕駛艙機組人員來
操作西方機器，以及一支具有西方思想的泛亞美女團隊（並由華裔男性擔任

44. Arnold, "For the Singapore Girl."
45. Obendorf, "Consuls, Consorts or Courtesans?" 35–39.
46. Swire HK Archive, CPA7/4/1/1/2 July–August 1958.
47. Swire HK Archive, *CX World* 124 (July 2006).
48. Swire HK Archive, CPA/7/4/1/2/9 *Newsletter*, January 1961.
49. Swire HK Archive, CPA/7/4/1/2/27 *Newsletter*, February 1967.

飛行事務長的領導角色），在公司運送乘客周遊列國時，提供具個人化色彩的「東方」客戶服務。除了現代（西方的）工程和技術知識外，國泰航空還打造了富有本地審美概念的國際化「美女」。[50]

以國泰空姐制服實踐東方化世界主義

到1960年代，國泰航空的奢華航空旅行，與二戰後那幾年相比已是大相逕庭。國泰航空從軍方那邊承繼了飛行設備和人員，在二戰剛結束後，與許多亞洲商業航空領域的初創公司一樣，並沒有徹底改變早期乘客的機艙體驗。國泰創始人不單從軍事盈餘中購買了第一架飛機，而且駕駛艙的機組人員亦是從學習駕駛戰機中接受飛行訓練。

直到1950年代後期，國泰航空才投資商用飛機，並徹底改變乘客的飛行體驗。打造非軍事化的航空旅行，還包括改造空姐的服裝，擺脫國泰空姐在1940和1950年代穿著設計保守的制服（圖3.7 a 及 b）。早期制服的組合變化一直圍繞著一件白色襯衫、一件深藍色西裝，及一條亞麻連衣裙。一名來自那個時代的男性機艙人員回憶道：「短袖、臀部有帶鈕扣的口袋、肩部有軍用條紋、裙子高出腳踝約五英寸。」「就像聖約翰救護機構護士的衣服」。[51]「大轉變」發生在1962年，國泰空姐卸下了二戰結束以來穿了很久的軍裝，換上符合公司「東方」風格的制服。

1962年，國泰航空宣布公司在「顏色和風格」上將會有「明顯的改變」，空姐會去掉「看起來並不自信的深藍色工作制服」，即「航空公司自成立17年以來，歷代機組人員所穿戴的、耐用的深藍色」。這次改造由「美國時尚達人」Rudella Shull 所設計，「融合東方與西方的特色，營造氣派感」。Shull 畢業於紐約的特拉法根時裝學院（Traphagen School of Fashion），後來「在九龍一家紡織公司工作」。12名「經驗豐富的評委」所組成的小組，從提交的五份作品

50. 參見 Jones, *Beauty Imagined*，討論全球化與部落化如何在對美的定義中並存，以尋求全球商機。

51. Swire HK Archive CPA/7/4/1/1/99 *Newsletter*, March 24, 1969.

中，選出了 Shull 的方案為獲獎設計。[52] 據報導，這件玫瑰色的制服「令人驚艷」，「絕對有別於平常可見的空姐制服」。[53] 機組人員的非軍事化，不僅採用了充滿活力、引人注目的顏色造制服，也需要尋找一種適合國泰的風格。

　　對於縱橫東方的航空公司來說，其制服的靈感源自中國風。空姐們穿著一件貼身的白色棉質襯衫，搭配中國風的衣領。這件襯衫由帶「櫻桃紅緄邊」的旗袍領、三顆置於脖子至肩膀的「中式鈕扣」襯托出中華傳統風格。下半身為「兩邊開衩⋯⋯帶微弧形」的中式裙子。這套引人注目的服裝背後是「一條獨特的隱藏式繫繩」，「即使空姐使勁地從飛機烤箱中取出食物，和彎腰手推車前」，繫繩也可以將襯衫牢牢地固定在空姐的腰部。這種上下身的中式組合，經過隱藏功能作出了修飾，在一個應用西方技術和注重服務心態的工作環境中發揮作用。在這套精心製作的中式內搭上，空姐可以穿上一件無領外套，以「腰部以上弧形的接縫」作剪裁。採用「纖細羊毛布料（fine wool gabardine）的時髦套裝」，如此描述呈現出顯著的西方質感及現代化外觀，全襯裡採用配套絲綢，與中國風襯衫和裙子相得益彰。[54]

　　Shull 一直認為航空公司的制服「過於刻板和沈悶，亦即是欠缺想像力」。她解釋指，在這次制服設計上，國泰航空給予她絕對的自由度。她將自己代入空姐的角度，認為設計一個「時尚、有氣派和能散發女性風韻」的套裝很重要。Shull 說自己從「中國長衫〔旗袍〕」中汲取靈感，將它改造成裙子和襯衫，外套則是由艾森豪外套（Eisenhower jacket）改造而成。她深信，這件外套搭配以旗袍為靈感的中領襯衫和裙子，將會歷久不衰，「自然而然地創造了自己的風格⋯⋯絕對是在航空公司制服中，一次中西交融的案例。」她又補充：「當然可以說，這套套裝不單具有國際風味，亦同時兼具個人風格。」[55]

52. Swire HK Archive CPA/7/4/1/1/45 *Newsletter*, September 14, 1962；《南華早報》，1963年12月2日，42；《華僑日報》，1962年9月15日，15。國泰航空緊隨泛美航空公司的步伐，聘請時裝設計師。1959年，泛美為空姐引入的「噴射時代造型」，是由「著名的比佛利山莊時裝設計師」Don Loper 設計，強調「女性氣質和實用性」（Pan Am, Series 10: Personnel, 1912–2005, Sub-Series 2: Flight Attendants, 1930–2005, Box 1, Folder 1 257 29）。

53. Swire HK Archive, CPA/7/4/1/1/45 *Newsletter*, September 14, 1962.

54. Swire HK Archive CPA/7/4/1/1/45 *Newsletter*, September 14, 1962。有關英國羊毛在中國使用的歷史，參見 Silberstein, "Fashioning the Foreign"。有關歐洲布料於亞洲使用的狀況的詳細討論，參閱 Pyun, "Hybrid Dandyism"。

55. Swire HK Archive CPA/7/4/1/1/45 *Newsletter*, September 14, 1962；《南華早報》，1963年12月2日，42。

對於國泰航空來說，這套中西相融的服裝，讓空姐們得以卸下長久以來穿著軍裝的束縛。新設計為航空公司的機艙服務，注入了時尚元素和女性氣質。獲公司精心挑選的女性機艙人員，將會穿上這件因應「國泰航空亞洲女孩的小骨骼結構」而設計的裁縫創作。國泰乃「按照個人尺寸」來訂製制服，並由著名的上海裁縫手工製作。[56] 制服不單止承襲了中式服裝的細節，內層的襯衫和裙子是為了緊緊包裹身材，展現出國泰航空亞洲空姐嬌小的輪廓。較鬆身的艾森豪外套，名稱讓人聯想起冷戰時期新世界秩序的權力動態，也為以中國為靈感的制服賦予了一種西方風格。

國泰航空並非唯一一間開創航空時尚的公司。在國泰進行服裝改革時，馬來亞航空公司已將原來的高跟鞋、米色襯衫和裙子淘汰，取而代之的是新的空姐制服，由木底涼鞋，以及改裝的傳統紗籠（sarong）所組成。[57] 這時期機艙人員所穿的服裝，反映了機組人員代表的國籍。1963 年，在空姐的時裝遊行中的亮點，是「來自不同國家的女孩們，首先身穿民族服飾遊行」。[58]

如果說在這個時代，來自外界的西方目光，將亞洲不同種族的東西本質化，[59] 那麼，國泰航空亞洲機組人員的造型則進行了自我定位。時裝促進身體再現，在亞洲，許多土著在建構民族的過程中，經常使用時裝來表達他們對殖民政權的抵抗。[60] 值得注意的是，女性身體經常成為塑造種族的場所。就中國而言，關於服裝的聲明，以及日常生活中的其他生活實踐，有助創造一

---

56. Swire HK Archive CPA/7/4/1/1/45 *Newsletter*, September 14, 1962；《南華早報》，1963 年 12 月 2 日，42。這些優秀的工匠來自一個於戰前接待了許多西方遊客到亞洲的中國城市。關於這時期因為地緣政治而引發的香港旅遊情況，參見 Mark, "Vietnam War Tourists"。Katon Lee 亦有研究香港的「西裝旅遊」（"suit tourism"），參見他的 "Suit Up," chap. 5。

57. Swire HK Archive, CPA/7/4/1/1/14 *Newsletter*, September 11, 1961.

58. Swire HK Archive, CPA/7/4/6/1 Cathay Pacific Airways — *Orient Travel* Monthly News Magazine, October 1963.

59. 在 Christina Klein 稱為「冷戰東方主義」的過程中，她闡述了冷戰時期，美國文化產物如何向美國觀眾介紹亞洲，希望令觀眾接納非白人，而且接受美國於亞洲擔任國際主義者的角色（Klein, *Cold War Orientalism*）。

60. 關於緬甸，見 Ikeya, "The Modern Burmese Woman"。關於印度，見 Tarlo, "The Problem of What to Wear"；Tarlo, *Clothing Matters*; Bhatia, "Fashioning Women in Colonial India"。關於斯里蘭卡，見 Wickramasinghe, *Dressing the Colonised Body*。關於爪哇島，見 Taylor, "Costume and Gender in Colonial Java"。關於菲律賓，見 Roces, "Gender, Nation"；Roces, "Dress, Status, and Identity"。

種新的中國性。[61] 民族服裝的發展也使女性的身體成為 20 世紀初社會爭論的焦點。[62] 旗袍作為民族服飾，[63] 其設計趨向愈來愈貼身，凸顯了現代中國女性的魅力。[64] 1962 年，國泰航空重新設計制服，只是試圖將這個文化標誌用於商業利益。[65]

對於國泰航空來說，改革更簡單，因為公司只需要將注意力集中在女性機艙人員身上。有異於許多僱用本地機師的亞洲航空公司，國泰航空擁有一支由西方機師組成的專屬駕駛艙機組人員，就如上一節提及的 1971 年廣告所示。公司沒有必要透過衣著來區分男性機艙人員和駕駛艙的機組人員，因為公眾很容易將白人機師與亞裔的機艙人員區分開來。國泰的第一位男性空中服務員回憶道：「我 1956 年加入公司時，男性空中服務員的制服與機師的制服相同。」待他晉升至高級艙務長時，他在制服的肩膀位置上已獲得三道條紋，和高級副機師一樣。[66] 男性機艙人員保持他們的軍裝風格。到 1964 年 3 月，公司向「所有航線的艙務長」派發了一套額外的外套、蝴蝶領結和不同顏色的腰帶，用於雞尾酒及餐飲服務，與「那些穿著醒目的玫瑰紅色制服的女孩們」相匹配。[67] 男機艙同事的服裝用以襯托空姐，就如為她們選擇的指甲油顏色一樣，能「與服裝顏色相搭配」。[68] 國泰航空在打造新面貌時，重點放在空姐的制服（圖 3.8 a, b 及 c）。

據報導，在推出後的數週內，新的空姐制服「在亞洲遍地開花」，穿著新服裝的空姐在起飛前都一直戴著帽子和手套。[69] 香港中英文報紙均對新設計

---

61. Harrison, *The Making of the Republican Citizen*。有關一個涵蓋時間較長的討論，參閱 Finnane, *Changing Clothes in China*。

62. Ng, "Gendered by Design."

63. 有關帶動旗袍民族服裝的文化政治和性別動態的描述，參閱 Finnane, "What Should Chinese Women Wear?"。

64. 性感服裝，至少在 20 世紀早期，也引起道德敗壞的焦慮（參見 Edwards, "Policing the Modern Woman"）。

65. Chew 將焦點轉移到 20 世紀初，指出文化生產者和名人對旗袍復興的影響（"Contemporary Re-Emergence of the *Qipao*"）。

66. Swire HK Archive, *CX World* 67 (October 2001).

67. Swire HK Archive, CPA/7/4/6/5 Cathay Pacific Airways — *Orient Travel* Monthly News Magazine, February 1964; Swire HK Archive, CPA/7/4/1/1/58 *Newsletter*, February 24, 1962.

68. Swire HK Archive, CPA/7/4/6/1 Cathay Pacific Airways — *Orient Travel* Monthly News Magazine, October 1963; Swire HK Archive, CPA/7/4/6/34 *Cathay News* 34 (1965).

69. Swire HK Archive, CPA/7/4/1/1/46 *Newsletter*, September 24, 1962.

讚口不絕。[70] 1963年7月，雙語雜誌《現代婦女》（*Woman Today*）在頭版刊登了一位穿著新制服的國泰空姐，稱這套制服為「以折衷的東西方風格設計而成的玫瑰色套裝，為空姐繁重的工作提供最大的自由度，旗袍的設計也凸顯了女性氣質」。[71] 除了融合東西方的精華外，新制服的風格還「與國泰航空的亞裔機艙人員協調一致」。1962年，這批主要來自香港、日本和印度小隊的機艙人員，很快就有「來自泰國、馬來亞和菲律賓的女孩」加入。[72]

　　儘管新制服所蘊藏的中國風引人注目，但也必須呈現國泰空姐所嘗試代表的種族多樣性。國泰的日裔機組人員對制服的視覺效果提出了艱鉅的挑戰。1964年，日本市場隨著對本國公民旅行的限制放寬而膨脹，到1965年，日本遊客入境香港的數量上僅次於美國（圖3.5）。[73] 針對日漸增長的日本客戶，國泰航空推出「歡待」（日語；中文意思是款待）服務，作為「一種特殊的歡迎方式」。對於這個重要的市場，公司甄選了一隊「說日語的國泰空姐」。為了表明自己的身份，這些機艙人員佩戴了日本國旗肩章以資識別。在飛機上，這些空姐服務日本乘客時，會將國泰航空的制服換成和服。[74] 隨著國泰航空於1965年推出往返香港、台灣和日本之間的固定服務，服裝的一致性比多樣性已經沒有那麼重要，有空姐「身穿她們的民族服飾，即和服，其他人則穿著國泰航空制服」。[75] 國泰在促銷活動期間，延續了這種混合服裝的做法。國泰派遣空姐出國旅遊，並擔任宣傳大使，旨在「增添遠東旅遊的誘惑」。這群「迷人的空姐」經過公司悉心打扮，「穿著玫瑰色的制服或民族服飾……Cherry Ho、Tomoko Nagahata 和 Keiko Mayuzumi 處理成千上萬關於香港的查詢後……從東京返回家中。」[76]

70. 《華僑日報》，1962年9月15日，15；《南華早報》，1963年12月2日，42。
71. Swire HK Archive, CPA/CE/6/13/7/(14) *Woman Today*, July 1963.
72. Swire HK Archive, CPA/7/4/1/1/37 *Newsletter*, May 28, 1962.
73. 《紐約時報》，1964年2月9日，1；*Hong Kong Tourist Association Annual Report*, 1965–1966, "Statistics of Incoming Visitors (Non-Chinese) to Hong Kong by Nationality in 1965"。
74. Swire HK Archive, CPA/7/4/6/4 Cathay Pacific Airways — *Orient Travel* Monthly News Magazine, January 1964; Swire HK Archive, CPA/7/4/1/1/60 *Newsletter*, February 24, 1964.
75. Swire HK Archive, CPA/7/4/6/11 Cathay Pacific Airways — *Orient Travel* Monthly News Magazine, March 1965.
76. Swire HK Archive, CPA/7/4/1/1/79 *Newsletter*, May 10, 1965.

　　國泰關注的問題不單是為這群快速增長的客戶安排獨特制服。國泰航空一直以「來自遠東所有角落的迷人女孩」為傲,致力於視覺上呈現種族背景的多樣性。但按上述做法,就不得不放棄服裝的視覺統一。1964 年,國泰的客戶服務經理調查了這群「上鏡的女孩」,那年招募了最多海外新員工,新的空姐都穿上了民族服裝。除了和服外,其他空姐也在服裝上呈現了她們的種族特徵。由於某些新員工會被歸類到相同的「民族服裝」中,所以事實證明統一服飾的做法是有問題的。「五名來自台北的新員工,都穿著迷人的旗袍」,與香港本地華人幾乎沒有差別 (圖 3.9)。[77]

　　關於統一性的問題,並非只出現於國泰航空為女性員工尋找服裝的個別事件中。在 Jennifer Craik 對「澳洲時尚」的探索中,她斷言要為一個地方尋找一種獨特的時尚,背後充滿文化政治意味。[78]國泰航空一直嘗試透過員工來凸顯公司形象。儘管香港不像澳洲那樣具有多元文化,但由於國泰航空的機艙人員均來自不同民族,因此很難去強調某一個獨有的特徵,用以統一地反映公司的國際化背景。此外,如果要所有女性機艙人員呈現單一的風格,就需與穿上制服角色的身體進行協商。[79]雖然直接修改這套以旗袍為靈感的服裝,或能解決空姐穿著制服後,產生工作紀律與女性氣質不協調的問題,[80]但對來自不同背景的女性機艙人員來說,這套顯然從中華民族設計概念中汲取靈感的制服,則未能令所有國泰女性員工產生相若的共鳴。

　　1960 年代,香港的民族特色讓國泰航空得以為其女性機艙人員打造一套獨一無二的制服,1962 年公司推出的制服凸顯了中華傳統,也是許多在這香港航空公司工作的人的傳統。但是,由於國泰與新加坡、台灣和其他地方的競爭對手共享這種中華傳統,因此未能在那些富濃厚中華文化的地區中,區分出這間航空公司。國泰航空在進行招聘時,從本來以香港作為基地,逐漸擴展到它的「東方」服務區域,問題也變得更加複雜。以旗袍為靈感的制服,

---

77. Swire HK Archive, CPA/7/4/1/1/71 *Newsletter*, November 4, 1964; Swire HK Archive, *CX World* 53 (August 2000)。因為當時日本市場仍然充滿活力,國泰航空還繼續安排身穿和服的空姐出席公關活動 (《香港工商日報》,1967 年 11 月 26 日,4)。

78. Craik, "Is Australian Fashion?"

79. 日本男孩和女孩校服發展的比較,參閱 Namba, "School Uniform Reforms"。

80. Craik, "Cultural Politics."

淡化了公司致力通過女性機艙人員所展示的一系列「東方」傳統。[81] 當國泰需要傳達公司所代表的特定種族時,空姐就需要脫下能夠喚起中華情感的制服,並按照自身的不同背景,換上相應的民族服裝。[82]

國泰航空旨在通過女性機艙人員的泛區域代表性來展現國際化形象。然而,要以統一的方式去呈現這個世界主義品牌,需要設計一套標準服裝,把這間香港航空公司的機艙人員聯繫起來。刻意提倡多元文化主義與強制同質化的民族包裝設計相互衝突。到1960年代末期,國泰航空再一次重新設計了制服,並以全新的表達方式,宣揚國際化服務,為公司闡明香港的定位。

物流行業中推廣實用主義

與其他全球品牌的發展一樣,國泰航空通過不斷的調整來振興企業形象。[83] 從接二連三的制服設計可見,國泰航空致力因應變化多端的商業環境來重塑品牌。

自1962年推出以旗袍為靈感的服裝之後,國泰的另一輪制服設計又再展開。那是1968年公司發起的企業形象改造中的一個部分。[84] 1968年,香港的遊客人數於十年內增長六倍,達到618,410人次,其中美國遊客佔26%,日本遊客佔16%。[85] 1969年3月,國泰推出的新制服,除了採用「爆竹紅」一色,完全擺脫了所有有關中華民族的元素。這套制服包括一件「A字裙和滌綸(terylene)外套、蘑菇形帽子,以及搭配紅色英式華達呢(gabardine)防水大衣」。看起來絕非「東方風格」,航空公司在描述這套服裝時強調了功能

81. 同樣地,並非所有在新加坡航空公司提供服務的「新加坡女孩」都是「新加坡人」(Obendorf, "Consuls, Consorts or Courtesans?" 45)。當新加坡於1972年創建獨立於馬來西亞的航空公司時,這間後來被稱為新加坡航空公司的公司,保留了1968年 Pierre Balmain 為馬新航空公司設計而為人熟悉的蠟染紗籠(*batik sarong kebaya*)。儘管新加坡航空擁有獨立的地位,但它仍繼續塑造這些新加坡女孩,為她們穿上緊身的馬來晚禮服(《海峽時報》,1968年7月30日,10;1972年7月27日,2)。
82. 1960年代後期,在馬新航空公司上,日裔的女性機艙人員也脫掉了紗籠,改穿上了柔和的和服(《海峽時報》,1968年8月1日,5)。
83. Da Silva Lopes and Casson, "Entrepreneurship and the Development."
84. Swire HK Archive, CPA/7/4/1/1/92 *Newsletter*, June 18, 1968; Swire HK Archive, CPA/7/4/1/1/94 *Newsletter*, August 19, 1968.
85. *Hong Kong Tourist Association Annual Report*, 1968–1969, 23.

性。「空姐和**太空人**一樣，需要合適的衣服來靈活地移動」(著重部分由作者標明)。這套由澳洲時裝小組設計並「由九龍麗華(音譯)[服裝製造商]量身定制」的套裝「並不華麗」，卻是滿足了「整潔得看起來令人舒暢而又在所有氣候和工作條件下都合適的實際需求」。這件「綢緞」大衣「配有可拆卸的襯墊，可供應付寒冷的天氣」。航空公司為每位空姐派發「裙子、外套、大衣、帽子、工作圍裙、手袋、高跟鞋、低跟鞋(用於客艙服務)、手套、語言別針及帽徽」。手袋的設計因應袋中物而定：「錢包、粉餅、唇膏、鏡子(附有袋)、支裝護手霜、手套……重要文件，護照和醫療文件，均放進一個附拉鍊的暗隔裡。」[86] 幾個月後，航空公司增添了「由太特隆(tetron)所製的雨披，搭配尼龍襯(與國泰航空爆竹紅制服和小精靈帽子相匹配)」，以完成整個造型的搭配。這件雨衣是為了「在冬季也能完全覆蓋和保護制服、帽子和大衣之餘，也不會顯得笨重」(圖3.10 a 及 b)。[87] 整套服裝是為了功能而精心設計，國泰航空作為一間有品味而富時尚感的航空公司，採用最新技術，這套服裝充分地利用了由新技術衍生出來的材料。機組人員欣然接納服裝設計上的改變，表示「很高興能與不斷冒出來的束腰襯衫説再見」。[88]

　　國泰航空推出新制服時，突出了物流過程中的實用性，以呼應設計對功能性的重視：一份包括446套服裝(136套用於空姐、123套用於外港和187套用於香港)的「訂單」；「1,500平方英尺從澳洲入口的皮革」，用於製造淡棕色的鞋子和手袋；4,500碼從英國進口的滌綸，用於連衣裙和外套；1,500碼「來自布拉德福德……的華達呢」用於大衣。[89] 香港發展成為全球製衣業的龍頭，而「九龍麗華」是其中一間來自香港的品牌，在這次國泰制服的改革中發揮了重要作用。航空公司解釋：「外貌的變化是國泰航空全新造型計劃的一部

86. Swire HK Archive, CPA/7/4/1/1/99 *Newsletter*, March 24, 1969；《南華早報》，1969 年 6 月 29 日，32。

87. Swire HK Archive, CPA/7/4/1/1/105 *Newsletter*, September 22, 1969.

88. Swire HK Archive, CPA/7/4/1/1/99 *Newsletter*, March 24, 1969。有趣的是，隨著國泰航空放棄東方主題，其他航空公司在 1970 年代開始於制服中加入民族元素。澳航在 Emilio Pucci 的印花中融入了澳洲花朵、羽毛和花瓣的絢麗色彩；British Caledonian Airways 加入了傳統格子呢(tartan)的微妙色彩；日本航空公司在 Hanae Mori 的設計中融入了民族風情；新加坡航空公司在 Pierre Balmain 設計中展示了東方圖案和色彩；印度航空展示了特色的彩色紗麗(Pan Am Series 10: Personnel, 1912–2005, Sub-Series 2: Flight Attendants, 1930–2005, Box 1, Folder 1 291 7)。

89. Swire HK Archive CPA/7/4/1/1/99 *Newsletter*, March 24, 1969。

分。」這個以「廣告對白」而聞名的「新繪製形象」有賴航空公司營運人員的精心策劃，他們負責監督此次改革的物流工作。[90] 對物流的重視，亦是呼應了香港繁忙的旅遊業，在這十年間，到訪香港的人數每年均錄得百分比兩位數的增長，到 1969 年達到 765,213 人次。[91] 國泰航空的增長速度超越了整個行業，至 1969 年達 457,964 名乘客，十年內增長了八倍。[92]

雖然這套新制服的獨特之處，在於擺脫了對東方的著墨，但 1960 年代後期，國泰航空並不是唯一一間強調這種實用性新設計的公司。航空業過度追求功能性，其激烈程度引致那個時期的一本旅遊雜誌，警告讀者不要過度追求實用性的設計，「仍然必須讓乘客能夠區分出一位空姐與一個嶄露鋒芒的時尚機器人。」國泰航空認為自己的部署是適當的，公司派發新制服予「全體與公眾直接打交道的女性員工」，是為了傳遞「國泰航空新面貌的影響力」。航空公司的客戶服務經理說：「當你看到 1962 年的制服和新的制服時，你會發現我們擁有完全不同的元素。但同時不會偏離太遠，仍然保留了我們的身份。」據報導，另一位國泰航空行政人員表示，新制服「讓女孩們看起來更年輕、更漂亮」，也「讓他也覺得自己更年輕了！」與 1962 年的「長衫式裙子和外套」相比，這套新套裝看起來「更醒目」。航空公司遂展開宣傳。[93]

這次的制服改革將一眾身穿旗袍風格制服的東方美女，搖身一變為穿著迷人而務實的空姐。這套後來被稱為「迷你」的服裝，不僅反映了 1960 年代後期的時尚潮流，也反映了航空公司在營運過程中日益增長的後勤需求。這套制服出現的時間，與太空人裝備在靈活性和移動性上的比較，並非巧合。1969 年，也就是在太空競賽中首次載人登月的那一年，空姐開始穿著這套新制服迎接乘客。由於之前 1962 年的制服，對來自不同民族的機艙人員來說過

90. Swire HK Archive, CPA/7/4/6/37 *Cathay News* 43 (April–June 1969)。1969 年國泰航空制服的描述與 1968 年推出的馬新航空公司制服的描述相呼應：「由法國時裝設計師 Pierre Balmain 設計」，但「帶有獨特的標籤：馬來西亞／新加坡製造」；「不僅制服是在新加坡量身定制的，配飾如鞋子和手袋也是本地製造的」（《海峽時報》，1968 年 8 月 1 日，32）。

91. *Hong Kong Tourist Association Annual Report,* 1969–1970.

92. Swire HK Archive, *Cathay Pacific Airways Limited Report of the Directors and Statement of Accounts for the Year Ended 30th June 1962 and 1969.*

93. Swire HK Archive, CPA/7/4/1/1/99 *Newsletter,* March 24, 1969; Swire HK Archive, CPA/7/4/6/37 *Cathay News* 43 (April–June 1969).

於拘束，因此國泰航空對國際化的審美標準，已經由種族類別的層面，昇華至技術時代所提倡的實用性上。

　　儘管新制服擺脫了民族元素並增強客艙服務的功能要求，但事實證明，這套於 1969 年的設計，並不比從前的耐用。1974 年，為了打造獨特的高貴標誌，國泰航空推出另一輪制服改革。當時，到訪香港的遊客來自不同地區，以日本的遊客人數領先，其次是北美和東南亞，份額大致相同，緊隨其後的是英國和歐洲其他國家、澳洲、新西蘭。[94] 在這一輪制服設計中，國泰航空引入了叫「東海」的元素，「傳統東海，一個帶有磁性而且引人注目的紅色、黃色和藍色漩渦圖案。」這些鮮豔的色彩印在合身的棉質襯衫上，強化了兩件套服裝帶來的視覺衝擊，套裝採用了「誘人的焦橙色，亦是最新的流行色」。新制服被認為「優雅而高貴，追上時代步伐，整潔而自由」。延續過往設計的實際重點，這款新套裝在剪裁上考慮到「便於移動」的需要，四個褶皺和裙子的前後「縫在臀部略低的位置」，讓空姐能「優雅地轉動」。與 1969 年的服裝一樣，這一代的國泰航空制服同樣配備了許多實用的配飾，看起來更加與眾不同。這套制服有一頂「禮帽風格的帽子，配有誇張的帽簷⋯⋯從後面向上翻到前面」。[95] 為了突出這個標誌性設計，圍巾重複採用東海主題。國泰打算將公司品牌打造為「香港製造」，服裝「具有一個更重要的細節，就是在西裝外套、大衣、工作圍裙和帽子上都有國泰航空的徽章」（圖 3.11 a 及 b）。[96] 自上次改造以來，有關制服物流管理變得更加複雜。引入這造型的同時，國泰航空發現有必要招聘一名「對紡織品成分、質地、色牢度和強度測試有透徹了解」的制服品質控制員，「領導一個由四人組成的部門」。[97]

　　聘請設計師去刻意為國泰航空品牌創造獨特的視覺效果，價值不菲。這個東海系列的主腦正是 Pierre Balmain，他同時是新加坡航空公司具標誌性

---

94. *Hong Kong Tourist Association Annual Report*, 1974–1975, 4。

95. 國泰空姐的新頭飾再次追隨泛美航空的潮流，以圓頂禮帽取代舊的高冠帽。女裝公司 Evan Picone 的首席設計師 Frank Smith 正值泛美在全球航線上推出 747，重新設計空姐的服裝（Pan Am, Series 10: Personnel, 1912–2005, Sub-Series 2: Flight Attendants, 1930–2005, Box 1, Folder 1 291 10）。

96. Swire HK Archive, CPA/7/4/1/1/141 *Newsletter*, October 1974.

97. 《南華早報》，1974 年 7 月 22 日，24。

的紗籠峇雅服（sarong kebaya）的法國設計師。[98]繼 Balmain 之後，眾多品牌時裝設計師也為國泰航空機組人員打造獨特外觀的造型。1983 年，愛馬仕（Hermès）的設計取代了 Balmain 的東海主題，[99]到 1990 年，愛馬仕的設計又被 Nina Ricci 所取代。[100]在英國管治香港的餘下日子裡，法國高級時裝主導了國泰航空機組人員制服中的世界主義風格。

　　航空業改變了人們對時間和地域的看法，至少增強了他們外遊的抱負。同樣重要的是，航空業變革又再一次透過精心挑選的女性機組人員重新改造公司，重塑時代對美的定義。國泰航空前線人員的標誌性形象，旨在傳達以香港為基地的國際化形象，以體現其服務區域的多民族性。然而，這些服裝事實上經過精心設計，一系列所塑造出來的美感幾乎都不是「天然的」。國泰連續幾輪的制服改革，均凸顯了視覺美感乃一種歷史偶然性的結構，並指出企業在創造利潤機會時，擁有力量去改變人們對世界的看法。[101]

　　正如社會和文化建構影響人們如何通過時裝來表達自己的身份，[102]國泰航空也因應每個時代的業務需求，以不斷發展的風格改造女性機組人員形象，來持續轉變企業品牌。國泰航空於每個時代所呈現的時裝造型，標誌著公司及其所代表的香港，於這個地域和世界商業航空的定位。

立足香港的國際化服務

　　二戰後，國泰航空在一個不起眼的位置展開業務，提供包機圍繞香港往返東南亞城市。

　　到 1971 年，國泰航空已發展成為香港的航空旗艦公司。那一年，國泰航空在美國張貼了本章開首的廣告，廣告的標題為「乘搭國泰航空　探索東方

98. 《南華早報》很快就刊登了一篇文章，將兩件由 Balmain 設計的制服並列（《南華早報》，1974 年 9 月 7 日，8）。

99. Swire HK Archive, CPA/7/4/1/1/171 *Newsletter*, November 1982；《南華早報》，1983 年 1 月 13 日，1；《華僑日報》，1983 年 1 月 13 日，8；《大公報》，1983 年 1 月 29 日，7；《華僑日報》，1983 年 5 月 2 日，6。一篇中文新聞報導稱 1983 年的設計「優雅、奢華、更是迷人」（《華僑日報》，1983 年 5 月 26 日，10）。

100. Swire HK Archive, CPA/7/4/1/1/186 *Cathay News* 48 (March 1990).

101. 有關食品行業中企業創建視覺美感的分析，參閱 Hisano, *Visualizing Taste*。

102. Crane, *Fashion and Its Social Agendas*.

不同面貌」(圖 3.12)。廣告刊登了 16 名國泰航空員工(駕駛艙及機組人員、地勤人員、工程師和廚師)穿著制服的合照。廣告並以藝術方式演繹公司的網絡,將服務的城市以花瓣圖案連結。[103]

正如廣告所示,國泰航空雖然聲稱公司總部位於香港,但卻在「東方」地區建構一個更大的服務地區形象。廣告稱,國泰將世界上最好的服務與香港及地區的感性結合一起。在政治體制(作為一家英國航空公司)支持下,公司具有歐洲的專業知識、經驗和技術(擁有百萬英里飛行經驗的英國機師和熟練的維修人員)。國泰航空沒有偏袒管治香港的英國,反而採用了其他頗負盛名的西方文化元素(瑞士廚師與他們所炮製的誘人國際美食)。[104]國泰航空不僅為客戶提供世界上最好的產品,還充分展示了對目標客戶(主要是美國人)的仔細了解,提供了西方人喜歡的「免費雞尾酒」。

除了這些西方產品所帶來的舒適和世界級的奢華之外,國泰航空還為客戶呈獻「東方」的魅力,以滿足客戶的需求。國泰航空強調透過「面貌」來理解亞洲文化特點,展示了「來自 9 個異國他鄉(exotic lands)最漂亮的面孔⋯⋯向你展露微笑」的吸引力。從一些能夠清晰列出但定義鬆散的「lands」中散發出神秘的異國情調,航空公司精心挑選了在視覺上最令人愉悅的服務人員,並培訓他們以友好的微笑來迎接客戶。這些「最漂亮的面孔」所說的「23 種語言」,強調了航空公司的本地意識,但除非這些漂亮的面孔能流利地使用旅客的母語(亦即是英語),否則掌握這些本土知識,對西方旅客是沒有用處的。[105]

---

103. Swire HK Archive, Swire HKAS 391044158720.

104. 1950 年代,半島酒店的所有廚師都是瑞士人(Hong Kong Heritage Project, Interview of Felix Bieger, August 3, 2007)。

105. 國泰航空模仿泛美航空的廣告語言。1965 年 11 月,泛美航空聲稱公司的空姐,「按最新統計,來自 39 個地方,會說 43 種語言」(Pan Am, Series 13: Technical Operations, 1919–1991, Sub-Series 9: Training and Education, 1937–1989, Box 2, Folder 1 392 21)。與當時美國政府規定僅限於國際航線的泛美航空的營運類似,國泰航空沒有任何國內業務,不得不利用其國際聯繫的吸引力。然而,國泰與泛美不同之處是,泛美可以將其海外聯繫的吸引力推銷給美國國內客戶。國泰航空則向香港以外的國際市場宣傳,一旦西方遊客到達這個神秘地區,國泰就有能力聯繫整個「東方」。與國泰航空相比,新加坡航空在本地形象上加倍突出。該航空公司專注於招聘新加坡籍的機艙人員,並在 1977 年表示不打算在跨國公司進行招聘:「不管發生什麼事,那些幫助新加坡航空公司成為一種很好的飛行途徑的『新加坡女孩』將會繼續留在新加坡。」(《海峽時報》,1977 年 12 月 13 日,11)。

這些具異國風情又善解人意的服務人員分布在公司運送乘客的「14個主要城市」。除了協調方面的好處（更頻繁），國泰航空還承諾讓乘客得到比其他航空公司「更愉快」的飛行體驗。國泰航空的名稱 Cathay，與服務的地區「東方」一樣，充滿魔力。為了吸引旅客乘坐國泰航空，公司鼓勵他們不單探索公司總部所在地香港，還包括公司的「東方」主場。當旅行者踏上這趟「探索東方不同面貌」的旅程時，他們能盡情地享用西方設施，並在一群了解他們需求的本地人陪伴下，開展跟這個神秘地區的邂逅。

　　航空運輸促進了人們逃離居住地的遊走意欲，並將他們與不斷擴大的視野聯繫起來。與此同時，所有航班均在出發點和到達點停駐。隨著航空公司將空中服務範圍擴大到不斷擴張的特權階層，國泰航空及同業從植根於香港跨國特殊性的世界觀中獲益，並以此為營運航空的基礎。[106]

　　世界主義蘊涵的元素包括對地理擴張、社會經濟實力的宣稱，以及對風雅文化的見解，[107] 而這些元素在這一時期是流動和有彈性的，並且對航空業起了重要作用。1970 年代初期國泰航空的擴張，揭示了殖民列強與被殖民者一起從香港產生獨特的世界主義意識的過程。香港城內和城外的力量，也共同將啟德機場建成一個國際化的機場，不僅屬於香港，也屬於地區和全世界。雖然這種特別的世界主義品牌來自一個被殖民管治的地區，但並不僅以其邊緣位置為中心。相反，隨著香港成為國際航空的穩固支柱，品牌從各種區域和全球關係中汲取能量，不斷演變其定義。[108]

---

106. 世界主義在這一方面與 Appiah 所說的「根深蒂固的世界主義」相呼應，這意味著一個人依戀自己的家園及文化特性的同時，會從與自己不同的地方和人的存在中獲得樂趣（Appiah, "Cosmopolitan Patriots"）。然而，與 Appiah 相比，筆者對「根深蒂固」的解釋並非基於政治忠誠。

107. Bruce Robbins 在他的世界主義比較框架中，包含了世界主義這個詞所喚起的特權人物形象（Robbins, "Comparative Cosmopolitanisms"）。筆者的興趣也與 Ulf Hannerz 所說的精英世界主義者相似，他們以布迪厄（Bourdieuan）的方式，通過在社會和文化差異的遊戲中，主張世界主義的知識和品味來獲得象徵性資本（Hannerz, "Cosmopolitanism"）。

108. Breckenridge 等人主張以複數形式理解世界主義，並警告不要在這一概念的定義上，偏袒以歐洲為中心的立場（Breckenridge et al., *Cosmopolitanism*）。呼應 Arjun Appadurai 的忠告，探索不同的文化交流和表達方式，本章的分析旨在了解即使發展受到區域和全球力量的制約，地方發展如何可以展示創造力和能動性（Appadurai, "Disjuncture and Difference in the Global Cultural Economy"）。

* * *

商業航空的確是由西方所發明和開展的。急速的技術發展使國泰航空和亞洲其他航空公司能夠緊貼歐洲和北美巨頭的步伐，尤其是在亞洲愈來愈受市場歡迎。航空公司增加航線，各公司的版圖逐漸浮現。由於航空公司有互惠航線的安排，所以出現相互競爭的情況。航空公司之間為了顯示差異，女性機組人員是一個較明顯用來區別的指標。

正如歐洲和北美航空公司善用二戰軍事裝備的技術一樣，國泰航空的開端歸功於戰時裝備及戰後重建的物流需求。因此，早期公司的機艙人員穿著模仿軍裝的制服也就不足為奇了。作為建立品牌形象的第一步，國泰航空1962年推出的制服可謂標誌性的舉措，令公司在競爭中脫穎而出。這套服裝的設計本來應突出本地特色，同時呼應國際趨勢，以體現國泰航空於香港這個大本營的世界主義精神。然而，本地吸引力受種族色彩影響，與國泰航空從所有服務的市場中挑選美女的招聘做法相衝突。這種不協調導致一種雙線做法——國泰的女性機艙人員不僅穿著航空公司的標準制服，還穿上了民族服裝。種族差異對制服的影響，也為香港與這個地區其他以華人為主的城市帶來了複雜性。

到了1969年，國泰航空已將公司對世界主義的服裝重點重新定位，從出於種族動機的制服設計，走向行業中更廣泛的主題。「迷你」時裝不僅適合那個時代，而且通過材料選擇和克服物流挑戰的壓力，使制服也恰如其分地突出了技術先進的太空時代那種噴射式生活方式。爆竹紅的色彩選擇，保留了獨特的地方特色，更加在製造過程的描述中有所體現。這一代制服是在香港製造的，有別於前身1962年展示的「上海著名裁縫的手工精細工藝」。[109] 這不僅描述了香港工業發展的過程，也融合了以香港為家的不同中華移民群體，更突出了本地身份的結晶。1970年代初期，這套制服正好代表了國泰航空的基地，即結合了外國設計、進口材料（和技術上的支持）與本地製造。

國泰制服的國際化吸引力，在於不再勉強呈現不同種族，而是展現全球元素在香港的特殊融合。不過，最終整個制服的構思過程並沒有在香港本地完成。自1969年起，國泰的制服表揚許多本地、區域和國際元素，打造國際化的香港。國泰航空在這一代和未來兩代制服中對法國設計師的依賴，不僅

---

109. Swire HK Archive, CPA/7/4/1/1/45 *Newsletter*, September 14, 1962.

凸顯了香港渴望西方所要求的高雅文化，同樣重要的是，這座城市正在開發消費這些高檔產品所需要的財力。

從長衫風格套裝到後來設計師品牌西裝，國泰航空制服標誌著香港從追求經濟發展的流動華人人口城市，轉變為國際商業的大都會紐帶。與廣大民眾的著裝一樣，國泰航空的制服採用了一種形式，即使穿上它出現於西方任何城市，也不會顯得格格不入。與1962年的制服所散發出的「東方」美的精心設計不同，1969年推出的套裝反映了國泰航空在世界舞台上最明顯的形象，並且傳達了一個明確的信息：國泰和香港致力於發展商業——不僅僅是商業，而是有品牌的商業。

隨後1970年代及往後的數輪品牌設計制服表明，國泰的發展與歐洲標準所定義的現代性趨於一致。相比之下，1962年和1969年的制服，標示著國泰航空為機組人員尋求國際化的外觀，體現了香港的本地特色和航空公司的業務需求。正如廣告所顯示那樣，直到1971年，國泰航空希望展示的各種國際化元素仍然是離散的，有點怪怪地並置在一起。這些並置的元素，在被融合於一個符合全球連貫的敘事之前，強調了本地元素的持久性。

國泰空姐的制服經歷過多番改造，反映了地區和全球趨勢，這些改造展示了戰後重建的非軍事化、從亞洲非殖民化中追尋種族身份、冷戰高峰時期某些亞洲城市趨向工業化，以及追求歐洲文化的中產階級崛起。這家航空旗艦公司的制服突出了香港的特色，展示了香港探索自身在大中華區的定位、利用技術突破轉型邁向成為製造業巨頭，以及作為國際商業中心的崛起。這個過程到此尚未完結。香港在英國管治末期遇上了地緣政治的挑戰。正如香港改變在區內和世界的定位一樣，國泰航空也要繼續重塑國際化形象。

第四章

升格香港：邊陲地起飛

如果沒有英國政府的幫助，我看不到從我們（因英鎊貶值而耗盡的）自身儲備中撥出足夠資金的可能性……我們自家的航空公司〔國泰航空〕能以現有設施應付未來數年；公司亦能滿足於區域服務而不是洲際服務，尤其是因為在這個領域上我們的利益是轄屬於英國海外航空。

1968年7月15日，香港財政司司長郭伯偉（John Cowperthwaite）向聯邦事務部提出資助啟德機場升級一事[1]

隨著 1960 年代接近尾聲，經濟不斷增長，對技術改進的需求也日益上升，使香港航空基礎設施不堪重負。香港市民忍受著飛機飛行時所發出的日益加劇的噪音，同時慶幸飛機噪音背後所象徵的本地經濟起飛。在決策層面上，殖民官員發現自己處於一個新的位置——代表著一個表現出色的地區。雖然二戰後，香港的航空發展一直依賴英國政府資助，但隨著香港發展成為製造業巨頭，並且建立了一個蓬勃發展的經濟，商業航空業自此迅速崛起。英國政府敏銳地覺察到香港的崛起，渴望從僅存的一個帝國據點中獲取利益。與此同時，憑藉商業航空技術的進步，後起之秀能有望趕過世界領先者，為這個新興的航空樞紐帶來了興奮，但惟恐香港未能資助技術的提升，對落後於其他地區的焦慮又隨之而來。

1.　TNA, BT 245/1703.

　　儘管戰後乘客里程持續保持兩位數的增長，但商用航空業繼續由北美航空公司主導，直到1950年代後期，佔據大約60%的市場份額。南亞和東亞市場的增長雖不穩定，但前景看好，尤其是1952年日本重回市場之後。[2] 從這個不起眼的開端，香港與東亞及東南亞的新興經濟體，一同以驚人的速度擴展，都需要投資航空基礎設施以實現持續發展。

　　1960至1975年期間，民航業在全球範圍內經歷了變革性的增長。在香港，雖然地緣政治不時改變航空交通路線，但在此期間，啟德航空樞紐所處理的客運量每四到六年就翻一番（圖4.1）。儘管1950年代後期，啟德機場已完成了建設，甚至已為了應付不斷增加的交通量及技術需求而持續改進，但容量和設施已達到飽和。

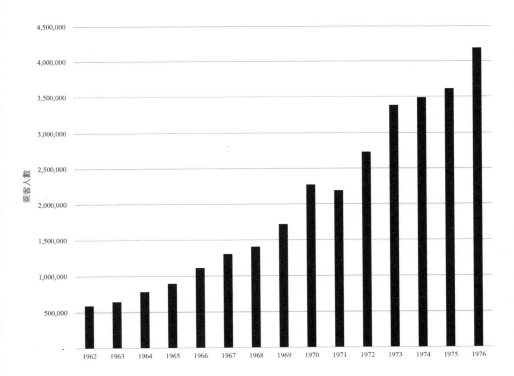

圖4.1：1962至1976年啟德機場客運量。資料來源：*Hong Kong Statistics, 1947–1967*, 122; *Hong Kong Annual Digest of Statistics*, 1978 Edition, 113。

2.　Davies, *History of the World's Airlines*, Table 52.

　　除了客運量之外，香港經濟也實現了大幅增長，儘管有時並不穩定。香港將經濟活動重新定位，從轉口港變成以出口主導的經濟增長。[3]香港的本地生產總值自1960年代後期起錄得穩健增長，由1968年的134億港元飆升至1974年的353億港元。在此期間的大多數年份，出口值都錄得驚人的增長，與整體本地生產總值的增長率一致。在冷戰的形勢下，美國成為香港出口的最大買家，其次是英國以及正在崛起的貿易伙伴西德和日本。[4]航空貨運在運輸高附加值出口商品方面發揮了關鍵作用，即使面對全球危機也呈現持續增長（圖4.2）。航空貨運經歷1950年的急劇下滑後，在整個1950年代一直處於

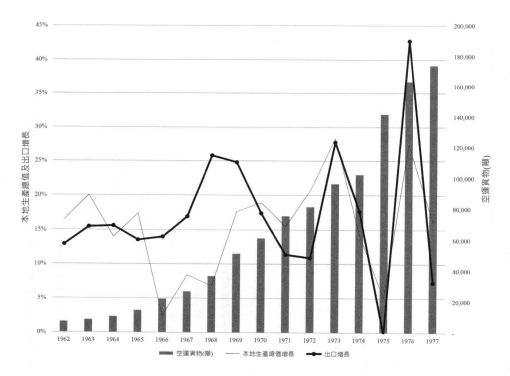

圖4.2：1962至1977年香港處理的空運貨物噸位。資料來源：Hong Kong Census and Statistics Department, Table 030: Gross Domestic Product (GDP); *Hong Kong Statistics, 1947–1967*, 88, 122; *Hong Kong Annual Digest of Statistics*, 1978 Edition, 73, 91, 114。

3.　Koo, "Role of Export Expansion."

4.　*Hong Kong Annual Digest of Statistics, 1978 Edition*, 76, 91.

低迷狀態，並沒有在香港的民用航空中發揮重要作用。1962年，貨運恢復到以往的高位並持續增長，為香港航空業務帶來顯著的貢獻。[5] 1973年，國泰航空的貨運營業額已超過總營業額的10%。[6]

香港政府努力不懈及不間斷的支持，為啟德作為商業航空樞紐的長遠發展提供了保障。這種開明取態與香港經濟向來採取「自由放任」的傳統觀念形成鮮明對比。英國和香港政府的矛盾立場，也更細緻地反映了在亞洲非殖民化背景下國家干預的情況，其中部分地區正在經歷驚人增長。地緣政治轉變為香港帶來經濟機遇。由於英國本土和香港的經濟節奏不同，香港作為航空樞紐的持續發展以及經濟的騰飛，可謂一個奇蹟。這不僅是因為增長幅度大，也是因為於關鍵時刻，缺乏倫敦的支持。

啟德下一階段的擴張，乃歷經香港與倫敦之間多年的權力鬥爭，同時見證著全球經濟動盪，不得不應對技術突破而改變了商業航空的計算方式。

交通量加速增長

整個1960年代，商業航空的擴展愈演愈烈。對於大多數香港居民來說，商業航空的成本雖然高昂得仍然令人卻步，但是人們對日益加劇的交通流量也習以為常。頻繁的升降，不單影響居住在啟德附近及飛行路線範圍內民眾的感官，同時吸引了航空愛好者前來啟德觀景台，以滿足他們對這種新穎交通工具的好奇心。1964至1965年間，香港政府首次提交觀景台人流量的報告，錄得893,835人次通過閘機，於觀景台上近距離觀看出入啟德的飛機。平均每天有近2,500名遊客，對於一個到1966年才達到370萬人口的城市來說，這是一個相當高的數字。[7] 在接下來的兩年裡，人次增長率分別為13%和16%。[8] 對正經歷工業化和現代化的香港人，航空交通再不如戰後那般遙不可及。

5. *HKDCA*, 1963–1964, 33.

6. Swire HK Archive, *Cathay Pacific Airways Limited Report of the Directors and Statement of Accounts for the Year Ended 30th June 1973*.

7. *HKDCA*, 1964–1965, 11; Barnett, *Population Projections*, 1.

8. *HKDCA*, 1965–1966, 11; *HKDCA*, 1966–1967, 11.

　　天空的航線發達交錯，的確非常壯觀。到 1960 年代初，香港的航空客運量不僅出現非凡增長，航空貨運也展現了巨大潛力。然而，貨運量分布並不平均，比起出境貨運量，香港的入境流量相形見絀。以年度計算，截至 1965 年 3 月，航空貨運比上一年增長了 26%，這是連續第四年實現兩位數增長。雖然與去年同期比較，入境及出境貨運量均出現增長，但 3.1 公噸的入境量與達 7.7 公噸的出境量比較起來，顯得十分遜色。[9] 在出入境兩個方向上，英國透過英國海外航空和國泰航空，主導了航空貨運，但北美迅速成為一個強大的競爭對手。[10] 從 1965 到 1966 年，貨運量飆升超過 42%，這種驚人的增長引起了業界的關注；1966 年 3 月，《飛機及商業航空新聞》(*Aeroplane and Commercial Aviation News*) 報導指，啟德「貨運經歷了巨大的蓬勃發展」。[11]

　　貨運量的爆炸式增長，連同客運量幅度較少但可觀的 15% 增長，為機場和相關設施的容量構成重大問題。香港當局試圖通過改造機場，以應付這個令人感到意外卻又欣然接納的交通增長，並報告指「顯然地，如果要追上這些接踵而來的需求，很快就需要對機場進行大型開發」。交通量並非唯一的問題。由於航空技術有著突破性的改進，香港必須「根據有關『珍寶客機』及超音速飛機特性的最新信息」去提升機場設施。1966 年，香港當局報告指出，「預計這些飛機將於未來五年內投入使用」，所需的升級不僅包括延長跑道，還有開發航空交通管制系統。[12] 一份報紙頭條寫道：「香港需要針對噴射式飛機作出總體規劃」，文章並收錄了一位國際航空專家的警告，指香港需要更新基礎設施以適應新技術，以免「遭捨棄並損失可觀的旅遊收入」。[13] 另一篇新聞文章指：「香港『必須在 1970 年有更長的跑道』」。[14]

　　在跑道建設方面，香港確實比其他地方落後。1961 年，馬尼拉為了最新的噴射式飛機型號，耗資 1,000 萬美元，將跑道從 7,500 英尺延長至 11,000 英尺。[15] 香港本地媒體對擴建和全面升級啟德跑道計劃均議論紛紛，這些計劃

9.　*HKDCA*, 1964–1965, 23, 31.

10.　*HKDCA*, 1964–1965, 63–66.

11.　TNA, CO 937/581; HKPRO, HKMS189-1-225（複製自 TNA, FCO 40/360）。

12.　*HKDCA*, 1965–1966, 1。同年，立法局探討了「大型噴射式飛機和超音速噴射式飛機出現」對旅遊業的好處（香港立法局，1966 年 12 月 21 日，454）。

13.　《南華早報》，1966 年 11 月 10 日，32。

14.　《南華早報》，1966 年 11 月 17 日，7。

15.　《華僑日報》，1961 年 6 月 20 日，15。

都是為了應對交通增長，並且趕上新技術的步伐。[16] 比賽正式開始，一家報紙很快將啟德不算殘舊的 8,350 英尺跑道，與吉隆坡 11,400 英尺、堪稱「遠東最好的」跑道相比，結果黯然失色。[17]

在香港這航空樞紐，美國和日本就運能和技術改進方面展開競爭。在長途航線方面，北美航空公司擴大了對香港市場的滲透。1966 至 1967 年，環球航空公司（Trans World Airlines）和西北東方航空公司（Northwest Orient）加入泛美航空公司，連接香港與美國，前者途經中東和歐洲，後者途經日本和太平洋。[18] 日本為了與北美競爭對手保持同步，也擴大了飛行網絡。1967 年 3 月 7 日，日本航空開通環球航線，穩固地確立了作為三大「世界主要航空公司」之一，給香港停靠港提供服務的地位。值得注意的是，日本航空進軍香港航空貨運市場的舉措，亦發展得非常迅速，到了 1967 年，總貨運量已超過英國海外航空、國泰航空及泛美航空。[19]

由此可見，啟德的交通增長是源自多方面的。1960 年代，貨運量出現迅猛增長，與自 1952 年以來旅客人數持續保持兩位數的增長相輔相成，也表明香港製造業如日方中，為啟德的交通提供了動力。[20] 連接香港與其他地區的航線發生變化，反映香港在政治和經濟上與之相連的網絡不斷變化的需求。

香港政府留意到「全球航空旅行的數字顯著增長」，但很快亦注意到，香港在遠東各方面的增長中，均受益於比平均水平高的份額，包括飛機升降次數（從 1966 到 1967 年增長了 24%）、客運量（26%）以及航空貨運量（51.5%）。對於「空運貨物運輸使用量出現前所未有的增長」，政府將需求歸功於「本地製造的產品，如紡織品、塑料和電子設備」。[21] 貿易公司大班、香港總商會立法局代表羅仕（George Ronald Ross）表示，香港機場在「高峰期時過度擁擠」，

16. 《南華早報》，1965 年 8 月 5 日，7；1965 年 9 月 3 日，6；1965 年 11 月 6 日，1；《香港工商晚報》，1965 年 9 月 24 日，3；《香港工商日報》，1965 年 9 月 25 日，10；《大公報》，1965 年 10 月 7 日，4；1965 年 11 月 7 日，4；《香港工商日報》，1965 年 11 月 7 日，5。
17. 《香港工商晚報》，1965 年 12 月 12 日，3。
18. *HKDCA*, 1966–1967, 16.
19. *HKDCA*, 1966–1967, 42–45。日本也是國泰航空的重要市場，在 1966 年間曾佔公司過半的收入（TNA, BT 245/1060）。
20. *HKDCA*, 1966–1967, 27.
21. *HKDCA*, 1966–1967, 1; HKPRO, HKMS189-1-225（複製自 TNA, FCO 40/360）。

並呼籲擴建和升級機場。[22] 1962年,《香港年鑑》(*Hong Kong Yearbook*)刊登了一張啟德登機櫃位四周人潮湧動的照片(圖4.3),除照片中人士衣著講究外,情況恰如本地街市熙熙攘攘的畫面。在全球航空不斷發展以及行業增長的背景下,連同對香港產品經航空運輸的需求不斷增加,香港當局不得不計劃提升和改造航空設施,並警告指「很自然地,開發的巨大成本」不應「於規劃階段被忽視」。[23]

與上一輪有關機場發展的討論相比,香港自1966年起要求展開基礎設施建設,主要集中在現有機場的位置上。香港政府成立「客運大樓及航站區規劃委員會」,以研究「啟德客運大樓擴建」。此外,香港當局特別針對超音速和「珍寶」客機的要求,獲得「啟德機場跑道擴建:可行性及成本調查」的財務批准。[24] 或許是從中共接管大陸的經驗中得到啟示,香港政府於冷戰高峰期,將基礎設施項目限制在香港上空較易防禦的空中空間。在如此局限的範圍內,香港當局不得不擴大航空基礎設施,以帶領這城市進入大型噴射式飛機時代。

誰來為增長做投資?

關於機場擴建項目融資的討論始於1960年代中期,1965年10月,英國民航駐港代表(遠東)致函倫敦的民航局,提及港督戴麟趾(David Trench)曾提出將跑道「延長至一萬多英尺」的議題。這位民航代表表示,這個提議應能確保擴建後的跑道不會干擾航運,但這個問題仍然需要與負責管理港口的人士進行磋商。戴麟趾確信跑道擴建的必要性,並希望盡快落實工程。雖然港督未能準確地表達,但他「提及過興建這條跑道達160萬英鎊的數字」。顯然,戴麟趾承認跑道擴建的舉措符合香港利益,主要是因為此項目將會令香港保持「作為主要幹線停靠站的功能(俾能以當前加長版的次音速飛機及以後的超音速飛機帶來遊客)」。不過,港督也洞察到香港為一個「不確定的政治未來」,而借貸是「不切實際的」。他回憶道,英國政府已經為香港的第一條跑道擴建項目提供了無息貸款,並且似乎就著新擴建項目,他們也「對額外的

---

22. 香港立法局,1967年3月15日,176。
23. *HKDCA*, 1966–1967, 1.
24. *HKDCA*, 1966–1967, 12–13.

無息貸款表示非常歡迎」。[25] 香港市民很快就認為尋求英國的財政支援是合適的。[26]

　　在接下來幾年間，項目亦開始成形。仍未確定的建築成本估算已經上升，而香港政府似乎改變了它向倫敦要求的補貼形式。為了項目融資，戴麟趾致函倫敦當局。在 1967 年 3 月 10 日的信件中，戴麟趾向英國聯邦事務大臣 Herbert Bowden 詳細說明了該項目的原由及成本，以及複述過去十年飛機升降架次、乘客和航空貨運的增長統計數據（年增長率分別為 12%、21.5% 和 19%），並且預計這趨勢將持續到接下來的十年。即使 1956 至 1962 年進行了擴建工程，啟德機場仍處於超負荷狀態。於是，香港政府為機場的進階發展做好了準備。港督特別強調延長跑道的必要性，表明延長跑道不僅是為了容納「遠程」的噴射式飛機、「巨型」飛機、「加長」版的現有客機及被吹捧的和諧式飛機，同時也為惡劣天氣條件下飛機的運行提供更充分的安全間隔。[27] 港督並非唯一一個計劃採用最新航空技術的人。立法局指新飛機將會「很快過時」：「加長型 DC-8 將在 1968 年出現、『珍寶』噴射式飛機將在 1969 年或 1970 年出現、和諧式客機則在 1971 年出現，另外到 1973 年，可能還有超音速飛機。」[28] 香港媒體更預測了 1970 年代的前景，並期待迎接新飛機的來臨。[29]

　　早期階段，港督無法提供所有建設工程的準確成本估算，但表示跑道延長 2,500 英尺可能需要 300 萬英鎊（4,800 萬港元），其餘設施升級則需要 700 萬英鎊。[30] 戴麟趾同意英國政府的意見，即啟德機場應與英國其他機場一樣，

25. TNA, BT 245/1703; HKPRO, HKRS1764-1-5, HKRS1689-1-201。1938 年，劍橋畢業的戴麟趾以學員的身份，加入了殖民地公職機構。二戰期間在軍隊服役後，戴麟趾於香港的國防、金融和勞工領域服務了十年，最終於 1959 年被任命為副輔政司。在擔任西太平洋事務高級專員後，戴麟趾於 1964 年返回香港擔任港督。他曾希望在香港從事有關社會議題的工作，但發現自己普遍受到官僚機構（包括財政司司長郭伯偉）和商界精英的阻撓。然而，他在任港督期間（1964–1971 年），香港經濟實際增長超過 50%（Goodstadt, "Trench"）。
26. 《南華早報》，1966 年 11 月 16 日，1；《華僑日報》，1966 年 11 月 17 日，5；《香港工商日報》，1966 年 11 月 17 日，6。
27. TNA, FCO 14/75。
28. 香港立法局，1967 年 3 月 15 日，176。
29. 《華僑日報》，1966 年 12 月 28 日，5；1967 年 3 月 17 日，13；1967 年 5 月 4 日，4。
30. 在 1967 年 11 月 23 日貶值之前，英鎊的官方匯率保持在 16 港元兌 1 英鎊。貶值後匯率跌至 14.5 港元兌 1 英鎊（Schenk, "Empire Strikes Back," 570）。

自行負擔開支，而非接受香港納稅人的任何補貼。香港政府預計機場在1968和1969年營運時，可實現收支平衡，但仍承受著2,600萬港元的巨額累計赤字。為了證明機場的前景值得投資，香港官員準備了一份「盈利預測」。[31]

香港政府聲稱，他們無法支付這個龐大項目的資本支出，因為他們本來僅期望利用最近的額外徵稅來縮小1966和1967年的赤字。提到啟德上一次的擴建，英國政府向香港提供了300萬英鎊的免息貸款，[32] 其中120萬英鎊已償還，戴麟趾斷言：「英國政府應該通過直接撥款的方式，為這開發項目的成本作出重大貢獻，這似乎是公平的。」[33] 1967年，羅仕亦在立法局會議上表明：「香港在這方面與時俱進，對我們以及與掌管我們交通權的英國均同等重要，並且很可能有理由向英國政府尋求經濟援助。」羅仕承認尚不清楚香港當局是否應該將跑道「延長約1,800英尺以應付當前之需，或是延長2,500英尺以應對所有已知的可能性」，但他建議通過處理著陸權問題來向倫敦施壓。[34] 在這個討論階段，不僅成本估算遠未確定，而且要求英國捐款的形式也因情況而有異。

殖民地司署經濟科與有關部門共同編寫了一份關於延長跑道的報告，警告「不延長跑道的後果」：啟德「作為國際航空公司主要幹線停靠點的重要性將會降低」、香港將變相依賴「連接主要國際服務的本地或區域服務」、旅遊業將受影響、航空貨運業務的發展將受阻礙。在新興的亞洲機場中，跑道長度的競爭顯而易見，經濟局比較了各跑道長度，包括「現有的」和「已落實或正在興建的」（見表4.1）。[35]

啟德的營運尚未因跑道長度問題而癱瘓，但其他城市跑道的擴建，迅速讓香港機場陷入困境。該報告指出，唯有解決「資金問題」，才能進行擴建項目。

但計劃來得不合時宜。1967年11月，英國政府將英鎊兌美元貶值了14%。雪上加霜的是，倫敦的不幸事件之後，香港受到內地政治動盪的影響，發生了大規模騷亂。[36] 這場騷亂動搖了英國人對香港經濟持續驕人增長

---

31. TNA, FCO 14/75.
32. HKPRO, HKRS1764-1-5; HKPRO, HKRS931-6-189.
33. TNA, FCO 14/75.
34. 香港立法局，1967年3月15日，176。
35. HKPRO, HKRS1689-1-202.
36. Cheung, *Hong Kong's Watershed*.

表格 4.1：1968 年現有和預計跑道長度的比較

機場	現有跑道長度 （英尺）	已確定或正在建設中的跑道長度 （英尺）
香港（啟德）	8,350	
東京（羽田）	10,335	11,000
東京（成田）		13,000
漢城	8,100	
臺北	8,530	10,000
馬尼拉	11,000	
耶加達	8,120	11,480
新加坡	9,500	11,000
曼谷	9,840	
西貢	10,000	
科倫坡	6,013	11,000
加爾各答	8,700	
新德里	10,600	
孟買	10,925	
吉隆坡	11,400	
汶萊	6,299	12,000
仰光	8,100	
金邊	9,842	
萬象	6,560	13,120

資料來源："Extension of Kai Tak Airport Runway" prepared by the Economic Branch, Colonial Secretariat (HKPRO HKRS1689-1-202）。

的信心。[37] 就在那個關頭，香港「正進入一個資本融資需求很高的時期，而英鎊貶值使儲備削減了約 3,000 萬英鎊。」[38] 在貶值過程中，不僅香港政府損失了 3,000 萬英鎊，香港的銀行也遭受 2,000 至 2,500 萬英鎊損失的衝擊。[39]

英鎊貶值凸顯了英國對香港的背叛，這場災難對香港的破壞尤其嚴重。根據香港貨幣體系的要求，香港必須持有 100% 的英鎊儲備。在成功實現工

---

37. Schenk, "Empire Strikes Back," 561.

38. HKPRO, HKRS1689-1-202.

39. Schenk, "Empire Strikes Back," 569.

業化後，香港所持的英鎊儲備僅次於科威特。一方面，這樣巨大的儲備結餘為香港帶來了龐大的痛苦。另一方面，在這場貨幣災難後，香港政府威脅香港的儲備應該要多元化，暴露了英國脆弱的一面，迫使倫敦重新釐定香港與英鎊以及英國體系的聯繫。[40] 在為跑道項目申請英國貸款時，英鎊貶值對香港財政造成破壞性影響成為了一種常見的說法。[41]

戴麟趾表明，這個項目對於啟德能否保持「東南亞及遠東主要航空中心」的地位至關重要。長久以來，英國國家航空公司英國海外航空都受惠於香港的航權。同樣重要的是進入與途經香港的權利。戴麟趾指出，在國際航空服務協議的談判中，香港航權提供了「一個重要的籌碼……其重要性僅次於倫敦」。他巧妙地舉出美國政府向英國作出讓步，允許英國海外航空航班進出美國的例子，「以換取英國政府授予美國航空公司進出香港的重大交通權。」另外，「香港自身的旗艦航空公司」國泰航空的區域利益因英國控制香港航權而受損。戴麟趾更指出了倫敦和香港的利益衝突，即外國限制進出香港的交通權以增強英國海外航空的利益，與香港自身追求達到交通量最大化方面的利益背道而馳。他還強調，「可以引用許多例子，例如，西北航空在 1966 年以前，多年來一直都被排除在香港之外，而北歐航空至今仍被排除在外。」[42]

從積極的角度來看，延長的跑道以及相關的升級設施，將為啟德的主要用戶英國海外航空提供服務。國泰航空的重點不在於長途運輸，因此可能不會那麼緊急需要擴展設施。戴麟趾寫道，符合英國政府最佳利益的做法是不讓香港被降級為二等機場，並且明言：「香港作為航空中心對航空公司的價值，與作為英國海外航空討價還價的籌碼，將被嚴重削弱。」若香港機場被降級，香港「僅會在純粹區域談判中有討價還價的價值」。他甚至認為，英國的投資進一步升級啟德，將有助於提高英國在香港社會眼中的聲望這一政治目的。[43]

戴麟趾還認為，「如果英國政府現在原則上同意，延長跑道以及修繕相關的停機坪和滑行道，並以等額形式直接贈款，會是適當和公平的。」他建議香

40. Schenk, "Empire Strikes Back," 552–54.

41. HKPRO, HKRS1689-1-202.

42. TNA, FCO 14/75。公眾持續關注 SAS 案，並促使 1968 年對倫敦和香港當局在香港交通權問題上的分歧進行調查（《南華早報》，1968 年 12 月 21 日，20；HKPRO, HKRS276-1-1-1）。

43. TNA, FCO 14/75.

港政府和英國政府平攤這些項目的費用，這變成向英國政府提出225萬英鎊的要求。香港仍需承擔大部分費用。戴麟趾在香港的團隊仍需要籌集約775萬英鎊，用於跑道停機坪、滑行道擴建以及其他工程。[44]

關於啟德項目成本分攤的討論，一直是香港與倫敦之間爭議的主要議題。在民航領域，倫敦對香港著陸權的控制是一個重大問題。1967年，倫敦的官僚機構為政策辯護：英國政府負責與香港有關的國際航空交通權事務，根據《芝加哥國際民用航空公約》的條款，英國政府在履行這些責任時應承擔國際責任。英國政府聲稱已充分重視香港的利益，「絕不會被視為低於英國整體利益的其他組成部分」。在內部交流中，倫敦官員承認，英國政府在處理香港民航一事上，「與處理英國其他地方一樣，既是責任也是資產。」根據英國政府簽訂的雙邊航空服務協議，國泰航空獲得了指定的航線。倫敦官員不同意說英國政府以犧牲香港為代價而從此類協議中獲利的論點，並排除了香港自作主張的可能性：「香港不是一個國家，本身也不能在國際上發揮作用。」這份1967年的文件認為，中國僅因香港的經濟功能而容忍其「現有領土狀況」。「如果香港要爭取成為獨立的國家，大概會馬上消失。」在沒有（或沒有可能有）國家政府的情況下，香港不可能自行談判國際航空服務協議。在有關香港的詳細評論中，貿易委員會航空海外政策司的一名官員斷言，「談論國家航空公司和得到與任何其他政府一樣的支持，需建基於作為一個獨立的國家，否則這種談論是不切實際的。」[45]從倫敦的角度來看，由於香港依賴著英國政府，不應試圖從倫敦獲得更大份額的航空業務收益。

英國政府急於掌控香港的民航。1967年1月，聯邦事務部航空及電訊署署長向貿易委員會表達「關於香港空運牌照局如何解釋其在《香港空運牌照規例》下的權力」的擔憂。貿易委員會希望外國航空公司於香港的定期服務能「根據英國的空中航行令」而獲得牌照局的許可，「如果能讓香港更容易接受，港督可能會根據倫敦作出的決定發出許可證。」[46]

次年，有關機場擴建項目的談判繼續進行。1968年2月，聯邦事務部在致貿易委員會民航處的一份簡報中指出，港督要求撥款支付開發啟德的費用，聯邦事務部認為，如果香港要在航空領域保持突出地位，這是「必不可

44.　TNA, FCO 14/75.

45.　TNA, BT 245/1402.

46.　TNA, FCO 14/35.

少」的。香港提出項目的目的，是為了進一步促進香港的「自身經濟利益」，但港督也指出，香港主要國際機場的維修工作，「實質上也符合英國民用航空的經濟利益。」聯邦事務部不相信香港能夠負擔項目的全部成本，並認為「英國應該為這個給英國航空帶來利益的重要資產，支付一些維修及增值費用，此舉是完全合理的」。因此，貿易委員會被要求考慮為項目提供 400 萬英鎊的撥款。據當時估計，為免香港的設施低於外國營運商的必要標準，需要耗資 1,250 萬英鎊。[47]

1968 年 7 月 15 日，香港財政司司長郭伯偉寫信給聯邦事務部，直截了當地指：「容我開門見山地說，我們現在尋求的是一項貸款，條款有待談判，至少要擴建費用的一半。」他呼籲倫敦當局協助升級啟德，以滿足 1970 年代客運和貨運的需要。香港庫房的財政是不夠的，部分原因乃由倫敦導致：「如果沒有英國政府的幫助，我看不到從我們（因英鎊貶值而耗盡的）自身儲備中撥出足夠資金的可能性。」同樣重要的是，延長跑道也將令英國海外航空獲益匪淺：「我們自家的航空公司〔國泰航空〕能以現有設施應付未來數年；公司亦能滿足於區域服務而不是洲際服務，尤其是因為在該領域上我們的利益是轄屬於英國海外航空。」為了證明這個觀點，他提出了一份延續到 1984 年的「盈利預測」。[48]

隨後，由於香港官員就英國責任的定義爭論不休，焦點從國泰航空轉移開去。英國政府負責香港民航事務，並應「以能夠滿足『國際民航組織』區域計劃合理要求的標準」來履行維修啟德的義務。此外，在討論過程中，也凸顯了香港在整個英國架構中的首要地位。英國政府明白，「在國外持有和獲得英國航空公司權利」的唯一途徑是「其控制的權利和與之討價還價的價值」。到 1960 年代後期，「香港目前是英國責任範圍內最有價值的國際交通點，地位僅次於倫敦。」香港的重要性不僅是因為英國海外航空往來香港的服務而獲得收入，更加是因為「通過在航空服務談判中授予其他國家航空公司在香港的航權，以換取為英國的航空公司獲得交通權的重要讓步」。[49]

此類討論不僅限於官方談判，媒體也報導了倫敦的反應遲緩。1968 年 8 月，《遠東經濟評論》（*Far Eastern Economic Review*）刊登了一篇題為〈香港，一

47. TNA, BT 245/1703.
48. TNA, BT 245/1703.
49. TNA, FCO 14/426; TNA, BT 245/1372.

枚重要的棋子〉的文章。記者的立場有別於香港當局基於經濟困難作出的請求。他寫道：「對於這個富裕的殖民地來說，錢並不是真正的問題。」並認為真正的問題在於香港與倫敦之間日益加劇的衝突：「這點變得愈來愈明顯，對英國有利的不一定都對香港有利。」這種衝突在「非常有利的香港著陸權」爭議中更加顯而易見，香港當局據此請求倫敦支援啟德的工程。就著陸權問題，作者指出「大英帝國大規模縮小，香港是倫敦餘下的少數幾枚能夠獲得互惠特權的棋子之一」。[50]

然而，倫敦並沒有承諾支援機場擴展項目，儘管媒體已多番報導，項目仍被擱置。[51] 1968 年 8 月 23 日，財政司司長向立法局報告：「跑道延長現時不在公共工程計劃中，但相關的要求已傳遞予倫敦政府，即使還沒有信心，我們希望當決定延長跑道時，將會獲得一些財政資助。」[52]

充分利用香港擁有權

倫敦官員敏銳地察覺到香港航空交通權的價值，儘管他們在公開場合以及與香港當局的交流中予以否認。自 1955 年以來，荷蘭一直要求在香港建立航空據點，但英國並沒有從荷蘭那處找到類似價值的東西作為交換的回報。1967 年，荷蘭再次為荷航向英國政府施壓，以爭取香港的航權。[53]

聯邦事務部官員聲稱，他們的目標是發展飛往香港的航空服務，但這「並不需要『開放天空』政策」。這樣的發展必須是「有選擇性和有順序的」，否則「人人在香港享有不受限制的權利」只會「降低它作為交通中心的吸引力」。根據倫敦這些官員的說法，談判空中連接的過程遵循「大多數國家長期以來的慣例，即僅以交通權交換交通權」。一位貿易委員會官員承認，儘管英

---

50. Polsky, "Hong Kong," 411–12.

51. 《南華早報》，1968 年 3 月 30 日，9；1968 年 8 月 26 日，8；1968 年 9 月 4 日，9；1968 年 10 月 25 日，6；《香港工商日報》，1968 年 5 月 27 日，4；《香港工商晚報》，1968 年 7 月 9 日，4；《華僑日報》，1968 年 8 月 17 日，2；《香港工商日報》，1968 年 9 月 4 日，6；《香港工商晚報》，1968 年 11 月 10 日，4。

52. 香港立法局，1968 年 8 月 23 日，386–87。

53. TNA, FCO 14/583.

國政府「一直關注協助香港的發展」，但不會「僅僅為了協助香港的經濟」而授予通航權。[54]

倫敦官員聲稱他們至少有考慮香港的利益，但有時言過其實。在與荷蘭政府就荷航在香港的航權進行談判時，倫敦官員不僅放棄了以航權交換航權的做法，而且還在計算交換的可取性時，不是針對香港的利益，而是英國的利益。1968 年 10 月，英國內閣大臣穆利（Fred Mulley）試圖達成一項交易時，建議用這些權利來換取荷蘭以 7,500 萬英鎊從英國購買酋長坦克（Chieftain tanks）的協議。國防部寫信給貿易委員會以支持穆利的提議。[55]貿易委員會在回應中承認，「海外航空服務是外匯大戶，完全取決於我們控制範圍內，或是與其他國家的談判中可以確保的交通權」，而「基於這兩個目的」，香港是「一個關鍵點」。最後，貿易委員會不同意擬議的交換條件，部分原因是不願意進一步嘗試以交通權來換取出口協議，更強烈的理由是，這宗交易或會令英國財政處陷於劣勢。貿易委員會在給穆利的回覆中寫道：「無論如何，閣下所提議的交易，好處並不如最初看起來那麼大。」他們估計，「每週往返歐洲和香港的班次價值高達 50 萬英鎊」，所作交換「將直接或間接損害英國的利益」。在提議的交易期限，加起來會達「3,750 萬英鎊，一筆酋長合同難以抵消的巨款」。[56]在另一項交易中，英國海外航空為貿易委員會計算，得出「國外幹線營運商通過香港營運的每個班次，都會導致我們每年損失約 200,000 英鎊的收入」的結論，並承認香港在英國與美國就南太平洋權利談判中的重要性。[57]每項途經香港（或許還有其他地方）的交通權都有著價值，這些價值都經過精心計算，並應用於英國策劃的宏偉計劃當中。香港利益並非英國的首要考慮。

不管英國的計算如何，荷蘭決定捨棄英國的酋長坦克，改為選擇德國的豹型坦克（Leopard tanks）。儘管如此，英國政府仍在尋找「必要的非航空要素」來提出「可能合適的交換條件」。[58] 1967 年 10 月，倫敦官員考慮在英國「進入共同市場（Common Market）之際」，對荷蘭擺出「政治姿態」。1968 年 2 月，他們還認為，香港的交通權可能可以「向荷航施壓，要求他們投入使用空中

---

54. TNA, FCO 14/397.
55. TNA, BT 245/1802; TNA, T 317/1229.
56. TNA, BT 245/1818; TNA, FCO 14/407.
57. TNA, BT 245/1802.
58. TNA, FCO 14/583.

巴士」。貿易委員會希望堅持以交通權換交通權的原則。與此同時，委員會「只有在巨大壓力下，並且只是作為促進主要飛機銷售的一種手段時」，才會違反該條件。[59]

在各種考慮中，英國加入歐洲共同市場（歐洲經濟共同體〔European Economic Community〕）被認定是一個非常嚴重的議題，需要特別處理。1969年5月，英國駐海牙大使館致函外交和聯邦事務部，向倫敦表示荷蘭支持英國進入歐洲共同市場的重要性，以供倫敦考慮。[60] 1969年10月，大使館向外交和聯邦事務部的航空、海事和電信局發出另一份電訊，表明荷航於香港的著陸權問題上「觸動了荷蘭人的神經」。鑑於「英荷的密切關係對於共同市場及其他歐洲環境中的重要性」，所以建議在談判中謹慎行事，並建議不要試探荷蘭會否進行報復的政治意願。[61] 最終，由於英國希望獲荷蘭支持進入歐洲共同市場，這成為荷航後來得以進入香港的關鍵因素。

在達成最終協議之前，英國官僚機構中各個持分者繼續評估可行的替代方案，藉著在香港向荷蘭人讓步，以換取最大的收益。1970年，英國談判代表曾試圖與荷蘭進行購買英國旋火反坦克導彈（British Swingfire anti-tank guided missile）的交易，最終未能達成協議。[62] 給荷蘭的最後報價未有牽涉「正常意義上的民航談判」，皆因英國沒有要求互惠的航空交通權。不過，倫敦的外交官在1971年卻指出，「現在機會來了，就英國政府加入歐洲經濟共同體的談判一事，希望荷蘭能作出局部支持，這促使各大臣最後均同意授予荷航所需的交通權。」荷蘭還將幫助修改歐洲經濟共同體的漁業法規，此舉有利於英國。海牙和倫敦的英國官員盡量減少其他歐洲經濟共同體成員的聯想，避免他們「將荷航的決定與擴充談判的結果聯繫起來」。貿易和工業部被提醒說，「如果我們對荷蘭的姿態」，因意味著英國推遲荷蘭到香港的航道而「受到任

59. TNA, FCO 14/244.
60. TNA, FCO 14/585.
61. TNA, BT 245/1303; TNA, FCO 14/587.
62. TNA, FCO 14/711; TNA, FCO 14/712.

何損害，包括首相在內的有關部長將會非常不高興」。[63] 1971 年 11 月 5 日，荷航開始以每週一班的頻率往來香港和荷蘭。[64]

在審議荷蘭於香港申請航權的過程中，英國官員不時提到荷蘭於香港貿易和發展中的重要性。[65] 1969 年 5 月，外交和聯邦事務部討論了交換荷航於香港航權的可能性，以換取「荷蘭對啟德開發項目的財政資助」。由於擔心荷蘭會「或多或少獲得在啟德的永久股份」，以及這種安排有可能成為英國與其他國家談判的先例，這場討論很就快結束了。縱使英國以犧牲香港作為代價，如此公開地保護自身利益，但外交及聯邦事務大臣仍認為賦予荷航在香港的權利是雙贏的。原因是這種安排既增強了荷蘭在英國與歐洲經濟共同體談判中的態度，也改善了英國與香港的關係。[66] 與英國的說法相反，在整個過程中，英國的利益明顯地比香港的問題更重要。儘管這項荷蘭申請由來已久，但荷航最終可以獲得與香港飛行網絡連接起來的權利，是因為英國政府發現了一個非航空機會，盤算出一個交換香港航權的適當條件。

荷航在香港的服務，僅是英國衡量香港作為航空樞紐的商業價值的其中一個例子。為了透過英國海外航空全面評估英國民航在香港權益的價值，貿易委員會於 1969 年 2 月準備了一份詳細分析。這份報告為英國海外航空每個活動的組成部分，包括間接參與並從中獲得可觀收益的香港航空業務，計算了價值。

隨著英國政府以進出香港的權利，與其他航空公司交換進出其他地方的航權，香港的航空競爭加劇了。儘管如此，英國海外航空於香港的客運收入，仍然只是僅次於紐約、多倫多和約翰內斯堡。從 1967 到 1968 年，英國海外航空從進出香港的旅客收入中，賺取了 700 萬英鎊，這個數字並不包括它於合夥協議收益中的份額。香港仍然是英國與印度航空和澳洲航空達成協議的關鍵，使英國海外航空能夠在英國與遠東和澳洲之間開展業務。此類協議的合作夥伴會根據相關航線上的「第三／第四自由」交通量獲得收益分成，而在英國網絡中，香港是計算此類權利中的一個關鍵點。除了英國海外航空

63. TNA, FCO 14/813, T 317/1642; TNA, PREM 15/692. 有關英國加入歐洲經濟共同體的談判對香港發展的影響的詳細討論，請參閱 Fellows, "Britain, European Economic Community"。
64. *HKDCA*, 1971–1972, 10, 42.
65. TNA, FCO 14/585; TNA, FCO, 14/711.
66. TNA, T 317/1642.

統籌安排並直接或間接營運的客運外，貿易委員會也將進出香港的空運郵件（價值 150 萬英鎊）和航空貨運（價值 175 萬英鎊）的價值相加起來。從 1967 到 1968 年，英國海外航空往來香港的業務總價值估計為「約 1,400 萬英鎊」。[67]

除了這些合作協議之外，香港還向英國營運商提供了談判權。美國營運商在香港的航權換來了英國在美國的航權。英國能從美國穿過太平洋到達日本、香港、澳洲及新西蘭。澳洲航空在香港的航權，保障了它協助英國海外航空安排從美國到澳洲的聯合服務。香港的航權也為英國海外航空獲得向新西蘭提供服務的權利。將香港航權授予意大利、德國和瑞士，使英國海外航空可以經羅馬、法蘭克福和蘇黎世飛往遠東和澳洲。授予日本航空公司航班經由香港飛往倫敦的權利，也保障了英國海外航空在東京的權利。此外，英國海外航空及其姊妹航空公司英國聯合航空從東非到南非及中非的業務，乃歸功於香港的航權。香港的航權也有助於英國取得飛越印度和泰國的權利；飛越印度尼西亞和緬甸的權利；伊朗以外的權利；從阿拉伯聯合共和國到印度及其他地區的權利；歐洲航空公司向英國海外航空提供的區域權利；以及馬來西亞和新加坡以外的權利。由於外國與香港航班連接的價值很高，故為英國爭取到眾多權利。貿易委員會估計，在英鎊貶值之前，外國航空公司往返香港幹線上的定期服務，為這些公司帶來每年超過 2,000 萬英鎊的收入。[68]

貿易委員會估計，截至 1968 年 3 月的年度，通過交換在香港的航權而獲得的英國海外權利，價值為 1,500 萬英鎊，英國還從香港的業務中額外獲得了 1,400 萬英鎊。[69] 根據他們自己的計算，英國政府每年直接或間接從香港的商業航空中賺取數千萬英鎊，這並不包括英國本來在香港的利益。香港所要求的貸款只是按年收益的一小部分，部分是為了滿足運能量需求，部分則是為了在技術升級週期中保持競爭力。

香港是知道的

關於香港商業航空對英國政府價值的討論，需要放在香港不斷增強的財務自主權這個背景下加以理解。1967 年英鎊貶值對香港造成的損害，以及後

---

67. TNA, BT 245/1802.
68. TNA, BT 245/1802.
69. TNA, BT 245/1802.

來倫敦與香港之間的妥協，都向英國官員揭露了香港日益增長的財力。英鎊貶值後，英國政府於 1968 年 9 月與香港簽署協議，香港承諾將至少一部分英鎊儲備維持五年，以換取英國為香港的大部分英鎊餘額提供美元價值擔保。[70] 香港不再是 1950 年代需要戰後重建的貧窮地區，這座城市已蛻變成以英鎊結算金融市場的關鍵競爭者。

1968 年 3 月 14 日，立法局議員羅仕首先提到「由於英鎊貶值，我們從儲備金當中損失了 4 億元」，然後強調跑道擴建對香港在現代航空時代的持續繁榮至關重要。對羅仕來說，只有英國分擔基礎設施升級的成本才是公平的：

> 英國當然應該幫助支付賬單，以換取他們能繼續控制交通權。香港是他們第二張皇牌，英國沒有理由在這方面上壞事。我們完全有權利期望，事實上我們應該要求英國至少支付成本的 25%。

羅仕主張香港要求倫敦支付費用，並「保留影響自身航空公司——國泰航空交通權的一些控制權」，以及保留對進出香港的重要貿易夥伴的航權控制。[71]

英國政府拒絕為這一輪啟德擴建提供資金，反映出英國官員愈來愈抗拒承擔帝國的經濟負擔。[72] 媒體上流傳著香港擁有龐大英鎊儲備的討論。[73] 1969 年 3 月，當財政部官員討論香港機場項目時，他們引用最近關於香港人均收入的報告，並指出香港的「英鎊儲備一定是巨大的」。官員們質疑香港為何有資格獲得倫敦的援助，稱「考慮以援助條款向香港提供貸款乃無稽之談」。如果倫敦要為這個項目提供貸款給香港，香港「應該接受我們最嚴苛的條件」。官員們提出建議，基於「香港的財富」和機場擴建項目的可取性，香港應該「在殖民地或其他地方（也許在歐洲美元市場？）以正常的條件」來借貸。[74]

在討論香港申請發展貸款時，倫敦官員將辯論置於英國與香港貿易逆差的背景下。一位官員認為這是「一種有用而善意的姿態」，因當時他們剛剛要求香港「向英國的某些出口實行限制」。此外，貿易委員會希望確保「因貸款而產生的任何出口機會都應該流向英國」。[75]

70. TNA, FCO 14/711.
71. 香港立法局，1968 年 3 月 14 日，115、118；《華僑日報》，1968 年 3 月 15 日，11。
72. Schenk, "Empire Strikes Back."
73. TNA, BT 245/1802.
74. TNA, T 317/1229.
75. TNA, FCO 14/601.

香港高級官員和非官守議員（非香港公務員的行政局及立法局議員）[76] 的不滿情緒愈來愈高漲。這些人認為，英國政府有必要承認從啟德獲取的利益，並參與一些擴建項目的融資。雖然他們承認香港可以用自己的資源資助這個項目，但仍不同意香港將開支由不斷擴大的社會服務中轉移出去。郭伯偉不滿，在香港提交申請後兩年，倫敦還延遲回應，他辯稱，如果香港可以轉讓自己的航權，那麼對於香港來說，「泛美航空為整個擴建項目提供資金將毫無困難」。[77] 一位貿易專員報告指，這位財政司司長正在發出「令人毛骨悚然的聲音」。據稱，郭伯偉曾威脅說，「當英國政府拒絕提供貸款的態度趨向明顯時，香港政府對授予香港航權的態度也會完全不同。」[78]

郭伯偉以「香港沙文主義者」自居，並極度懷疑英國政府對香港的意圖。他畢業於愛丁堡大學、聖安德魯斯大學和劍橋大學，1941年首次被任命到香港。二戰爆發後，他遷移到塞拉利昂。抵達香港後，他解決了香港日益增長的製造業所面臨的問題。1961年，郭伯偉擔任財政司司長。任職司長前，他曾於工業貿易署任職，並擔任過副財政司司長、副經濟局局長和商務及經濟發展局署理局長等職務，長達十年之久。透過「邊緣政策和徹底的不服從」，他表達對倫敦的蔑視，並於1967年英鎊貶值之後，為香港爭取到「有史以來第一個向英鎊區成員（Sterling area）提供的對未來貶值的保障」。[79] 在跑道項目上，郭伯偉倡導香港從倫敦獲得更多自治權，而這只不過是延續他蔑視倫敦當局處理香港蓬勃發展的態度。

雖然郭伯偉言辭激烈，但倫敦民航官員卻沒有為之動容。倫敦官員不滿「香港所提出的事實和推測較為雜亂無章」，反駁英國政府考慮以互相合作為前提，而非建基於種種威脅，對這個項目做出貢獻。一封寫於1969年2月3日的信件中，民航部門的一名僱員指出：「教育〔郭伯偉〕現實政治並非我的職責，但交通權的最終決定權在於英國政府，他必須意識到香港沒有可能單打獨鬥超過48小時。」[80]

---

76. 「非官守」的議員為來自商界和專業精英。他們包括在香港定居的英國僑民、本地華人和其他種族的成員（Ure, *Governors, Politics*, chap. 2）。

77. TNA, FCO 14/601.

78. TNA, BT 245/1703.

79. Goodstadt, "Cowperthwaite," 108–10.

80. TNA, BT 245/1703.

　　儘管言辭激烈，倫敦官員仍然理性地討論如何處理香港的要求。在貿易委員會1969年4月15日發給財政部的一封信函中，一名航空官員援引「殖民公式」。這個公式源自1947年《國際民用航空組織公約》發布之後對香港民用航空的討論。「殖民公式」是用來釐清「英國應該在什麼情況下，以及在多大程度上協助殖民地領土提供民用航空設施──特別關注幹線的利益。」在解釋「殖民公式」中所規定的共享機制時，有關文件指出1947年殖民民航會議上添加的註釋：

> 在評估這些負債時，不僅要考慮當地航空服務的要求，以及相關殖民地可能從幹線服務中獲得的利益，包括殖民地有關幹線服務的收入和創造當地的就業機會，還需要考慮在殖民地提供分段設施對英國及其航空公司營運商的好處。

該文件還計算了英國（英國海外航空和其他英國航空公司，不包括國泰航空）於啟德的股份：佔民用飛機總升降量的7%；佔乘客人數的6.3%；佔1967和1968年貨運的11%。以佔「啟德所有民用飛機業務平均8%左右」計算，可以得出英國在估計為1,370萬英鎊總成本項目中的份額，約為109.6萬英鎊。[81]

　　倫敦的決策者仍然不為所動，即使他們知道香港於1966和1967年騷亂之後，專門用於化解社會和政治壓力的支出不菲，但卻也洞悉香港擁有「可觀的收入」。倫敦官員預計香港將從啟德項目獲得的利益，而香港政府則以英國民航在香港的利益為由再次作出呼籲。1969年5月，郭伯偉致函外交和聯邦事務部，他提出的理由不僅是因為英國限制前往香港的交通對香港造成的成本，而且還因為英國有責任保護香港居民，如果新飛機停靠在未合規格的啟德機場上，他們將面臨「更大的生命危險」。倫敦官員似乎未有被郭伯偉的道德論點所說服。相反，外交和聯邦事務部聯繫出口信用保險局，計算得出，英國出口的硬件要求（跑道、航站樓及相關設施）將達到600萬英鎊。從這個計算實際現金的舉動，反映了倫敦的冷靜頭腦。雖然香港和倫敦之間有著頻繁交流，但彼此的討論卻陷入了僵局。[82]

81.　TNA, FCO 40/244；「殖民公式」在1967年的討論中有過簡短的提及（TNA, FCO 14/75）。
82.　TNA, FCO 40/244.

為巨型噴射機及未來增長做好準備

1968年，香港社會上發出質疑的聲音，認為啟德是否能在1970年初「太平洋地區的巨型飛機出現之前」，準備好迎接巨型噴射式飛機。H. J. C. [John] Browne 作為太古集團及國泰航空的一名行政人員，他亦曾擔任香港立法局的非官守議員，並於1968年8月23日的立法局會議上要求了解英國的最新回應。他提醒立法局關注擁有「亞洲任何主要機場中最短的跑道之一」的啟德的安全問題，以及進一步提醒議員，假如香港要在1970年代迎接超音速飛機，就有需要延長跑道。[83] 除了立法局表達不滿外，本地媒體也發出急切的呼聲，要求立即採取行動。[84]

負責啟德發展的委員會，提議了一些設施，以應付1976年預期的客運需求，以及配合新的航空貨運綜合大樓（air cargo complex）。[85] 唯有不斷改善基礎設施，「融入整個航空運輸系統的合理發展計劃」，香港才能「於東南亞機場中保持應有的地位」。[86] 在區域地緣政治發展的背景下，香港政府看到自身的機遇，然而倫敦當局尚未確信這項投資的穩健性。

相關的討論超越了官方辯論層面，延伸至大眾媒體。1968年10月7日，《英文虎報》（Hong Kong Standard）於一篇題為〈啟德機場錯過巨型飛機〉的文章中報導，雖然改造了航站樓，但「即便擴建啟德跑道於整個機場項目中這樣重要的工作現在展開」，也不會來得及完成。報導稱，暫未清楚英國政府會否為此項目提供必要的財政援助。記者指出，當時跑道長8,350英尺，「比波音747的著陸距離短2,000英尺」。文章總結道：「香港已經落後了。」啟德被認為是「世界上最繁忙的機場之一」，但卻落後於其他機場，「迎接噴射式飛機時代的計劃已在其他機場提前完成。」據報，到1969年底，新加坡的巴耶利峇機場將會把跑道延長至11,000英尺。這些巨型飛機可能會繞過啟德。文章警告說，香港不能承受「在大型噴射式飛機的競爭中被拋離」。[87]

香港籠罩著不確定而混亂的氛圍。1969年1月21日，《南華早報》的一篇文章引用了保守黨議員 H. E. Atkins 的説話，標題為「『落實』機場跑道借貸」。

83. 香港立法局，1968年8月23日，384。
84. 《香港工商晚報》，1969年1月6日，4；1969年2月23日，4。
85. HKDCA, 1967–1968, 12–13.
86. HKDCA, 1968–1969, 2.
87. 《英文虎報》，1968年10月7日，8.

兩天後，《英文虎報》援引另一位保守黨議員 Anthony Royle 的說話，稱「啟德貸款未落實」。[88] 2月，《南華早報》報導稱，使用啟德的航空公司，就最近新聞報導所流傳，他們可能會「被要求承擔機場改進和擴建的全部費用」這個消息表達不滿。[89] 1969年3月5日，《香港電訊報》（Daily Telegraph）刊登「香港與白廳（Whitehall）爭奪機場」的報導，引述了香港以倫敦限制啟德著陸權來造福英國海外航空而犧牲香港為由，向英國提出貸款的要求。1969年3月11日，《英文虎報》建議「假如啟德貸款失敗，壓榨英國海外航空？」[90] 1969年6月，親北京的《大公報》似乎非常樂於報導了外交和聯邦事務部的 Malcolm Shepherd 訪問香港的情況，因為對方在訪談結束時，承認了「英國無能力」提供貸款給跑道延長項目。[91]

愈是臨近第一次大型噴射式飛機著陸，香港的焦慮程度也就愈高。1969年6月，《英文虎報》批評英國拒絕提供貸款，並刊登了一幅漫畫，嘲笑在缺乏延長跑道的情況下，巨型噴射式飛機垂直起飛。撇開諷刺不談，跑道長度的技術要求似乎懸而未決。直到1969年4月，英國海外航空仍向航空部報告指，英國航空公司無法證明將長度擴展到 11,700 英尺是合理的，但「基於 747 飛機在該地區上的營運，跑道延長到 10,800 英尺的論據似乎很強大」。[92]

泛美航空介入了關於跑道項目的辯論，讓人聯想起 1930 年代英美航空旅行競爭中泛美所扮演的角色。泛美航空區域經理考登（William Cowden）宣布，從 1969 年開始，第一批飛往香港的巨型客機，將會每天從舊金山起飛，途經東京。6月26日，《英文虎報》報導「大型噴射式客機將於明年4月起飛」。1969年，首架波音747降落啟德，迎來「超級運輸時代」。沒有加長的跑道，大型客機如何能降落啟德？考登解釋說，如果缺乏延長跑道，巨型客機將無法載滿乘客，並須「扣減30%的負載率」以抵銷跑道長度不足。考登說：「這意味著用大象來做驢能勝任的工作。」反過來說，美國航空公司希望降低著陸費。[93]

88. TNA, BT 245/1703.
89. 《南華早報》，1969年2月28日，7。
90. TNA, BT 245/1703.
91. 《大公報》，1969年6月8日，5。
92. TNA, BT 245/1703.
93. TNA, BT 245/1703.

　　巨型噴射機的進駐是為了推動技術突破，緩解啟德的運能問題。1969年，啟德的交通量持續增長（飛機升降次數增加11%，乘客數量增加25%，貨運量增加48%）。即使新的擴建部分開通，這種急劇而持續的增長也導致客運大樓「嚴重壅塞」。物流管理受到新技術的啟發，[94] 為了與這個新時代接軌，當局設計全新的「旅客流動」系統及改進原本的「機械化行李處理及分配」系統，計劃於1970年4月實施，「與第一架巨型噴射式飛機的來臨相吻合」。然而，主要的改建仍然是延長跑道。即使在「等待與英國政府就融資援助進行談判而未有決定的情況下」，計劃也會繼續進行。[95]

　　英國不願為延長跑道提供貸款，導致香港及其他地區繼續爆發不滿。1969年8月7日，《遠東經濟評論》的一篇文章稱，隨著香港政府與英國政府爭奪著陸權，香港「陷入高成本大型計劃的漩渦」。而英國貿易委員會國務大臣羅傑斯（William Rodgers）6月訪港期間表示，「在白廳拖延了幾個月後」，拒絕了香港的財政援助請求。他的理由是，英國必須援助「比富裕的香港更有需要的領土」，這似乎說服不了香港的群眾。[96]

　　1969年9月10日，《南華早報》的頭條寫道：「香港著陸權是我們自己的事。」據說國際航空公司、旅遊界專業人士及政治觀察家均不同意羅傑斯的觀點，並聲稱香港應掌握自身的航權。同日，該報編輯部指出香港與倫敦的不同：「香港在表揚自己於貿易和工業發展方面的成就時，從來不甘後人。」香港的立場，與「英國政府致力維持英鎊流通和出口增長」時對啟德項目缺乏興趣，形成鮮明對比。如果香港要為擴建項目承擔費用，就應該加強對著陸權的控制。「我們大部分的機場收入都是來自著陸費，如果繼續由倫敦控制這筆資金，將會削弱我們在這個高昂項目上提供資金的能力。」[97] 中文媒體對此表示贊同，並強調英國要求控制交通權的同時，不向香港提供貸款，這個做法是不恰當的。[98]

　　與此同時，雖然1960年代後期發生政治動盪和社會不安，但香港的航空交通仍然繼續增長、刷新紀錄。特別是在1967年騷亂期間，貨運量仍然增長

94. Southern, "Historical Perspective."
95. *HKDCA*, 1968–1969, 1；香港立法局，1969年7月30日，473、477、479。
96. TNA, BT 245/1703.
97. 《南華早報》，1969年9月10日，6、8。
98. 《香港工商晚報》，1969年9月10日，4。

了超過18%。[99] 為了更準確地計算機場的容量，香港當局測量了吞吐量，報告指啟德的容量從「設計可容納每小時720名乘客，增加至每小時1,100名乘客」，僅僅達到1967和1968年的「標準繁忙率」（standard busy rate）。在許多情況下，機場的高峰高達每小時1,654名乘客。[100] 這些數字清楚地表明，即使機場在初始設計之上進行了巨大的改進，也達到了飽和。

香港是時候作出決定，而不會再等待倫敦的慷慨。1969年10月1日，港督通知立法局，在啟德跑道的問題上，「我們必須遺憾地忘記英國政府的任何貸款。」香港必須「根據實際情況來決定這個問題，可能必須自己直接為整個項目提供資金，又或者尋求承包商或其他資金的協助」。[101]

1970年2月，香港「三年前向英國政府提出有關啟德項目的資助請求尚未得到正式答覆」，雖然如此，香港政府仍然決定將跑道延長2,780英尺（至11,130英尺），為1971年4月11日引進波音747的日常服務做好準備。跑道延長的預計成本已經增至1.15億港元（接近1,000萬英鎊）。郭伯偉在向立法委員會發表的財政預算中表示，香港政府將會繼續向倫敦「循道德基礎上施壓，要求他們提供財政資助」。他進一步強調英國和香港利益的衝突：英國政府希望限制使用香港的航空設施，這點違背了為香港利益最大使用率的原則。[102] 儘管融資問題尚未解決，利益衝突也持續存在，但擴建項目必須展開。一家親北京的報紙很快報導指，在沒有英國財政支持的情況下香港開始建設──「只能責怪〔他們的〕祖國沒有提供幫助。」[103]

英國外交及聯邦事務部香港科主管萊爾德（E. O. Laird）向他的倫敦同事承認，香港要求英國援助的請求注定要失敗，其中一個主要原因是倫敦和香港之間的命運逆轉。「英國經濟處於特別不明朗的狀態，但香港的商業和貿易卻蓬勃發展，而香港在倫敦已經擁有大量儲備。」香港的「盈餘不斷增加──甚至超出了財政司司長的預期」。萊爾德承認「香港著陸權的問題糾纏不清」。以「英國利益為重」來控制這些權利的貿易委員會拒絕提供融資。萊

99.　*HKDCA*, 1967–1968, 1.

100.　*HKDCA*, 1967–1968, 2.

101.　香港立法局，1969年10月1日，11；《香港工商日報》，1969年10月2日，4。

102.　香港立法局，1970年2月25日，359；HKPRO, HKMS189-1-176（複製自 TNA, FCO 40/311）。

103.《大公報》，1970年2月26日，4。

爾德理解倫敦拒絕援助的政治論據。戰後，香港透過自力更生，創出了一番新天地。況且最近英國為香港帶來了一些重大打擊，其中包括英鎊貶值。[104]

香港必須依靠自己。波音747碼頭的建造工作於1969年5月開始，並於1970年3月完成。額外的組裝和安裝工作仍在進行。工程於1969年10月至1970年3月的晚間進行，將主要滑行道從60英尺擴展至75英尺，以容納大型飛機。跑道的擴建將在兩年半內完成，並輔以「額外的滑行道、高速關閉、飛機排序或繞行區域及消防分站」。為應對航空技術的急速變化和持續的交通增長，香港政府需要全面升級 機場基礎設施。香港當局警告說，期待已久的跑道延長決定，並非為了排除進一步的討論。他們建議，「為確保香港能夠跟上這個快速發展的民航行業的需求」，政府需要安排必要的發展，並仔細地分階段進行建設。[105]

1972年5月4日，庫務局以「香港——啟德機場擴建」為題，準備了一份文件，文件的結論是：「香港隨後自行安排籌措資金，目前跑道已經延長。英國外交和聯邦事務部不能以拖延為由對庫務局提出任何不滿，更不用說我們對他們的任何提議持不合理立場。」[106]

珍寶噴射機登場與香港樞紐日益增長的自由度

香港當局齊心協力，最終獲得回報。1970年，香港迎接波音747於啟德的定期航班服務。1970年4月11日，由泛美航空營運的第一架波音747，從美國經日本降落啟德。香港一家英文報紙報導，「大鳥抵達香港」。儘管一些建造工作仍在進行，但進展已經足夠「這架超大型飛機在啟德順利而高效地運行」。[107]在客運大樓內，為大型噴射式飛機建造的碼頭已準備就緒，首航航班上的所有乘客在35分鐘內全部清關。據一家中文報紙報導，啟德正「步入珍寶噴射時代」。[108]到1971年3月，機場每週毫不費力地處理大約22班這

104. HKPRO, HKMS189-1-176（複製自 TNA, FCO 40/311）。
105. 香港立法局，1970年2月25日，359；*HKDCA*, 1969–1970, 1, 2, 5。
106. TNA, T 317/1642.
107. *HKDCA*, 1969–1970, 1; Pan Am, Series 5, Sub-Series 1, Sub-Series 6, Box 3, Folder 1 187 14；《南華早報》，1970年4月12日，2。一家親北京的報紙急切地指出，這趟備受吹捧的航班「比原定計劃晚了近一個小時」（《大公報》，1970年4月12日，4）。
108. 《華僑日報》，1970年5月11日，4。

些大型飛機的服務。大型噴射式飛機時代的技術競賽是無休止的。1971 年 1
月，西北東方航空公司推出了往返日本和美國的定期波音 747 服務。1971 年 2
月，日本航空公司派遣一架波音 747 到香港進行機組人員培訓。[109]

　　跑道擴建項目獲批及 747 登場這些令人振奮的訊息消退後，香港民航的
快速增長出現了意料之外的間斷。民航業及全球經濟放緩，對急於升級基礎
設施的香港來說，無疑提供了一個喘息的空間。1972 年，全球定期航班業
務的增長明顯放緩。香港的客流量增長速度也隨之低於往年慣常水平。當中
有一個例外，就是在這個行業疲軟時期，日本途經香港的客流量仍然繼續增
長。[110]

　　事實上，日本不僅為香港帶來航空交通流量，而且日本航空公司也在香
港航空基礎設施的發展中發揮了影響力。1969 年，日本航空公司向啟德引入
了處理飛機行李的「集裝運輸」系統。這個系統不單減少了行李裝卸時間，還
以最大限度減少對行李的損壞。[111] 到 1970 年 8 月，貨運業務已經非常成熟，
足以讓日本航空公司展開日本和香港之間的定期服務。[112]

　　大容量飛機的影響力變得明顯。到 1973 年，經香港營運 747 服務的航空
公司已增至 6 家，每週有 80 架此類大容量飛機升降。從 1972 到 1973 年，香港
的飛機升降架次保持不變，乘客人數則增加了 22% 以上，超過 300 萬人。航
空貨運雖然增長了 8.1%，但與全球 17% 的增長率相比，結果仍令人失望。香
港當局將此歸因於從東南亞經香港飛往美國的包租貨機減少。[113] 在美國自東
南亞撤退之前，香港已經開始感受到冷戰動態變化對經濟的影響。

　　1973 至 1974 年間，即使全球石油危機令航空運輸業承受壓力，但途經
香港的客運量和航空貨運量仍持續增長，兩者均增長近 20%。次年，危機延
續，乘客數量持平（23 年來最差），航空貨運從 1974 到 1975 年僅增長了 3%。
1973 至 1974 年空運出口是進口的 1.54 倍，1974 至 1975 年則增加到 2 倍以上，
反映貨運量仍然不對稱。1973 至 1974 年，空運貨物佔香港出口貨物總值的
16%，佔轉口貨物總值的 27%。[114]

109. *HKDCA*, 1970–1971, 1, 10, 11, 21.
110. *HKDCA*, 1971–1972, 1, 70–75.
111. *HKDCA*, 1969–1970, 7.
112. *HKDCA*, 1970–1971, 11.
113. *HKDCA*, 1972–1973, 1, 17.
114. *HKDCA*, 1973–1974, 1, 8; *HKDCA*, 1974–1975, 6, Appendix I.

　　除了進出口的客運量外，香港當局也開始匯報過境旅客人數，截至1974年3月的年度，過境旅客人數增加了18%，達到490,273人。那一年直升機的乘客人數也達到了1,961人。航空交通的覆蓋範圍繼續滲透整個城市，5,482名乘客體驗「環港」直升機之旅，滿足了他們的好奇心，此外，機場露天平台每天約有2,000名遊客。總體而言，客運量增長之快，令香港當局預計啟德於1975年處理的乘客數量將有望超過香港的人口。從1974到1975年，航站樓以超過原先設計容量30%的標準繁忙率運作。在高峰時段，啟德每小時處理超過3,300名乘客和28架飛機升降。雖然與建築相關的夜間停工條例已於1973年8月停止，但香港不得不對午夜至早上6:30之間的航空交通實施嚴格限制，以減少噪音干擾。[115] 到1975年3月，香港已開通直飛67個「世界主要城市」的航班，其中36個為直達航班。啟德每週迎接由31家航空公司營運的950班定期航班，另外有30家營運非定期航班的航空公司，每週則提供約48次服務。這個總數相當於每天平均起飛和降落超過140次。1974和1975年，寬體飛機佔飛機總升降架次的20%，比上一年增加了60%。[116] 鑑於客運和貨運的勁力，建設項目一再延誤尤其令人失望。[117] 在香港等待擴建工程完成之際，立法局繼續探討啟德的投資與成本效益之間的取捨，並制定持續改善計劃。[118]

　　最後，整條延長跑道總算於1975年12月投入使用。新的航空貨運綜合大樓也在之後一個月開始營運，每年可處理25萬噸貨物，並有兩倍的擴展空間，以滿足1985年預期的需求。這座綜合大樓的落成來得合時，隨著香港航空運輸業的強勁復甦，1975至1976年期間，航空貨運量大幅增長46%。按價值計算，空運已增長到佔所有出口貨物25%左右和轉口貨物30%。[119] 按重量

---

115. *HKDCA*, 1973–1974, 4, 6, 7, 21; *HKDCA*, 1974–1975, 13。1973年3月29日，立法局討論啟德噪音問題（香港立法局，1973年3月29日，673；香港立法局，1973年5月23日，810–11）。

116. *HKDCA*, 1974–1975, 1, 6, 12.

117. 受天氣影響，跑道延長線的目標完成日期推遲至1973至1974年。次年，由於承包商遇到財務困難，項目的施工一再延誤。然而，當局在技術方面取得了進展，安裝了一個先進的引導系統，以便在九龍半島上空著陸。這個新系統為香港飛機升降的安全和效率作出了重大貢獻（*HKDCA*, 1973–1974, 1, 4；*HKDCA*, 1974–1975, 1）。

118. 香港立法局，1974年10月31日，98–99；香港立法局，1974年11月14日，198–99。

119. *HKDCA*, 1975–1976, 1, 17.

計算，航空貨運僅佔商業貨物總噸位不到1%，表明高價值的出口貨物普遍依賴空運。[120]

香港有理由感到自豪。工程拖延多年後終於展開，立法局議員黃宣平對香港政府決定「用我們的錢而不是借來的錢來擴建機場跑道，即現在的香港國際機場」表示高興。黃氏稱這是「朝著實現未來繁榮的目標邁出堅定的一步」。[121] 跑道擴建工程不僅在實體上重塑了啟德，更改變了香港航空基建投資的財務模式。在民航局的年度部門報告中，局長此前在財務部分只包括「部門支出」。隨著香港政府開始在啟德進行大量投資，1967 至 1968 年的年度報告指出，開支數字「沒有反映貸款償還，或機場工程項目所涉及的資本支出」。[122] 1968 至 1969 年的年度報告進一步表明，政府已經開始了機場廣泛發展的新階段，這將涉及「非常高的資本支出」。此舉旨在開啟新時代基礎設施投資的新思維：

> 事實上，這似乎已成為現代機場融資的典型模式，整合時間相對較短，在此期間機場營運賬户趨於平衡，緊隨其後的是進一步對廣泛發展項目作出巨額資本投資，這不僅是由於交通量的增加，而且是因為緊貼航空業技術進步的步伐。[123]

香港政府將上述做法稱為「現代機場融資」，並意識到商業航空基礎設施投資的巨大性和周期性，乃受技術進步的步伐所制約。

香港政府將這個想法付諸實踐，民航局局長在政府宣布對跑道擴建和相關項目的承諾後，開始報告資本支出。1970 和 1971 年，局長匯報 3,600 萬港元的資本支出，並在次年審批了另外 6,500 萬港元。[124] 在獲批的金額當中，啟德項目實際花費了 5,300 萬港元，政府又審批了 1972 至 1973 財政年度的 6,300 萬港元，「預計未來四年的資本支出約為 2 億美元」。[125]

香港「現代機場融資」的做法，不僅要預計未來的資本支出，還需要在基礎設施投資中培養金融紀律。民航局局長開始披露投放在機場的資金回報

120. *Hong Kong Annual Digest of Statistics, 1978 Edition*, 114.
121. 香港立法局，1970 年 3 月 11 日，419–20。
122. *HKDCA*, 1966–1967, 17; *HKDCA*, 1967–1968, 17.
123. *HKDCA*, 1968–1969, 21.
124. *HKDCA*, 1970–1971, 27.
125. *HKDCA*, 1971–1972, 28.

率，1971 至 1972 年為 9%。在接下來的一年裡，機場收入增加，換來 9.5% 這個「令人滿意的資本回報率」，但似乎未有達到當初設定的基準。「英國機場管理局為其管理的五個主要機場，設定了 14% 的總回報率」，但香港的數據未能達到這個目標。除了落後於根據英國商業航空標準而測量的基準外，這個數字也「遠低於香港公用事業和類似企業所獲准的回報」。作為政府對公共基礎設施的一項投資，啟德需要達到其他公共項目的標準。然而，局長意識到香港正處於投資階段，預計短期內會穩步改善。民航局局長的報告還確認了「當前發展計劃的近期和預期中的巨額資本支出」，並於 1973 年 3 月 31 日特別披露了 7.78 億港元的固定資產，其中「英國政府貸款和贈款」僅佔 800 萬港元。[126]

香港政府繼續在啟德進行大量資本投資（1972 至 1973 年為 6,100 萬港元，1973 至 1974 年為 8,300 萬港元），民航局局長因而實施愈來愈來嚴格的評估。「考慮到現行的商業標準和大量的資本支出承諾」，1973 至 1974 年 12% 的回報「很難為所投放的資本提供足夠回報」。[127] 這個評估啟德營運的標準，高於英國對航空基礎設施和當地公用事業的回報要求。政府在啟德的投資要對「現行商業標準」負責，換句話說，就是市場回報率。

1976 年，啟德實現了目標。同年跑道擴建完成，民航局局長匯報「資本回報率」為 14.17%，基本達到「平均淨固定資產經營回報率 15%」的目標。[128] 儘管達到目標回報率已經足夠值得稱讚，但報告最後一頁有一個更值得炫耀的業績——資產負債表列出的「英國政府貸款和贈款」已降至零。[129]

航空貨運量的迅速增長及其佔香港出口總額的比重，凸顯了它對香港經濟的重要性。香港政府對入出境航空貨運量之間不對稱的現象表示擔憂：「航空出口貨量比進口高出兩到三倍，從而剝奪了航空公司入境航程的潛在收入。」當全球對航空貨運能力的需求旺盛時，香港冒著運力不足的風險來滿足出口需求。[130] 換句話說，空運貨運量的不對稱，表明香港不僅在出口增長方面取得成功，而且在生產空運出口的高價值產品方面也取得了成功。與此

---

126. *HKDCA*, 1971–1972, 28; *HKDCA*, 1972–1973, 3, 26, 71.

127. *HKDCA*, 1973–1974, 20.

128. *HKDCA*, 1975–1976, 1, 17.

129. *HKDCA*, 1975–1976, 1, 17, Appendix XI.

130. *HKDCA*, 1975–1976, 18.

同時，雖然香港的進口量也錄得穩健增長，但香港居民普遍對空運進口的高價值物品需求不大。

從 1975 到 1976 年，乘客數量也有所回升，而且首次超過 400 萬大關。雖然這個數字比香港人口少 9%，沒有達到政府樂觀的預期，但這個目標是觸手可及的。[131] 乘飛機抵達和離開的人數僅比海運的相應數字低 10%。[132] 經啟德的過境旅客亦較去年增加 20%。地緣政治的轉變導致四家航空公司（柬埔寨航空、越南航空、老撾航空、緬甸航空聯盟）於 1975 年 5 月停止飛往香港的業務。與此同時，寬體飛機的升降量在 1975 和 1976 年增長到國際升降量的 30% 以上。[133]

* * *

《南華早報》一篇文章的標題為「啟德：機場是如何建造的」，收錄了香港機場跑道延長線的圖片，這條跑道於 1974 年 6 月 1 日投入使用。文章自豪地描述「1928 年的『草坪』如何成為『世界上最繁忙的航站樓之一』」。[134] 啟德的悠久歷史當然令人印象深刻。然而更令人印象深刻的是，香港自 1960 年代後期以來，一直致力升級機場，以應對驚人的交通增長和對新設備的技術要求。跑道擴建項目於 1970 年動工，最終耗資 1.7 億港元，將跑道延長至 11,130 英尺，民航處認為該長度是「對香港最合適和在經濟上可行的」。[135]

為了把握經濟機會並促進香港的發展，香港官員渴望升級民航基礎設施，並投資於未來幾年的持續擴張計劃。尤其是大型噴射式飛機時代的到來，使啟德的跑道必須加長。經歷過與倫敦艱苦的談判，香港最終通過自身資本投資而獲勝。這些困難時期的投資得到了回報。啟德提升技術，而且擴大了機場的運能，及時響應了航空科學的相應進步，以及香港在經濟騰飛過程中不斷增加的貿易量。有別於過往做法，香港的目標是在基礎設施的發展中實現財政自力更生，最終能在本地營運和國際談判中增強自主權。

---

131. *HKDCA*, 1975–1976, 1; *Hong Kong By-Census 1976*, 1.

132. *Hong Kong Annual Digest of Statistics, 1978 Edition*, 113.

133. *HKDCA*, 1975–1976, 1, 7.

134. 《南華早報》，1975 年 2 月 17 日，15。

135. HKPRO, HKMS189-2-32（複製自 TNA, FCO 40/578）。

　　非殖民化加速，英國於世界的權力也逐步削弱，在這個時代下，英國對香港的控制岌岌可危。[136] 在商業航空領域，英國於印度1947年獨立後，與印度談判達成了雙邊協議，[137] 當時商業航空業正從二戰的廢墟中崛起。就馬來亞而言，除了通過外交方式解決商業航空問題外，[138] 英國和前殖民政體還構建了商業合作以維持關係──1964年，亦即是獨立的馬來亞聯邦成立七年後，英國海外航空繼續持有馬來西亞航空公司33% 以上的股份。[139]

　　在所謂的「非正式權力下放」的過程中，英國允許香港「在一定程度上擺脫倫敦的控制，這情況在大英帝國歷史上是史無前例的」。[140] 自1950年代以來，倫敦已讓香港政府在財政和金融政策上擁有足夠的自由度。[141] 然而，敍述這一時期的變化時，也很容易過甚其詞。長期以來，香港的管治一直被形容為缺乏嚴密的監督，香港官員追求「他們偏愛的項目和煩惱，他們的個人能力和熱情」。[142] 在這個特殊時期，值得人們注意的是郭伯偉，他於1961至1971年擔任財政司司長期間「幾乎完全控制了殖民地的財政」。郭伯偉「才華橫溢，在經濟學方面受過良好訓練，不會被人騙倒，而且很有原則」。[143] 在討論提升香港的航空基礎設施時，郭伯偉毫不猶豫地批評倫敦在啟德擴建方面的政策。

　　香港的工業化軌跡常被拿來與其他「小龍」相提並論。「小龍」的工業化道路沒有單一的因果關係，[144] 歷史偶然性在他們與區域和全球網絡的聯繫中發揮了重要作用。冷戰背景和一定程度的歷史使然，同樣將這些城市連接在東亞和東南亞的飛行地圖上。然而，他們在主要路線上的持久存在，甚或發揮錨地作用，需要他們的政治和商業領導人精心謀劃，以及贊助國的持續支持。國家在經濟發展方面發揮著至關重要的作用，[145] 特別是在發展商業航空基

---

136. Mark, "Lack of Means?"
137. British Airways Archives, "O Series," Geographical, 2962, 3382.
138. British Airways Archives, "Old Series," Geographical, 10000–10004.
139. TNA, BT 245/1060.
140. Goodstadt, *Uneasy Partners*, 49.
141. Goodstadt, *Uneasy Partners*, chap. 3.
142. Bickers, "Loose Ties That Bound," 49.
143. Welsh, *History of Hong Kong*, 461.
144. Vogel, *Four Little Dragons*.
145. Johnson, *Japan, Who Governs?*; Wu, "Taiwan's Developmental State"; Yoon, "Transformations of the Developmental State."

礎設施和監管資助方面。儘管如此，不同的政治結構塑造了國家的影響力。與其他「小龍」相比，香港的地位，因伴隨著經濟騰飛，為國家定義增添了複雜性。

Ronald Robinson 及 John Gallagher 強調，「非正式帝國」是一種成本較低的帝國主義形式。[146] 儘管 1997 年前香港坐擁皇家殖民地地位，使它成為「正式帝國」的一部分，但香港很大面積是以 99 年租約租借的，而英國在許多方面確實將此帝國財產視為一個通商口岸。[147] 香港作為英國在華的管轄範圍，跨越了正式和非正式的帝國，具有更廣泛和更重要的作用。[148] 將非殖民化理解為「國際殖民秩序的瓦解，包含正式和非正式帝國，具有外交、國際法律、經濟、人口和文化屬性」，[149] 可更容易理解香港利益與英國利益脫節，甚至互相競爭的漫長過程。[150] 事實上，在英國政治機制中沒有單一的官方心態，而是互相競爭的利益。[151]

在這個利益衝突的複雜體系中，香港和倫敦之間的緊張關係，於 1960 年代末和 1970 年代初跑道項目融資方面，尤其明顯。為了強調二戰前，上海的地方自治和各種利益之間的相互作用，Isabella Jackson 將上海公共租界工部局的結構，描述為「跨國殖民主義」，即「由外國人領導的地方自治政府」制度。[152] 與來自不同國家的力量對上海公共租界的治理不同，倫敦任命了香港行政人員和官僚在香港服務。然而，在非殖民化時代，當地因素在香港同樣活躍，英國官員的不同利益在倫敦和香港之間產生了分歧。為了加強地方自理，香港官員在香港拉攏華人精英，以對抗倫敦的帝國機器。

對於香港來說，自由放任可能只是一種「建構信念」，用來合理化英國在發展香港製造業方面缺乏援助，尤其是在戰前時期。[153] 然而，香港政權確實遵循了非干預主義模式：低稅收、小政府以及有限度的社會服務。這種模式

146. Gallagher and Robinson, "Imperialism of Free Trade."
147. Darwin, "Hong Kong," 29–30.
148. Bickers, "Colony's Shifting Position."
149. Darwin, "Hong Kong," 29.
150. 關於這種在較早時期出現的自由度，見 Ure, *Governors, Politics*。
151. White, "Business and the Politics," 557.
152. Jackson, *Shaping Modern Shanghai*, 16.
153. Ngo, "Industrial History."

建立在香港不受倫敦財政控制之上。[154] 自由放任的心態支配著倫敦對香港的監管，以及香港政府與商界的關係。配合這項安排，香港商業團體在經濟騰飛的轉折點，為本地發展中的經濟進行國際遊說。[155] 香港民眾，尤其是商界人士，焦急地關注香港政府如何在沒有英國支持的情況下籌集資源升級啟德時，這種動態就充分體現出來了。

持續改進的要求是無止境的。啟德剛剛完成跑道延伸，香港官員已經表示擔心機場無法應對未來的需求。民航局局長在 1975 至 1976 年的報告中，引用了政府刊物《香港 1976》的敘述，再次強調香港很快就須處理預測接近總人口數目的進出港旅客：

> 香港國際機場不斷發展和完善，以滿足民航業的需求。不過，由於可供進一步擴展的空間很少或根本沒有，而且行業需求似乎不可避免地會超過承載能力，政府積極考慮於未來某個時期建造新機場的可行性。[156]

與前幾輪機場建設一樣，這個項目的審議將需要數十年的時間。與此同時，香港將繼續爭取控制其航空樞紐和從倫敦出發的空中航線。在啟德最終退役之前，地緣政治格局的劇烈轉變也會改變香港商業航空的結構。

---

154. Goodstadt, "Fiscal Freedom."
155. Clayton, "Hong Kong."
156. *HKDCA*, 1975–1976, 18.

第五章

蓄勢待發：經濟自由化和
地緣政治轉型

承蒙久候　國泰今日首航倫敦

1980 年 7 月 16 日，國泰航空首航倫敦的宣傳[1]

　　香港自英國政府身上獲得愈來愈多的自由度，航空業出現隨之而來的結構性轉變。來自英國和北美的樞紐掀起了一股跨國經濟自由化的浪潮，這些大型公司長期主導民航業所帶來的轉變，除了放寬對航線的管制外，亦減少了國家對航空公司股權以及其他方面的控制。放寬管制的呼聲始於 1978 年的美國，[2] 這個趨勢在不久之後席捲英國，主要的關注點是促進競爭與降低機票價格。[3] 大多有關航空公司放寬管制的研究在評估趨勢時，側重於對國內市場的影響，以及成本效益和營商效率。[4] 本章將重點轉為放寬管制對渴望打入長

1. 《南華早報》，1980 年 7 月 16 日，4；《華僑日報》，1980 年 7 月 16 日，13。

2. Dobson, *Flying in the Face*; Kahn, *Economics of Regulation*; Kahn, *Lessons from Deregulation*; Derthick and Quirk, *Politics of Deregulation*.

3. Graham, "Regulation of Deregulation"; Barrett, "Implications of the Ireland-UK Airline Deregulation."

4. 見例子 Graham, "Regulation of Deregulation"; GAO, *Airline Deregulation*; Gaudry and Mayes, *Taking Stock*; Button, *Airline Deregulation*。

途市場的區域航空公司的影響，審視在這場行業的劇變中，國泰航空如何不斷擴大飛行網絡的覆蓋範圍。[5]

作為一項新技術，商業航空如同一個「流動空間」，於天空中編織巨大的網絡，而新興的基礎設施在該空間上，促進了新的交流及互動形式。[6]然而，不是每一個能連接上網絡的元素都能同等地從中獲益。權力動態決定了哪些參與方能控制交通管道。雖然香港長期以來都通過商業航空與遙遠的目的地聯繫，但旗艦公司國泰航空的活動範圍僅限於東南亞區域，直到香港透過財政和外交手段，將自己的飛機送到更遠的地方。

航空業逐漸開放，為香港的航空公司擴充航線圖提供了必要條件。事實證明，國泰航空要擺脫區域限制，技術改進尤其重要。技術改進不但允許了長途連接，更消除了中途停留的需要。國泰航空提供長途航線取決於多種因素，包括香港政府成功為啟德機場裝備迎接大型噴射式飛機、長途飛機的商業用途，以及隨著放寬管制改變航空業，香港能夠發揮愈來愈大的影響力。

香港和英國之間就長途連接方面引發爭端，在這個問題得以解決之際，另一事件卻又出現，就是與極具潛力的中國內地市場建立聯繫。對於香港這個航空樞紐而言，它的起源不僅來自西方交通的匯合，更加因為它是通往中國的理想門戶（如第一章所述）。中國內地在改革時期重新對外開放，重燃外國打進中國廣闊市場的宏願。正值香港與中國內地探討空中聯繫之際，英國和中國就香港前途問題展開微妙的外交交流。從 1970 年代末到 1980 年代，香港航線的發展凸顯了全球經濟時代的變化，以及香港從地緣政治中突圍而出。

香港在航空交通管制上增強自由度與英國的支持

當英國拒絕為繁榮的香港提供資金時，香港承擔了自身基礎設施建設的責任。面對這艱鉅責任，香港作出了非常有效率的回應，因為經濟騰飛帶來了驚人的增長，並為基礎設施建設提供資金來源。從 1969 到 1984 年，除了一個年度外，香港本地生產總值每年均錄得兩位數的增長。在此期間的年複合

---

5. 鄺啓新發表了一份具遠見的研究報告，報告關於在自由化環境下香港航空發展的可能性（Kwong, *Towards Open Skies*）。Sinha 罕有地報導了亞洲航空公司放寬管制（Sinha, *Deregulation and Liberalisation*, chap. 2），但他並沒有提及香港。
6. Castells, *Rise of the Network Society*; Larkin, "Politics and Poetics."

增長率為19%。[7] 香港新近贏得自由度而雀躍不已，原因不僅是這改變帶來了財政自主權，也令香港於談判國際航空服務協議時，能夠增加代表性。

在1973與1974年談判此類協議時，民航局局長或副局長就會代表香港參與涉及新加坡、馬來西亞、北歐國家、澳洲和瑞士的國際談判。次年，香港的代表更進一步出席「涵蓋航空各個方面的海外談判、會議和訪問」。[8] 除了直接代表商業航空的談判外，國泰航空更於1972年開始與英國海外航空定期舉行高層會議。[9]

1975和1976年，香港民航處在各種會議上都表明「代表香港政府」，以反映「香港在所有與國際民用航空有關的事務上的利益」。[10] 1976和1977年，當「英國與外國之間涉及香港利益的航空服務協議受到特別嚴謹的審查和重新談判」時，香港在英國談判小組中獲得了代表權。同年，民航處代表香港政府於海外進行了十一次航空服務會談，其中有五次涉及英美，另外的涉及泰國、新加坡、南韓、紐吉尼（巴布亞新畿內亞）、印度及日本。在這個技術變化劇烈的時期，部門代表還參加了其他十一次技術會議，「以保障及維護香港在航空各方面的利益」。[11] 香港在商業航空領域中獨樹一幟，並且能夠於財政、外交和技術上，從倫敦取得更高的自由度。

香港與倫敦在這段期間的通信，也表明香港當局愈來愈積極參與民航事務。1977年，港督麥理浩在談及香港與美國之間的空運運費、機票價格以及連接香港與澳洲的航空交通等問題的談判中發揮了重要作用。[12] 同年，他還參與了英國（包括香港）與印度尼西亞、意大利、日本、黎巴嫩、馬來西亞和荷蘭之間的航空服務討論。[13] 到了1978年，麥理浩的參與度才愈來愈高。1978年1月的最後幾天，適逢臨近農曆新年，他幾乎每天都在處理民航事務，參與了英國與加拿大、東非、印度尼西亞、日本、馬來西亞、新西蘭、巴布亞新畿內亞、新加坡和泰國之間的航空服務談判，尤其是涉及香港的談

7. *Hong Kong Annual Digest of Statistics, 1978 Edition*; *Hong Kong Annual Digest of Statistics, 1981 Edition*; *Hong Kong Annual Digest of Statistics, 1990 Edition*.

8. *HKDCA*, 1973–1974, 1; *HKDCA*, 1974–1975, 1.

9. JSS, 13/10/4 Cathay Pacific/British Airways Summit Meetings.

10. *HKDCA*, 1975–1976, 1.

11. *HKDCA*, 1976–1977, 7.

12. TNA, FCO76/1497.

13. TNA, FCO40/791（複製為 HKPRO, HKMS189-2-148）。

判。[14] 鑑於香港不滿英國的控制，故不難理解麥理浩何以密切參與民航事務。如 1978 年，當國泰航空似乎因英國利益而被忽視時，香港隨即出現一些聲音指責英國無視香港的本地利益，並質疑「英國是否應該決定與香港息息相關的事情」。[15] 事實上，香港政府對航空服務談判有不菲的影響力，以致於 1979 年，倫敦的官員表示擔心在航空交通權問題上，香港「可能會單方面宣布獨立（unilateral declaration of independence）」，並且堅持自己處理談判。[16]

香港當局也日益認同國泰航空，將它視為香港自家的航空公司。麥理浩在闡明香港對國泰航空的政策時聲稱，香港並沒有設法保護國泰航空免受競爭，「只是反對外國的限制性政策和其他航空公司的不當行為，儘管國泰航空能夠具有效率地營運，但在某程度上妨礙它提供可行的競爭服務。」[17] 香港政府的願景不是要為國泰航空實行保護主義，而是為了確保它能夠在公平競爭的環境中營運，這點與資本主義講究的自由精神相呼應。1978 年 6 月 22 日，麥理浩就航空服務政策向他的倫敦同僚發表講話時重申，國泰航空是「一家受商業利益驅動的航空公司」，香港政府「不希望看到它以任何其他方式營運」。麥理浩聲稱，自己和他的香港同事「對國泰航空成為『（英國）旗艦』不感興趣」，並且不想向國泰航空施壓，要求他們執飛任何他們認為回報不如他們可以營運的其他航線。[18] 換言之，麥理浩聲稱，政府有責任營造一個公平的環境，讓國泰航空能夠在其中參與競爭。然而，政府不宜向當地航空公司施壓，讓他們遵從政府指引。從這個方面可以看到，國泰航空與香港政府的關係，反映了香港政府對與英國政府關係的期望。

向南方地區延伸

香港政府所主張的航線安排，轉化為將國泰航空的業務範圍，從最初的領域——以香港為中心的東南亞區域交通——擴展出去。國泰航空最早擴張的網絡是恢復澳洲東部的服務。[19] 自 1970 年以來，國泰航空已一直營運珀斯

14. TNA, FCO40/981（複製為 HKPRO, HKMS189-2-257）。
15. 《南華早報》，1978 年 3 月 4 日，1。
16. TNA, FCO 40/1073（複製為 HKPRO, HKMS189-2-325）。
17. TNA, FCO40/981.
18. TNA, FCO40/983（複製為 HKPRO, HKMS189-2-259）。
19. 關於 1950 年代末和 1960 年代初，國泰航空擴展到悉尼的網絡，請參閱第二章。

航線，[20] 提供早期西澳、香港和日本之間的空中航線。[21] 國泰還要在幾年之後
才能回到澳洲東部那更具競爭力的市場，經營長途服務。1959 至 1961 年間，
國泰曾為悉尼提供服務，以綠松石紋中式碗盛載魚翅湯來吸引顧客。然而，
正當餐飲部門努力解決運送湯的保溫瓶爆炸問題時（「燒瓶在空氣中的壓力
下會爆開瓶塞，有時甚至會破裂」），國泰不得不屈服於澳洲的技術優勢，於
1961 年退出了這條航線。[22]

　　1974 年，英國團隊成功與澳洲政府談判，允許國泰航空提供首個香港
和澳洲最大城市悉尼之間的直達服務，意味著香港終於獲得一定程度的認受
性。[23] 國泰航空甚至在獲得政府所有必要的批准之前，就已經在新的路線示
意圖上，添加一條超大弧線，以描繪全新的香港—悉尼航線。就規模而言，
悉尼航線確實會令國泰航空的航線網絡「顯著升級」。自稱為「亞洲最有經驗
的航空公司」的國泰航空，自豪地宣布 10 月 21 日「『直飛』航班啓航……『唯
一的直飛航班』……，惟需經政府批准。」[24]（圖 5.1）

　　1974 年 8 月，國泰航空正式獲得政府批准，董事總經理布立克（Duncan
Bluck）隨即宣布公司計劃使用波音 707 營運新航線，而且往返皆不設中途停
靠站，提供「航線上最快的航班，並提供唯一的雙向直飛服務」。經過多年
來致力升級設備，國泰航空終於贏得了這種自豪感。自 1971 年以來，國泰航
空以有節制的速度，將 Convair 880-22M 機群更換為能夠覆蓋更遠航程的波
音 707-320 B/C 機群。1971 年，國泰航空擁有 9 架飛機，其中只有 1 架是波音
707。到 1974 年 6 月，在公司 18 架飛機組成的機隊中，有 11 架是波音 707。
管理層還安排以合理利潤出售剩餘的 7 架 Convair。國泰航空的波音 707 航班

20. National Archives of Australia, C3739, 281/7/68.
21. 《南華早報》，1970 年 1 月 26 日，31；1970 年 3 月 29 日，53；*HKDCA*, 1970–1971, 11。
22. TNA, BT 245/552; JSS 13/6/1/1; Swire HK Archive, CPA/7/4/1/2/1 *Newsletter*, July 15, 1959; Swire HK Archive, CPA/7/4/1/2/11 *Newsletter*, July 31,1961; Swire HK Archive, CPA/7/4/1/1/151 *Newsletter*, October 1976。1970 年，國泰航空的公關經理解釋，國泰航空在大約 18 個月後「暫停」了飛往悉尼的服務，因為那條航線「沒有商業價值」（《南華早報》，1970 年 1 月 26 日，31）。1961 年 11 月 14 日，澳航開通了每週一次的服務，通過達爾文和馬尼拉將悉尼與香港連接起來，並繼續提供到東京的服務（Qantas Archives, R10 SYD/HKG）。另見 Bickers, *China Bound*, 349。
23. 《南華早報》，1974 年 6 月 21 日，1；1974 年 6 月 24 日，29；《華僑日報》，1974 年 6 月 21 日，10。
24. 《南華早報》，1974 年 6 月 30 日，5；1974 年 7 月 15 日，41；1974 年 10 月 20 日，36。

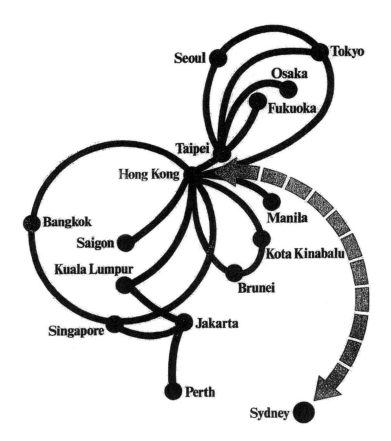

圖5.1：國泰航空在區域網絡之外的擴張示意圖。資料來源：《南華早報》，1974年6月
30日，5。

每週一、五、六晚上從香港起飛，次日早上抵達悉尼。返港航班則於週二、
六和日上午，從悉尼起飛，並於同一天晚上抵達香港。[25]

　　為了與公司的整體航班時間表保持一致，國泰的香港─悉尼航班模式，
單程為9小時，旨在反映公司的優勢：「我們知道商人們喜歡我們的商務時

25.《南華早報》，1974年8月2日，23。Swire HK Archive, *Cathay Pacific Airways Limited Report
of the Directors and Statement of Accounts for the Year Ended 30th June 1971*, 9; Swire HK Archive,
Cathay Pacific Airways Limited Annual Report 1974–1975, 11; Swire HK Archive, Cathay Pacific
Airways Limited, Chairman's Statement, November 19, 1975, 1。

間表。」[26] 1974年10月21日，國泰航空在開通新航線的廣告中，展示了一張在「設計新穎的雪梨歌劇院」(1973年10月開業)上空的煙花圖片。有別於澳洲航空與英國航空所提供的服務(前者於馬尼拉停靠，後者則經達爾文接駁)，國泰航空中途不停站。國泰航空非常重視直飛航班，連在英文報紙上的簡短廣告文案，也有四處提到「直飛」的字眼。「你應該休息一下」廣告總結道：「但不是在途中」(圖5.2 a)。國泰航空還在香港一家中文報紙上刊登廣告，同樣樂此不疲地提及直飛服務(圖5.2 b)：「國泰新線直飛雪梨」；「每週三班⋯⋯中途不停站」。對於休閑旅客來說，國泰航空承諾「送您直達這個旅遊勝地」。「如果您前往雪梨公幹，那麼旅程節省下來的時間，正好忙裡偷閑，輕鬆一番。」[27]

　　1974年10月21日，《南華早報》報導了這個具有紀念意義的開幕式，並將國泰航空的首個直飛航班與1959年的服務進行比較，前者為波音707-320C，提供154個座位，後者 Electra 則是當時世界上最快的螺旋槳噴射機。Electra 擁有55個標準座位和8個臥鋪座位，並打破了商業飛行紀錄，在12小時50分鐘內完成了香港和悉尼之間4,300英里的飛行，比之前飛行相同航線的 Super Constellation 飛機快了大約6小時。雖然如此，Electra 不得不在途中停留馬尼拉與達爾文。[28] 香港一家中文報紙不僅報導了首航悉尼的故事，而且還刊登了兩頁的專題報導以示紀念。這個專題不僅突出了國泰航空機隊以波音707客機為主的技術實力，還突出了公司持續升級設備的計劃。為了配合最新的硬件升級，國泰航空自9月以來一直為機組人員提供由 Pierre Balmain 設計的「東海」制服(見第三章)。[29]

　　在《南華早報》頭版上，國泰航空將這個得到極大改善的服務稱為「商務時間表」，不少貴賓受惠其中，包括市政局局長、民航處副處長以及著名電影製片人。[30] 國泰航空以直飛航班重新打進悉尼市場，是一個值得慶祝的時刻，

26. 《南華早報》，1974年9月9日，15。

27. 《南 華 早 報》，1974年9月27日，6；1974年10月14日，15；1974年10月21日，11；
　　1974年10月28日，38；《華僑日報》，1974年10月21日，21。

28. 《南華早報》，1974年10月21日，37。

29. 《華僑日報》，1974年10月21日，18、22–23。

30. 《南華早報》，1974年10月22日，1；1974年10月23日，26。

用公司的話來説,「預示著國泰航空在澳洲市場開始大幅增長。」[31] 在不到六個月的時間內(從首航到 1975 年 3 月 31 日香港財政年度結束),國泰航空運載了 6,369 名出境旅客與 5,616 名入境旅客。次年,國泰航空的雙向乘客數量甚至超越了英國航空及澳洲航空。[32]

1978 年,英國航空撤出了連接香港與澳洲和新西蘭的航線,「很大程度上是由於倫敦當局的推動」。隨著英國航空退出香港－澳洲東部航線,國泰航空接管了英國在這條航線上的全部運力。倫敦當局吹噓指,國泰航空業務的大幅度擴張,意味著在三年半的時間內,英國政府已經將國泰「原本被排除在香港－東澳市場之外的地位,上升到有權提供與澳航完全同等的一半運力」。[33]

穿越太平洋

香港政府在國泰航空向南太平洋進軍到澳洲之後,還推動了國泰向東擴展跨越太平洋到北美的計劃。早在 1977 年,英國政府就已經明瞭從香港出發的跨太平洋航線之重要性。在與美國的航空服務協議談判中,英國獲得溫哥華跨太平洋航線「組合」服務(客運服務與腹艙貨運服務相結合)的權利。英國談判代表對「英國航空公司從香港飛往美國西海岸,以顯著改善的營運模式而獲得的長期利益」持樂觀態度,雖然他們也意識到這條航線的客運服務不會於幾年內實現,[34] 但這為香港在客運和貨運方面的跨太平洋擴張播下了種子。

雖然跨太平洋航線被認為是與「未來有一段距離」的機會,但香港當局並沒有讓這個討論的氣氛減弱。1978 年 1 月,在一封關於英國和加拿大航空服務的電報中,麥理浩提出以「要求溫哥華、埃德蒙頓和多倫多作為起標價(以反映加拿大指定航空公司可用的據點)」的建議。麥理浩和國泰航空的雄心並沒有止步於加拿大。麥理浩指出,在談論溫哥華的同時,爭取至舊金山和洛

31. Swire HK Archive, CPA/7/4/1/1/140 *Newsletter*, July 1974; Swire HK Archive, CPA/7/4/1/1/151 *Newsletter*, October 1976。隨後國泰航空降低票價,主要針對休閒旅客。(《香港工商日報》,1974 年 10 月 23 日,7;《大公報》,1974 年 12 月 4 日,5;《南華早報》,1974 年 12 月 2 日,11;1974 年 12 月 4 日,1;1974 年 12 月 12 日,17)。

32. *HKDCA*, 1974–1975, App. VI; *HKDCA*, 1975–1976, App. VI.

33. TNA, FCO 40/981;《南華早報》,1978 年 1 月 2 日,30。

34. TNA, FCO 76/1498.

杉磯的航線是「明智的」。[35] 他在倫敦的同僚回應指:「現在是時候為國泰航空提供與加拿大太平洋航空相對應的航線了。」根據香港當局提供的統計數據,英國政府對這條航線的迅速發展感到滿意,「到國泰航空準備開航時,應該很容易有空間容納第二間航空公司。」倫敦的談判代表報告指,加拿大「合理地接受」這個方案,但提醒要注意在日本建立連接的困難。從溫哥華轉飛美國則更具挑戰,因為加拿大對從香港轉飛其他地區的機會並不樂觀。[36]

　　接下來幾年,談判仍然持續。[37] 1979年4月17日,國泰航空董事長在向股東發表的年度聲明中指出,公司已參與英國和加拿大政府的磋商,「旨在獲得一條與加拿大太平洋航空目前營運的航線互惠的香港－溫哥華航線。」他進一步指出,另一輪談判將定於1979年春天舉行。[38]

　　到了1979年,在進出香港的旅客人數方面,國泰航空處於毋庸置疑的領先地位。國泰以27%的市場份額遙遙領先於日本航空及新加坡航空(兩者各佔10%)。然而,國泰的交通流量仍然主要局限於區域市場。雖然北美的主要航空公司加拿大太平洋航空、泛美航空和西北航空分別僅佔香港航空客運量的1%、5%及2%,這幾家公司在往返香港的跨太平洋航線上,長期保持主導地位,並在香港－東京航線上與國泰航空持續競爭。[39]

　　香港傳媒報導了國泰航空進一步維護大本營權利的雄心。1979年1月,《南華早報》報導稱,「在互惠權利的框架內,國泰航空希望拓寬視野。」報導中強調了加拿大太平洋航空長期以來壟斷這條航線。據說國泰考慮在這條航線上使用波音747大型噴射式飛機。[40] 1970年代,寬體波音747的面世徹底改變了噴射式航空旅行,不僅單座成本較低,又能提供更大的運力,有望提高效率,尤其是在長途國際航線上。[41] 報章還指,國泰航空的巨型客機由勞斯

35. TNA, FCO 40/981.

36. TNA, FCO 40/982 (複製為 HKPRO, HKMS189-2-258)。

37. Swire HK Archive, Cathay Pacific Airways Limited, Chairman's Statement, April 17, 1979, 3; Swire HK Archive, Cathay Pacific Airways Limited, Chairman's Statement, April 17, 1980, 3; Swire HK Archive, *Cathay Pacific Airways Limited Annual Report 1980*, 5; TNA, FCO 40/1072 (複製為 HKPRO, HKMS189-2-324)。

38. Swire HK Archive, Cathay Pacific Airways Limited, Chairman's Statement, April 17, 1979, 3.

39. *HKDCA*, 1978–1979, App. VI.

40. 《南華早報》,1979年1月1日,18。

41. Bednarek, *Airports, Cities*, 17.

萊斯 B4 引擎提供動力，應該可以輕鬆直飛溫哥華，儘管強勁的逆風意味著客機有機會要在回程時停留美國的阿拉斯加安克雷奇或東京，直至公司引進更強大的 D4 引擎。[42]

　　關於國泰航空提供跨太平洋服務的説法，業界議論紛紛。[43] 1980 年 9 月，香港報紙報導，英國和加拿大政府達成協議，允許英國指定航空公司飛往加拿大西岸，結束了自 1949 年以來加拿大太平洋航空壟斷該航線的地位。[44] 截至 1981 年 3 月，民航局局長在年度報告中指出，與加拿大達成的新航空服務安排取得進展，將允許「首次由英國的航空公司營運從香港到溫哥華的航線」。然而，國泰航空還有另一道障礙，就是必須與其他「英國」航空公司競逐這條航線。專營低成本旅行的英國私營力加航空（Laker Airways）也加入了這場競爭。雖然有著競爭，但這條以往由北美航空公司主導的航線，首次與香港建立跨太平洋的連接，對於擴大以香港為基地的航空交通覆蓋範圍具有重大意義。[45] 國泰航空反對力加航空申請從香港飛往溫哥華、洛杉磯、三藩市、關島、檀香山和西雅圖，以及獲得東京作為中間停靠港的權利，並提醒發牌當局，國泰長期以來都一直希望獲得從香港到溫哥華的航行權利（首次提出為 1977 年 11 月），並得到香港和英國政府支持。國泰航空還重申，打算在適當的時候為美國西岸提供服務。力加航空的申請不僅威脅到國泰航空擬開通的溫哥華航線，也威脅到它龐大的東京業務。根據英國與日本政府之間的協議，英國營運商若要經東京到任何額外指定地方，都必須從國泰航空的現有運力扣減。[46]

　　1981 年，香港空運牌照局（下稱牌照局）審議了兩項並行申請。[47] 牌照局乃根據《空運（航空服務牌照）規例》（第 448A 章）而成立的法定機構，負責

42. 《南華早報》，1980 年 12 月 29 日，30。
43. 《南華早報》，1980 年 1 月 22 日，1；1980 年 3 月 1 日，6；1980 年 4 月 26 日，8；《香港工商晚報》，1980 年 1 月 22 日，2；《香港工商日報》，1980 年 4 月 11 日，6；《華僑日報》，1980 年 9 月 9 日，5。一年之內，媒體也將會報導新加坡航空計劃經香港飛往美國（《南華早報》，1981 年 9 月 7 日，38）。
44. 《香港工商日報》，1980 年 9 月 24 日，6；《華僑日報》，1980 年 9 月 24 日，9。
45. *HKDCA*, 1980–1981, 18；《大公報》，1980 年 4 月 11 日，5；1981 年 7 月 1 日，10；《南華早報》，1980 年 9 月 24 日，1；1981 年 1 月 22 日，14。
46. TNA, BT 245/1853; TNA, FCO 40/1081；《南華早報》，1981 年 6 月 3 日，23。
47. LegCo, Brief — Civil Aviation Ordinance (Chapter 448); HKPRO, HKRS934-2-49.

向香港航空公司發出牌照，以經營往返香港的定期航班服務。牌照局的成員包括香港的英籍及華裔居民，為維護香港自治權提供了重要渠道。關於跨太平洋航線的申請，牌照局裁定有明確證據表明大眾對香港－加拿大航線的需求，而且這種需求有可能會持續增加。牌照局還表示，他們認為國泰航空最有能力提供該服務，並對公司感到滿意，決定授予營運香港－東京－溫哥華－西雅圖－東京－香港航線的許可。然而，國泰航空沒有足夠的證據來支持公司能提供檀香山、三藩市和洛杉磯的服務。縱使牌照局發現力加航空無法證明他們向關島、溫哥華或西雅圖的申請是合理的，但亦授予香港－東京－檀香山－三藩市－洛杉磯的雙向航線。不過，這場漫長的傳奇故事並沒有預期般的結局。在牌照局裁決以後，力加航空於1982年2月17日自願清盤，[48]讓故事發生了戲劇性的轉變。作為已解散的公司，力加航空無法轉讓在香港的著陸權。[49]

雖然獲批中途停留，但經過多年的討論和準備，國泰航空終於在1983年5月1日開通了溫哥華和香港之間的首條直飛航線，並使用「全新的勞斯萊斯動力747」，開始每週兩次的航班時間表。1979年，國泰航空購買了第一架波音747-200B，並接管了飛往澳洲東部的服務。1981年，媒體開始報導國泰航空斥資4億港元訂購新型波音747-200B飛機，從香港直飛溫哥華，飛機配置最新勞斯萊斯引擎及備件。1982至1983年間，國泰淘汰了為重新進入悉尼而於1974年設計的波音707。到1983年，國泰坐擁一支由八架波音747-200B所組成的寬體客機，連同九架洛克希德三星（Lockheed L-1011 Super TriStars）的機隊。國泰航空承諾，無論任何一個服務艙的乘客，都會在飛行過程中「被九個亞洲地方優雅和美麗的服務所吸引」。首趟溫哥華服務確實是一個喜慶的場合。由國泰航空機組及地勤人員所組成的亞洲「美女」，都穿上愛馬仕設計

---

48. TNA, BT 245/1853; TNA, BT 245/1854; TNA, FCO 40/1081.
49. 《南華早報》，1982年2月13日，1。

的新制服（見第三章）。隨著溫哥華的新航線啟航，國泰還推出了一個以著名威尼斯旅行家馬可孛羅為題的新廣告活動。[50]

在國泰首航當天的整版廣告中（圖5.3 a 及 b），一個呈弧形的箭頭在太平洋的北緣連接著香港和溫哥華，該粗線條的示意箭頭強調了兩個城市之間的直達服務。國泰航空在英文廣告中說：「今天，有史以來第一次，您可以直飛溫哥華，以最快的方式抵達加拿大。」廣告亦強調乘客可以經溫哥華繼續旅程，溫哥華是國泰航空通往北美其他地區的航點：「即日抵埗後，可以馬上接駁其他內陸航機，前往多倫多、滿地可、卡加立、艾德蒙頓及其他美加城市。」航空公司的中英文廣告有著明顯的差異。為了吸引英語讀者，國泰航空不僅強調從香港到溫哥華的直達服務是史無前例的（「有史以來第一次」），而且也是無與倫比的（「僅在國泰航空」）（圖5.3 a）。[51] 而對於公司的中文客戶來說，廣告似乎強調高效的旅行安排就足夠了。從英文廣告中可見，國泰航空似乎敏銳地意識到來自加拿大航空的競爭，渴望擺脫它在跨太平洋航線上根深蒂固的特許經營權。國泰航空的時事通訊指出，新航線標誌著國泰航空「進入競爭激烈的跨太平洋市場」。為配合這項新服務，國泰航空更於溫哥華設立辦事處。[52]

加拿大太平洋航空一直以來壟斷著香港－溫哥華航線，而國泰航空進駐市場，的確對加拿大太平洋航空構成壓力。牌照局對交通流量增長的樂觀預測亦如期實現。根據香港政府數據，在1983至1984年國泰航空推出溫哥華服務期間，香港和溫哥華之間的整體客運量增長了72%。[53] 這條航線獲得空前成

50. Swire HK Archive, Cathay Pacific Airways Limited, Chairman's Statement, April 25, 1978, 3–4; Swire HK Archive, *Cathay Pacific Airways Limited Annual Report 1978*, 6; Swire HK Archive, Cathay Pacific Airways Limited, Chairman's Statement, April 17, 1980, 1; Swire HK Archive, *Cathay Pacific Airways Limited Annual Report 1982*, 5; Swire HK Archive, *Cathay Pacific Airways Limited Annual Report 1983*, 24；《南華早報》，1981年5月27日，27；《大公報》，1982年7月18日，5；《華僑日報》，1982年7月26日，5；《南華早報》，1983年4月10日，87；1983年4月19日，6；1983年5月1日，5；1983年5月2日，14；《華僑日報》，1983年5月2日，6、12。

51. 《南華早報》，1983年5月1日，5；《明報》，1983年5月1日，9。

52. Swire HK Archive, CPA/7/4/1/1/171 *Newsletter*, November 1982.

53. *HKDCA*, 1982–1983, 26; *HKDCA*, 1983–1984, 29.

功，令國泰於年底前宣布增加每週一次的直達航班。[54]服務首年，國泰航空大幅擴大市場，並在兩個方向上都輕鬆地超越了加拿大競爭對手。[55]

　　國泰航空之所以慶祝香港－溫哥華的航班服務，不單因為公司進駐了跨太平洋市場，而且因為他們成功帶出「長途旅行的新概念」。國泰航空首創香港往溫哥華的直航服務，減少飛行時間之餘，亦削減了其他航線的中途停留次數，為旅客提供更多便利，尤其是商務旅客。[56]此一壯舉不僅得益於倫敦和香港航空服務外交的支持，還有賴於國泰航空機隊的重大改造。自1970年代中期以來，國泰航空機隊的數量一直維持在十多架。到1980年代初，國泰航空逐步淘汰波音707，將整個機隊轉變為寬體飛機，全部由勞斯萊斯引擎提供動力。除了提高性能和降低耗油量外，國泰航空的機隊還擁有能夠擴大航程的尖端技術，使公司能夠提供超長途直飛航班。[57]在新的監管環境下，開放天空的政策恰逢遇上另一波技術升級的浪潮，而香港經濟騰飛，亦為國泰航空帶來足夠的客流量增長，並推動了公司的擴張。

進入帝國網絡的核心

　　恢復東澳航線、開闢跨太平洋市場，這些的確是國泰航空的勝利時刻。而讓這些成就更加深入人心的是，國泰展開該航線的同時，恰逢這家香港航空公司努力進入英國航空樞紐倫敦之際。

　　1970年代，香港官員與倫敦展開對話，討論關於兩個城市之間的額外航空服務。1979年3月23日，香港經濟局局長謝法新（D. G. Jeaffreson）致函香港和英國外交及聯邦事務部的麥若彬（R. J. T. McLaren），希望就香港和倫敦之間增加定期航班的可能性，「展開更正式的對話」。香港官員對英航的表現表示不滿，尤其是在準時方面，而媒體也有不滿的聲音。有位自稱為「常旅客」（Frequent Traveller）的《南華早報》撰稿人指責英國航空公司「因罷工、維

54. Swire HK Archive, CPA/7/4/1/1/172 *Newsletter*, November 1983；《南華早報》，1983年12月5日，40。

55. *HKDCA*, 1982–1983, 26; *HKDCA*, 1983–1984, 29.

56. Swire HK Archive, CPA/7/4/1/1/175 *Cathay News* 15 (August 1986); Swire HK Archive, *Cathay Pacific Annual Reports 1982, 1983*.

57. Swire HK Archive, CPA/7/4/1/1/175 *Cathay News* 15 (August 1968); Swire HK Archive, CPA/7/4/1/1/184 *Cathay News* 46 (January 1990).

修不善以及冷漠機艙服務而持續損失金錢和聲譽」。撰稿人比較了這家英國國有航空公司與香港國泰航空，認定英國航空公司面對「一家高效營運、能提供世界一流標準機上服務的航空公司」，並「沒有勝算」。在該報的另一份投稿中，一位「香港本土人」寫道，是時候讓「我們的旗艦航空公司——國泰航空，將旗幟帶到倫敦」了。立法局也多次對英國航空提出投訴，但公司隨後作出的改進，不足以安撫香港市民。謝法新宣稱，應該在香港－倫敦航線上引入競爭，以「提高英國航空的效率」。為了解決英國航空將問題歸咎於工業行動（工人罷工）和天氣惡劣，他認為「一家不因總部設在英國而受這些問題影響的航空公司，換句話說，一間總部設於香港的航空公司」，將能為英國航空帶來最有效的競爭。1979 年 5 月，香港經濟局再次致函英方，這次的對象是外交及聯邦事務部的海事、航空和環境部，信中表示通過詳細分析證實了當局對新服務的要求，並宣布官員「得出的結論是，應認真地探討如何讓另一家定期飛行的航空公司進入該航線的可能性」。國泰航空支持者施雅迪（Adrian Swire）去信英國外交及聯邦事務部時強調，如果國泰航空要獲得該航線的許可，將「使用勞斯萊斯引擎發動的 747 飛機」。[58]

　　1979 年 6 月 13 日，外交及聯邦事務部副次官科塔茲（Hugh Cortazzi）在與倫敦交通部同事的通信中支持香港政府的要求，認為國泰航空「獲機會在倫敦航線上競爭」，並認為英國航空公司持續壟斷的行為是「不合理的」。鑑於英國航空公司一直表現不佳，出現「一個或多個競爭對手，英國航空可能會提供更好的服務，同時促使公司作出改善」。英國外交及聯邦事務部得知其他英國營運商也有興趣於這條路線，並指出：「如果要認真地處理我們對香港的責任，我們必須承認國泰航空擁有路線的**自然權利**」（著重部分由作者標明）。這種對國泰航空於香港地位的認可，是默認了英國於倫敦和香港之間既平行而有時又互相衝突的利益；站於外交和聯邦事務部的立場，更允許了香港與倫敦之間的互惠待遇，通過航空公司將香港連接到倫敦的業務中。科塔茲指「香港市民有權享受高效率及準時的服務」，而英國航空公司未能提供這

---

58. TNA, FCO 40/1080；《南華早報》，1978 年 2 月 22 日，12；1978 年 3 月 8 日，14。 自 1970 年代初以來，國泰航空對飛機的選擇一直困擾著英國當局，尤其飛機是否使用勞斯萊斯引擎（TNA, BT 245/1723）。關於「香港本土人」一詞，見 Ku, "Immigration Policies"；Ku and Pun, "Introduction"。1971 年，香港移民法中引入「香港本土人」一詞，後來發展成為一種身份，反映英國政府移民和公民身份政策的排他性。

種服務。他建議,「如果我們繼續拒絕給予國泰航空展示競爭力的機會,將會對我們與香港的關係造成不必要的損害。」本著營運效率以及競爭精神,不應允許英國航空公司維持壟斷地位,而是讓國泰航空進駐相關市場。科塔茲續説:「消除這種特殊的不滿,也將使香港更容易接受他們在與馬來西亞和中國的航空協議內容方面,甚至是將來,可能不得不作出的任何犧牲。」這是貿易部的事,科塔茲進一步警告不要採取任何「導致與香港發生對抗或剝奪他們公平機會陳述案情」的行動。最重要的是讓香港政府放心,國泰航空「將得到與任何一間英國航空公司相同的考慮」。[59]

三間公司向英國民航局申請進駐香港和倫敦之間的市場,分別是英國金獅航空、力加(這間公司也申請了從香港出發的跨太平洋航線)和國泰航空。[60]據稱,科塔茲與他於英國航空公司的聯繫人想法一致,「最糟糕的情況是國泰被排除在外⋯⋯而金獅航空或力加航空任何一方被允許進入。」對科塔茲來説,「如果兩間航空公司分別是英國航空及國泰航空,那將是最好的選擇。」[61]然而,其他倫敦官員並不同意。貿易大臣諾特(John Nott)聲稱他不想干涉英國民航局的業務,拒絕指示該機構向「一間主要營業地不在英國的航空公司」頒發許可證。[62]

1979年10月,隨著緊張局勢升級,香港行政局聽取關於「香港與英國航空聯繫」的簡報。當中指出,由單一航空公司在洲際航線上提供定期服務並不常見,但基於「香港與英國的憲政關係」,英國航空事實上壟斷了香港與倫敦的航空聯繫。為了獲准在兩個城市之間營運定期航班,三間航空公司分別向倫敦的民航局及香港的牌照局提交了申請。這兩個牌照機構「根據不同的法定標準」運作。[63]香港法規要求所有進出香港的定期航班的營運商(港督指定航線上的英國航空除外)持有由牌照局頒發的執照。根據香港政府布政司署的説法,儘管與英國民航局有著潛在的緊張關係,但這種安排「運作得令人相當滿意」。直至1979年以前,發牌機構因沒有收過任何反對意見,未有需要舉行正式聽證會。然而,當國泰航空、英國金獅航空及力加航空申請香

---

59. TNA, FCO 40/1080.

60. TNA, FCO 40/1074(複製為 HKRPO, HKMS189-2-326);《南華早報》,1979年7月22日,11。

61. TNA, FCO 40/1075(複製為 HKPRO, HKMS189-2-327)。

62. TNA, FCO 40/1080.

63. TNA, FCO 40/1081.

港和倫敦之間的飛行執照時，問題就出現了。三份申請都遭到其他申請人以及英國航空的反對。[64]

香港政府曾試圖說服英國貿易大臣代表國泰進行干預，但以失敗告終。行政局成員受邀留意英國民航局及香港牌照局的不同聽證會，並「就香港政府是否應該提倡在香港－倫敦航線上引入第二家航空公司一事上提供建議」。[65]英國政府無需理會香港政府的要求，協助國泰航空申請，而香港當局亦不必對三份申請都予以正面評價。1979年11月，香港牌照局早於英國民航局宣布「讓很多人感到意外」的決定，因為牌照局不僅如人們普遍認為那樣授權了國泰航空，而且還授權英國金獅航空。[66]由此可見，香港當局非常謹慎地處理這次申請，在允許本地公司之餘，沒有將英國競爭對手完全拒之門外。

1980年3月17日，英國民航局宣布授予英國金獅航空經營倫敦（格域〔Gatwick〕機場）－香港航線的許可證，並拒絕國泰航空和力加航空的申請。英國民航局承認英國航空服務的不足，以及競爭的必要性，也意會到香港政府偏愛國泰航空，「因為該航空公司在香港和遠東網絡都設有基地」。就申請而言，當局信納「國泰航空是一家英國航空公司」，而且對三家申請公司的財務及營運狀況均表示滿意。然而，民航局發現國泰航空雖然是「一間優秀的區域性航空公司」，但「主要專注於亞洲航線」，並依賴持有該公司15%股份的英國航空提供支持。英國民航局進一步得出結論指，國泰航空就這條航線建議的機型波音747不合適，而DC-10等較小的飛機會更加合適。另外，國泰航空提出開通每週三班倫敦航線，也被認為是「不符合經濟效益」，因為波音747「具有非常高的盈虧平衡點」，英國民航局認為這個提議是無法實現的。儘管金獅航空和力加航空都有提議使用DC-10，但當局認為金獅航空所提供的票價類別，比起力加航空瞄準廉價市場的提議更有前景。「考慮到飛機類型和服務的銷路」，英國民航局發現金獅航空的提議最適合這條路線。當局曾考慮授權兩間航空公司，但得出的結論是，市場的規模不足以讓三間公司同時獲利。[67]

64. TNA, BT 245/1922.
65. TNA, FCO 40/1081.
66. TNA, FCO 40/1083; *HKDCA*, 1979–1980, 15.
67. TNA, BT 384/108. 另參閱 *HKDCA*, 1979–1980, 7, 15。有關英國航空公司於國泰航空股權的詳細討論，請參閱第六章。

　　英國民航局的決定於香港社會引起強烈迴響。香港當局向外交和聯邦事務部透露，港督「因群眾力量而受到嚴重困擾」。太古公司不僅向行政官僚明確地表達了他們的「憤慨」，而且還去信英國國會香港事務小組主席 Paul Bryan 議員，強調國泰航空承諾投入使用勞斯萊斯引擎飛機，對英國經濟作出很大的貢獻。[68] 資深立法局議員張奧偉亦表贊同。3 月 27 日，張奧偉向立法局發表的講話中，以國泰航空購買價值數千萬英鎊的勞斯萊斯引擎為由，質疑倫敦的英國民航局何以「忘記互惠原則」。在英國航空壟斷航線 30 年後，英國民航局「於這條航線上增設第二間英國航空公司」，而非透過授予國泰航空牌照來作出回報。張氏不接受英國民航局的理由，並認為英國民航局的理由毫無說服力。國泰航空擬用的波音 747 服務符合民航局的交通模式（「週末兩端的高峰及於週中出現放緩 …… 非常高的季節性需求」），卻遭英國民航局漠視。他認為「這個決定是具政治考量的」。張氏認為，倫敦需要糾正這種情況。香港「有意識地培養了購英國貨的情操」，但這種情操猶如「一朵脆弱的花朵」。儘管香港相信「英國的誠意」，但英國民航局的決定讓人懷疑英國是否有實踐其所宣揚的主張。張氏現在只能「期望明智的建議會佔上風，以免（香港對英國的）情操退減」。[69]

　　多方也表達不滿。持有國泰航空 25% 股權的香港上海滙豐銀行去信港督，對英國民航局的決定表示「失望」，稱其理由「沒有根據，完全不能接受」。該銀行從更根本的層面質疑英國民航局在授予航空交通權方面，為何可有異於「國際公認的互惠原則」。在致諾特的信件中，香港總商會稱讚以香港為基地服務廣泛國際網絡的國泰航空，服務「首屈一指」。對民航局的決定，商會表示擔憂「英國於香港及亞洲周邊地區的發展」。在給諾特的另一封信中，貿易發展局呼籲關注香港與英國之間的「特殊關係」，並要求諾特支持「香港的正當訴求」。[70]

　　香港華人社區就英國民航局對待國泰航空的方式，也表示強烈的不滿。香港中華廠商聯合會就這一決定「表示遺憾」，認為英國政府不允許一間以香港為基地的航空公司提供香港－倫敦航線服務「令人沮喪」，尤其是香港為了改善與英國的貿易形勢作出了巨大的努力之後。英國政府基於「國內壓力及

68. TNA, FCO 40/1183.
69. 香港立法局，1980 年 3 月 27 日，673–74；《香港工商日報》，1980 年 3 月 28 日，8。
70. TNA, FCO 40/1183。有關滙豐對國泰航空股權的詳細討論，請參閱第六章。

本身利害關係」，未有考慮香港的利益。英國民航局拒絕國泰航空的申請，令人質疑「在英國政策中香港利益所佔的份量」。香港工業總會就其成員認為英國對香港的「不合理待遇」表示「深度關切」。另一華商協會對國泰航空不敵英國金獅航空感到「震驚」。香港管理專業協會稱英國民航局推翻香港牌照局的決定，「完全漠視本港經濟利益，歧視本港之地位，更是濃厚殖民地主義者的反映」。香港塑膠業廠商會譴責英國「無視正常的貿易互惠」，並且完全忽視了「香港與英國的貿易關係」。另外，製衣同業工會以及外匯銀行公會也提出了投訴。[71]

　　媒體的評價亦變得尖銳。一個粵語電話廣播節目記錄了來電者不滿英國民航局的決定，說話中充斥著「剝削」、「歧視」、「貪婪」、「二等公民」、「壓制」和「出賣」等指責字眼。16家中文日報和4家英文日報（總發行量超過100萬份）的社論都譴責英國民航局的決定。《南華早報》評論指，「倫敦無恥地濫用帝國特權，將香港的航空公司拒之門外，讓兩間英國航空公司分別經營倫敦航線。」《華僑日報》評論指，這個「違反常理」的決定會「破壞香港與英國的良好關係」。提到1972年聯合國（應中華人民共和國要求）將香港從殖民地名單中除名的問題，《明報》針對以香港作為殖民地為前提的決定的矛盾，將這場歧視提升至政治層面。《東方日報》甚至將這個決定形容為「英國帝國主義態度無視香港利益的證據」。《香港工商日報》更進一步，指有人說：「在英國人的眼中，香港祇是一隻會生金蛋的雞。祇要這隻雞不斷的生蛋，其他就不必理了。」親北京的《文匯報》指，英國民航局的決定背後唯一可能的解釋是偏袒。港督麥理浩指，就在國泰航空和金獅航空都獲得牌照局的許可後，英國民航局「未能授予國泰航空牌照」引發了「令人驚訝及史無前例的」抗議，而這些反對聲音就在社區當中擴散。[72]

　　港督指，香港有許多人將英國民航局的決定解釋為「英國利用與香港的憲法關係的一個例子」。他注意到「官員及商界」出現不滿，指責英國從「香港牌」中獲得了全球航空服務協議的好處。國泰作為「香港的航空公司」，理

71. TNA, FCO 40/1183；《香港工商晚報》，1980年3月29日，1；1980年4月2日，2；《大公報》，1980年3月29日，4；1980年4月2日，5；《華僑日報》，1980年3月29日，22；1980年4月2日，5。

72. TNA, FCO 40/1183；《香港工商日報》，1980年3月23日，2；《南華早報》，1980年3月18日，2；《華僑日報》，1980年3月21日，2。

應享有一些互惠。對公眾來說，英國民航局的決定強調了「殖民地位更異常的一面」。由於香港的局勢「與另一個華人國家新加坡形成鮮明對比」，他們經常有飛往倫敦的航班，因此香港的輿論特別尖銳。港督警告，如果維持這個決定，「反動浪潮可能會比他經歷過的任何類似運動都要來得強烈。」[73]

緊接而來的是一個具爭議但迅速的上訴程序，國泰航空和力加航空都對民航局的決定提出異議。為了支持國泰航空的案件，香港政府引述公眾的反應，這些回應「來自社會各界（不僅僅是大班及香港機構）」。香港人對「殖民主義」的態度表示不滿，認為在英國剝奪國泰航空飛往倫敦的互惠權利（「這些權利是其他國家可以享有的」）時，這種態度表露無遺。香港政府表示，這種公眾的強烈抗議將會令往後更難「在重要合同上作出有利英國的決定」。香港政府強調「向一間容易招惹香港社會輿論的本地航空公司發放牌照背後的無形利益」，並承認香港在財政和經濟方面可享受的利益。憑藉國泰航空在香港的營運經驗及在遠東的聯繫，這間「香港旗艦航空公司可以將交通集中到香港－倫敦航線上」。波音747還能夠以最小的壓力，應付格域機場和啟德機場過度擴張的運力，從而應對不同的交通需求。力加航空瞄準廉價市場的建議，能迎合香港自由經濟心態，但香港政府質疑力加航空的成本和市場預測。因此，香港政府認為授予國泰航空不限頻率的牌照，同時拒絕英國金獅航空和力加航空的決定是恰當的、「唯一符合案情並符合法定要求的解決方案。」[74]

在英國民航局做出初步決定的三個月後，英國政府宣布改變主意。1980年6月17日，諾特指示英國民航局向國泰航空和力加航空頒發執照，主要是基於競爭理由，以及後者提出的低票價。諾特在6月12日通知英國首相時

---

73. TNA, FCO 40/1183。早於國家獨立之前，新加坡就開始在航空交通權的談判中主張其自主權（TNA, FO 371/127676）。為這新興產業，英國官員促成了新加坡與東南亞及澳洲的聯繫（TNA, FCO 141/15127）。諷刺的是，英國海外航空和澳洲航空都曾為新加坡航空公司的前身提供了重要幫助，但最終卻阻撓了該航空公司的航線擴張（Hickson, *Mr. SIA*, 82）。儘管如此，馬新航空終於在1971年開通了從新加坡到倫敦的航線（《海峽時報》，1971年6月4日，1）。早於1967年，該航空公司便已開始通往悉尼的包機服務（《海峽時報》，1967年4月6日，15）。雖然新加坡航空公司在悉尼和倫敦的首航服務上，分別比國泰航空領先7年及9年，但引入波音747後，這兩間航空公司都同時在1983年打入北美市場（《海峽時報》，1983年5月7日，12）。

74. TNA, BT 384/108.

稱，倫敦和香港之間的航線「在現代航空界是獨一無二的，因為它在兩個英國點之間運行……因此專供英國的航空公司使用。」諾特解釋指，香港政府曾敦促他指示民航局向國泰航空頒發執照，以平息香港對最初決定的強烈不滿。諾特決定不將力加航空排除在外，他相信力加航空的提議將會打開「屬於價格範圍底端的未開發市場」。因此，他裁定支持四間航空公司，分別是已獲得執照的英國航空及英國金獅航空，以及上訴得直的國泰航空及力加航空。[75]

　　諾特選擇在倫敦香港協會所舉行的龍舟晚宴上公開他的決定。他認為在座的都是務實人士，「對於他們來說，旅行的浪漫，不如準時到達，而且能為乘客提供物有所值的高效服務也十分重要。」他聲稱對國際民用航空的嚴格監管不滿意，並指一個「更自由的市場環境」能為消費者和政府提供更好的服務。諾特在公開聲明中表示，相信他的決定將受到廣大航空旅客的歡迎，特別是「在香港，競爭自由是香港經濟成功的基石之一」。[76]

　　港督麥理浩亦選擇在公開場合表示：「我多麼高興，香港多麼高興，我們**自家的航空公司**終於獲准飛往倫敦。」（著重部分由作者標明）《星島晚報》認為，英國推翻這一決定對於幫助消除倫敦和香港之間的不和，使雙方有更密切的合作具有重要意義。雖然《明報晚報》對本地航空服務的重大利好並不樂觀，但社論卻特別看好修訂後的決定對港英關係的意義：「我們不再是港英關係的『籌碼』，以往我們永遠是輸家，英國則永遠是贏家。」《東方日報》似乎對這四間獲批的航空公司之間不可避免的激烈競爭持謹慎態度，但表示希望英國會精明地比較香港和新赫布里底群島兩者所帶來的經濟利益，後者指的是於政治上陷入困境的南太平洋群島，它於1980年宣布脫離英法獨立。[77] 從中文報紙的反應來看，爭奪「香港航空公司」象徵著香港爭取倫敦尊重的一役，畢竟香港已經從一個依賴性強的殖民城市，發展成為一股不可忽視的力量，不再滿足於被視為與英國政府打交道的二流角色。

　　本地社會認為國泰航空獲得倫敦航線的牌照是正確的。經過一輪漫長而激烈的角逐，國泰航空和英國金獅航空終於分別在1980年7月及8月，開通了往來香港和倫敦的定期航線，結束英國航空對該航線長達三十多年的壟

75. TNA, FCO 40/1184.

76. TNA, BT 384/108.

77. TNA, FCO 40/1184.

斷。國泰航空急於慶祝這次重大勝利，於是整合資源並在1980年7月16日推出服務，距離國泰獲得上訴成功的通知，還不夠一個月。[78]

　　1980年7月16日，國泰航空在《南華早報》和本地中文報紙《華僑日報》上刊登了整版廣告（圖5.4a及b）。這間總部位於香港的航空公司自豪地宣稱「承蒙久候　國泰今天首航倫敦」。中文報紙的廣告還補充說，國泰航空的華籍工作人員將在倫敦格域機場協助旅客辦理入境手續，以便為他們到達後提供無語言障礙的體驗。[79]另一家中文報紙的一篇文章，標題強調了首航的意義：「打破壟斷局面，爭奪航權成功。」為了慶祝公司時事通訊中所稱的「公司近年來最具歷史意義的時刻」，國泰航空以香檳款待首航航班乘客。董事總經理麥理士（H. M. P. "Michael" Miles）於機上雜誌向乘客致辭一頁，講述了國泰航空所經歷的困難，並感謝「香港市民和我們在世界其他地方的許多朋友的大力支持」，這些支持促成了「香港的航空公司獲得執照」。隨著國泰航空「走出傳統的亞洲－澳洲－中東營運區域」，麥理士承諾會維持和提升國泰航空這間「令香港引以為傲」的航空公司的聲譽。[80]

　　新服務令客流量大幅增長，致負載率高企。競爭亦提高了服務與準時的標準。在香港民航局局長的年度講話中，他稱這項新服務「從公眾利益的角度來看，可能是年內最重大的發展」。他匯報「各種幾乎令人眼花繚亂的低票價」，這有助於快速地開發香港－倫敦航線，而且「比大多數人預期的更快」。[81]國泰航空迅速增加航線的班次，以應付顯著上升的需求。到1980年12月，國泰航空已將每週服務從三班增加到四班；到了1981年1月，服務的頻率增至五班；6月30日，航空公司開始提供每日服務。[82]競爭令客流量激增。1980至1981年的半年期間，當英國金獅航空和國泰航空公司開始為這條航線提供服務之際，香港和倫敦之間的客運量大幅增加了89%。在如此強勁的表現之後，隨後一年實現了35%的持續增長。1980至1981年，隨著英國航空結束壟斷航線，它的客運量份額下降至63%。一年之內，國泰航空的業務增長至英

78. Swire HK Archive, *Cathay Pacific Airways Limited Annual Report 1980*, 5.

79. 《南華早報》，1980年7月16日，4；《華僑日報》，1980年7月16日，13。

80. Swire HK Archive, CPA/7/4/1/1/168 *Newsletter*, January 1981；《香港工商日報》，1980年7月16日，5；《大公報》，1980年7月15日，4；1980年7月16日，4；1980年7月17日，5；《華僑日報》，1980年7月16日，5。

81. *HKDCA*, 1980–1981, 18, 21.

82. Swire HK Archive, *Cathay Pacific Airways Limited Annual Report 1980*, 5.

國航空的78%。1981至1982年，國泰佔市場份額36%，排第二位，而英國航空的市場份額則進一步下降至47%。[83]統計1982年的結果時，國泰航空的雙向乘客數量已超過英國航空。[84]

然而，當時尚有問題仍未解決，雖然力加航空得到英國民航局的批准，但香港牌照局早於1979年11月拒絕了力加航空的申請。儘管民航局長對力加航空的新低票價表示讚賞，但這家以「被市場遺忘的基層市民」為目標的航空公司，繼續被排除在香港－倫敦航線之外。香港牌照局堅決拒絕力加航空的申請，理由是市場需求無法證明提供超過三家公司服務的合理性。諾特推翻了民航局原決定後，香港政府曾支持力加航空申請開通這條航線，但牌照局在香港法官面前行使了其獨立性，而條例亦沒有容許港督對牌照局提出上訴或指示的規定。[85]

力加航空的情況，凸顯了英國民航局與香港牌照局之間的潛在衝突。在審查力加航空申請的過程中，香港當局改變了與英國政府的關係，尋求更加對稱的待遇。內閣大臣注意到雙重許可程序，於是向首相表示，香港的「航空運輸規定有些陳舊」，但警告說如要作出有利於力加航空的改變，則「要付出代價」。他進一步向首相轉達了香港政府的信息：「不能指望香港的行政局同意修訂條例以提供上訴⋯⋯除非英國航空公司失去香港發牌程序的豁免資格。」這個豁免安排是香港政府在1964年授予英國航空公司的，在當時是一個敏感的話題。儘管英國航空仍然是一家國有公司，但為了成為戴卓爾夫人（Margaret Thatcher）大規模放鬆管制運動的一部分，這間公司考慮私有化。倫敦的外交機構很清楚，若果英國航空公司不再是一家國有公司，就會有失去香港政府授予特權地位的風險。首相被勸告「不要為了讓力加航空進駐這條路線，犧牲了英國航空本來擁有的豁免」。[86]

1981年7月17日，戴卓爾夫人致函力加航空創始人力加（Freddie Laker），重申英國政府致力於「加強航空公司之間的競爭和將航空打造成英國工業中

83. *HKDCA*, 1979–1980, Appendix VI; *HKDCA*, 1980–1981, 18, 21, 24–25; *HKDCA*, 1981–1982, 24–25.

84. Exhibit CX-1。1983年5月14日，國泰航空向香港牌照局申請以每週一班的頻率，於香港－巴林－倫敦（格域）往返航線上營運B747客機，巴林則作為可選的交通站（JSS, 13/2/12/2 London Route Correspondence）。

85. TNA, BT 245/1922; TNA, BT 384/108; TNA, FCO 40/1184.

86. TNA, BT 245/1854; TNA, BT 245/1922; TNA, BT 245/1923; TNA, PREM 19/1414.

一個強大的獨立行業」。她承認英國政府可以將力加航空引入香港－倫敦航線，儘管代價是「嚴重威脅英國航空公司的航線可能被撤出香港以外」。她特別指出國泰航空有意接管英國航空公司的航線，尤其是香港－約翰內斯堡航線。戴卓爾夫人告知力加，她「不像（力加）那樣樂觀地認為現有航空公司的利益」會受到保護。她承認，「如果香港的法規能反映英國的系統，就會像民航局偏袒英國航空公司一樣，偏袒任何一家香港航空公司。」最後，戴卓爾夫人支持了政府大臣的結論——「不值得付出代價」。在給力加航空的第二封信中，戴卓爾夫人再次承認英國的規則存在偏見，認為「只要情況維持不變，就很難反對香港發牌程序中的反向偏見」。[87]

由於航空業放鬆管制為競爭敞開大門，國泰航空和力加航空都嘗試過擴大網絡範圍。然而，一如香港－倫敦航線的艱苦鬥爭所顯示，放鬆管制過程中仍潛藏著嚴重的局限性。發牌當局在審批新營運商時保持警惕，並繼續實行國家保護主義。就香港和國泰航空而言，訴訟程序使香港當局與倫敦的同僚對立。在放鬆管制的自由化氛圍中，戴卓爾夫人和英國政府注意到一貫安排的某些不對稱性，並默許了香港行使更大控制權。

隨著國泰航空和英國金獅航空進駐了香港—倫敦市場，力加航空繼續向民航局申請從倫敦出發的服務許可證，但目的地僅限於阿拉伯聯合酋長國的沙迦，即原來建議中前往香港航線的連接點。英國航空進一步投訴競爭對手於香港—倫敦航線的中點權利（國泰航空為巴林，英國金獅航空為阿布扎比）。爭鬥依然繼續，但對於同樣申請了飛往加拿大和美國西海岸的跨太平洋許可證的力加航空來說，因公司於 1982 年初次陷入財務困境，戰鬥已經結束。[88]

延續中國夢

國泰航空入駐倫敦市場，反映了公司在香港和倫敦擁有成功的遊說力。然而，國泰航空在這個市場上的成就，導致另一項業務變得複雜。就在譜寫

87.　TNA, BT 245/1923; TNA, PREM 19/1414.

88.　TNA, BT 245/1854; TNA, BT 384/113; TNA, PREM 19/1414; *HKDCA*, 1980–1981, 18。　早於 1976 年 11 月起，國泰航空提供經曼谷到巴林的服務（《南華早報》，1977 年 8 月 10 日，21；1977 年 8 月 22 日，36）。

香港－倫敦航線的傳奇故事之際，中國開始開放自1950年代初以來，幾乎拒絕所有外國航空的市場。1977年底，最初的提議是採取簡陋形式，開辦從上海到香港的不定期航班，運送易腐爛的食品，尤其是淡水蟹。[89] 在接下來的幾個月裡，英國官員聯繫中國官員，以作出更正式的安排。

當時，中國內地市場的前景廣闊，但英國倫敦及香港的官員不得不謹慎地處理局勢，以保護他們所珍視的另一個市場——台灣。台灣航線為商業航空公司帶來巨額利潤。對於國泰航空而言，截至1978年3月31日止的年度，台灣航線的收益總計8,000萬美元，佔公司總收益的27%。如果無法飛往台灣，國泰航空將面臨嚴重的財務後果。[90]

中國內地政府態度強硬，堅持要求英國政府發表正式的公開聲明，其中確認中英之間的協議是國家之間的協議，而港台航班是「非政府的區域航空交通」。中國政府更堅持，英國政府不得承認台灣所負責的中華航空公司飛機上的標誌是「國家標誌」，或承認中華航空公司是一間「代表國家的航空公司」。中國內地當局還要求更多規定，如啟德須為中國的航空公司提供優先權。由於日方曾對北京作出類似的讓步，導致1974年4月至1975年9月期間，有一年多的時間飛往台灣的航空交通被停止了，英國官員猶豫應否否認中華航空公司的國家地位。最後，台灣和日本當局向航空公司以私營公司的身份頒發經營許可證，以代替政府之間的任何正式航空服務協議，日本航空公司開設了一間空殼公司，名為日本亞細亞航空公司，營運日本－台灣航線。此空殼公司屬全資子公司，只有單一目的地。[91]

英國和中國內地的外交官，分別致力為他們的航空公司確保航線，他們同意明確區分北京－倫敦航線與香港－台灣航線的等級制度，前者為兩國政府之間的航空服務協議，後者則為航空公司之間的協議；形成營運中英幹線航線的國有航空公司，與往返香港和台灣的私人航空公司的對比。這一安排為

---

89. TNA, FCO 40/791.

90. TNA, FCO 40/984（複製為 HKPRO, HKMS189-2-260）；TNA, FCO 40/985（複製為 HKPRO, HKMS189-2-261）。自1965年以來，有關國泰航空能否同時服務台灣及中國內地市場這問題，一直困擾著國泰的管理層及英國當局（TNA, BT 245/1060）。

91. TNA, FCO 40/985; JAL Group News, "Planned Integration"; Hsiao, *Foreign Trade of China*, 68。1990年代初，澳航也成立了子公司澳亞航空公司，服務台灣航線（《坎培拉時報》(*Canberra Times*)，1991年10月12日，16）。同樣地，英國航空公司成立了英國亞洲航空公司，營運飛往台北的航班（《獨立報》，1993年4月23日；1996年9月14日）。

進一步的談判鋪平了道路。英國談判代表面臨的風險不僅是為了點對點的聯繫,他們還急於獲得北京的許可,允許英國航空公司飛越中國,連接香港。據估計,這種便利可以在1978年所提供的服務模式上,每年節省200萬英鎊。到1979年4月,雙方對公告的字眼才達成一致共識:

> 中華人民共和國政府和大不列顛及北愛爾蘭聯合王國政府已按照 1972年兩國之間關於將外交關係提升至大使級外交關係水平的協議 中所規定的原則,處理兩國之間的定期航空交通事宜。中華人民共 和國政府和大不列顛及北愛爾蘭聯合王國政府之間的航空服務協議 是兩國之間的協議,而香港和台灣之間的航空公司是在非政府安排 下營運的。

最終,經過於北京歷時十週的馬拉松式會議後,英國和中國的談判代表達成 了一項中英航空服務協議,該協議是由毛澤東指定接班人、中華人民共和國 名義領導人華國鋒於1979年11月到訪倫敦期間簽署的。[92]
　　由於中英雙方在主權問題上處理得十分微妙,所以這份航空服務協議中 根本沒有具體處理到香港,這是在航空服務領域的一個關鍵問題。如果香 港處於中國主權之內,只要得到中國政府的支持,中國航空公司就可以自 由地營運香港與中國其他地區之間的所有服務。中國談判代表質疑區域航 線協議中提到「領土」的字眼,他們不允許任何暗示香港屬於英國領土的説 法。雙方最終達成了「提及『領土』的理解……絕不會損害任何政府在香港地 位問題上的立場」。隨著談判持續,中方甚至提出在協議的英文文本中使用 「Xianggang」而不是「Hong Kong」的拼寫。協議最終維持「Hong Kong」的字 眼。整個討論充斥著領土主張。通過明確的空中連接權,中國當局急於宣布 他們對連接點的領土主權。[93]
　　在承認(並迴避)對方的主權主張後,雙方達成了切實的妥協。他們準備 了兩份機密的諒解備忘錄,以配合航空服務協議。一份處理倫敦-北京幹線 航線,另一份則處理香港-中國區域航線。英國政府並不關心區域航線是否 包含在航空服務協議本身中,更重要的是倫敦官員而非香港官員保留了談判

---

92. TNA, FCO 21/1712; TNA, FCO 40/985; TNA, FCO 40/1077; TNA, FCO 40/1079; TNA, FCO 76/2274;《南華早報》,1979年7月27日,1。

93. TNA, FCO 40/1078; TNA, FCO 40/1079。

的控制權，正因為關於香港的航空交通權是「一般航空服務談判中最有力的討價還價籌碼之一」。[94]

針對區域航線，北京允許「以香港為基地的航空公司」佔香港–上海航線的三分之一，以及一旦英國航空公司停止為經香港的倫敦–北京航線提供服務後，香港在香港–北京的航線上，將可獲得不確定的份額。中國國家主管的中國民用航空局（下稱中國民航局）控制了北京、上海及其他四個城市（後來擴大到七個城市）與香港之間的交通權，以作為交換條件。[95]

即使在這些協議的談判結束之後，在執行上也只是片面和具激烈爭議的。在有關倫敦–北京航線的諒解備忘錄上，允許中英各方每週營運兩次，但實際上，市場需求幾乎無法支持每方在1980年11月開始提供的一班服務。在另外的航線上，中國民航局的航班數量激增，而國泰的服務則局限於每週幾班往返香港和上海的航班。儘管國泰於1981年2月開始在香港和上海之間提供服務，但亦僅限於每週兩班的波音707航班。還有一個重大且無法預料的複雜情況：在諒解備忘錄上有關管理區域航線的條約，規定獲英國政府指定於香港和上海之間營運的香港航空公司，不能在香港和倫敦之間飛行。中國政府一直堅守這項規定，以免英國的航空公司提供中國民航局無法比擬的上海–倫敦之間的直航服務。[96]

國泰航空的問題就在這裡。英國政府已正式指定國泰航空成為香港–上海航線的英國香港航空公司，但國泰航空隨後獲得香港–倫敦航線的批准，該航線於1980年7月開始服務。中國當局對國泰產生懷疑，甚至在早於國泰開始營運香港–倫敦航線之前。中國質疑國泰的網絡擴張及其與英國航空公司的關係，尤其是在股權方面。國泰航空從香港飛往倫敦的首航一個月後，中國當局暫停了它飛往上海的服務。已繳費的乘客獲退還未經使用的機票的款項。為了安撫北京，國泰航空曾提議重啟其全資子公司，即已停業了一段時間的香港航空（見第二章）。國泰的議案規定，香港航空可以從國泰航空租

---

94. TNA, FCO 40/1078.

95. TNA, FCO 40/1078; TNA, FCO 76/2273; TNA, FCO 76/2274。1980年4月17日，國泰航空董事長在年度聲明中指，國泰航空已「正式成為指定香港—上海航線」的承辦商（Swire HK Archive, Cathay Pacific Airways Limited, Chairman's Statement, April 17, 1980, 3）。

96. TNA, FCO 40/1182; TNA, FCO 76/2273; TNA, FCO 76/2274; Swire HK Archive, Cathay Pacific Airways Limited, Chairman's Statement, March 25, 1982, Schedule C.

用飛機，往返香港和上海。然而，中國政府並不接受這種安排。為了向北京提供進一步的保證，國泰航空承諾不會銷售倫敦至上海的機票。[97]

英國政府致力在中國內地和香港之間實現更公平的航空交通份額。由於國泰航空在香港和倫敦之間的服務仍然存在問題，為英國的進程帶來新的複雜性。討論持續拖延，中國政府拒絕正式接受英國指定國泰航空提供香港-上海航線，但允許這間總部位於香港的航空公司暫時繼續營運該航線。儘管英國政府認為這個安排不能令人滿意，但他們仍然希望能延長服務。[98]然而，當國泰航空繼續提供服務，又進一步加劇了這種交通失衡。1981年1月，中國民航局通知香港當局，中國航空公司計劃營運「不少於242班往返航班」，其中包括108班定期航班、123個額外航段和11班內地與香港之間的包機航班。相比之下，國泰航空僅在2月份申請了營運四項包機服務。顯然，交通模式出現嚴重失衡。情況如此嚴重，麥理浩去信外交及聯邦事務部，建議如果中國當局「對落實地區諒解備忘錄完全沒有反應」，英國應重新考慮應否延長中方的許可證。[99]

據英方統計，在1981年結束時，中國民航局每週從7個城市提供42班定期航班，並在當年另外提供了1,700個航班，為中國航空公司帶來了3,550萬美元的收入。相比之下，國泰航空每週兩班往返香港和上海的定期航班僅產生了300萬美元的收入。情況更壞的是，中國民航局將連接香港、上海和北京的航班延長至南京和天津，並在這些城市中途停留四個小時，這引發英國政府於1982年投訴中國違反協議。[100]一如麥理浩於1981年11月所作的解釋，「香港的主要目標」是在上海和北京航線上，為國泰航空和中國民航局「實現合理但不一定精確的平衡」。為什麼英國如此關注國泰航空應該要在香港-上海及香港-北京的交通中佔有公平的份額？這項業務可能看起來微不足道，但該市場正在快速增長。事實上，對於某些英國談判代表來說，情況似乎非

97. TNA, FCO 40/1182; TNA, FCO 76/2273; TNA, FCO 76/2274；《香港工商日報》，1980年8月17日，8；《華僑日報》，1980年8月17日，5。
98. TNA, FCO 76/2275.
99. TNA, FCO 76/2033.
100. TNA, FCO 40/1478.

常嚴峻，導致他們考慮向北京政府提出一年通知，要撤回有關管理區域服務的諒解備忘錄甚至整份航空服務協議。[101]

雖然英國強硬的談判策略存在威脅和不少考量，但英國政府和香港當局同時專注於一個更深遠的問題——香港的未來。有人呼籲要謹慎行事，避免「在就香港未來的高度敏感問題進行談判的同時，冒上與中國在航空服務問題上攤牌的風險」。[102] 1982 年 11 月，內閣大臣去信外交及聯邦事務部，副本發信至首相，要求就航空服務討論作出指示，以免「冒著損害首相準備進行的更廣泛談判的風險」。[103] 其他人則建議英國不要讓中國人相信他們是可以欺負的角色：「如果英國被視為已經無力支持香港的航空利益，那將是香港未來的不祥之兆。」這兩個問題是錯綜複雜的。1982 年 3 月，一位駐北京的英國外交官去信外交及聯邦事務部，指「困難的根源（和中國民航局的阻撓）是香港的身份地位問題（中國民航局說它是中國的一部分，因此，互惠互利的原則不適用於『區域』服務！）」。這位外交官警告說，如果英國政府未能抵制「延續中國民航局獨特優勢」並為香港航空公司尋求互惠，「對 1997 年的影響是不祥的」。[104]

港督麥理浩顯得更加謹慎。1982 年 4 月，他寫信提醒他在倫敦的同僚，他們「從未聲稱在區域服務上實行互惠原則」，而國泰航空引入倫敦航線令情況變得模糊。然而，他建議英國談判代表可以指出，中國政府在與香港的商業關係中採取的強硬策略可能會削弱公眾的信心。首要問題是明確的：「在外交部可能認為是主權問題的問題上，與中國民航局攤牌顯然是有風險的。」麥理浩總結道：「我不同意……在這個時候避免爭論會損害更廣泛的談判，雖然這對國泰不利。」因此，他主張不要因為期望提高國泰航空在航空交通的份額，向中國發出最後通牒，「歸根結底」，更廣泛的談判對「香港政府和太古公司」都更重要。[105]

負責亞太地區的助理次官唐納德（Alan Donald）將香港與中國之間的航空服務問題，描述為「香港地位的奇怪之處」以及英國在當時因「中國需要香港」

---

101. TNA, FCO 21/2154; TNA, FCO 21/2155; TNA, FCO 40/1478; TNA, FCO 76/2034; TNA, FCO 76/2274.
102. TNA, FCO 76/2272.
103. TNA, FCO 40/1478.
104. TNA, FCO 21/2154.
105. TNA, FCO 21/2154.

而獲得的優勢。然而，這個問題需要在外交討論中「採取一些謹慎的步驟」，以便雙方都無需面對「敏感的主權問題」。他警告，中國已經通過聲稱擁有主權而獲得航空服務的利益，但英國談判代表需要避免這種情況，蔓延到1997年後香港問題更廣泛談判的氣氛中。「只要我們還在為未來討價還價」，政治考慮將繼續限制他們在航空服務討論中的強硬姿態。他預先警告指，討論不會於戴卓爾夫人1982年9月的訪問時結束，「因此這種不肯定性可能會持續數月甚至數年。」[106]

接下來的幾年裡，這個預言應驗了。國泰航空與中國民航局之間的客流量不對稱現象依然存在。在截至1983年3月的一年中，中國民航局將香港與許多中國內地城市連接起來，運送了約25萬乘客往來啟德。同一時期，國泰航空在上海航線上處理了約17,000名乘客，這是他們唯一連接香港和內地的航線。[107]儘管國泰航空前往上海的客流量有所增長，但次年的情況也是類似。[108]

1984年12月，英國與中國政府簽署《中英聯合聲明》，解決了1997年後香港前途的問題。附件一第九節表達了維持香港作為國際及區域航空中心的意圖，並明確規定「在香港註冊並以香港為主要營業地的航空公司和與民用航空有關的行業可繼續經營」。該條款賦予香港在航空服務協議談判中的自主權，但香港與中國其他地區的航空聯繫，將由北京當局與香港政府協商決定。內地與香港之間的此類連接，將由「在香港特別行政區註冊並以香港特別行政區為主要營業地的航空公司和中華人民共和國的其他航空公司」提供。[109]倫敦官員明白他們需要「釐清航空服務協議，其中包括往返香港的路線以及往返倫敦的路線，以便香港擁有一套自己的獨立協議」。《中英聯合聲明》中非比尋常的規定是，香港的航權將提供給以香港為「主要營業地」的航空公司，而不是那些傳統要求能滿足實質股權和控制的航空公司。這一安排使當時未能聲稱其最終控制權在香港的國泰航空得以繼續營運。[110]

---

106. TNA, FCO 21/2155.

107. *HKDCA*, 1982–1983, 26.

108. *HKDCA*, 1983–1984, 29.

109. TNA, FO 93/23/75.

110. TNA, BT 245/1968.

　　合資格公司因此獲得新定義，令香港的競爭白熱化。曾通過香港航空與太古進行競爭的怡和洋行，於 1970 年代後期已重新露面，並派代表團前往北京討論中國的民航服務。[111] 1980 年代中期出現的是一批新的航空公司。1985 年 7 月，香港政府匯報指，除了香港的長期承運商外，增加了多達三間以香港為基地的航空公司，希望能夠為中國內地提供服務。[112] 其中，港龍航空於 1985 年 12 月取得香港牌照局的牌照，經營香港與中國八個城市之間的定期航班。這間新成立的承運公司於 1985 年 7 月取得航空經營人執照，並隨即提供往返廈門的不定期航班服務。[113]

　　與此同時，客流量增長的承諾終於實現。民航處處長報告說，香港與中國內地之間的旅客旅行次數顯著增加。1985 年 4 月，國泰航空終於開始了第三個每週往返香港和上海的航班。1985 年 7 到 10 月期間，國泰甚至可以在同一條航線上每週增加一次航班。1985 年 7 月至 1986 年 3 月期間，國泰期待已久的香港—北京航班亦取得了成果，儘管是不定期航班。中國民航亦不甘落後，通過提高頻率和更大的飛機，增加了定期航班的運力。在截至 1986 年 3 月的一年中，這間中國運營商的非定期客運服務亦增加了 150%。[114]

　　中國不僅在地區而且在全球範圍內都擁有巨大的商業航空增長潛力。香港處於利用這機會的最佳位置。儘管如此，國泰航空經過多年的奮鬥，打進中國大陸這個新興市場，似乎比過往將業務範圍擴展到澳洲、北美和歐洲的既定地點更加困難。

＊　　＊　　＊

　　在這個關鍵時刻，香港成為了一個商業航空樞紐。憑藉服務東南亞地區和遠程連接澳洲、歐洲和北美，香港的地理位置繼續發揮重要作用。然而，只有在有利的政治環境下，這個樞紐內自身的營運商才能充分發揮潛力。非殖民化推動了東南亞的地緣政治發展，但推動自治的力量並不適用於所有地方。1970 年代，英國不僅仍然在香港實行殖民管治，而且香港當局還設法從

---

111. TNA, FCO 40/983; TNA, FCO 40/984; TNA, FCO 40/1077; TNA, FCO 40/1078; TNA, FCO 40/1079.

112. TNA, BT 245/2048.

113. *HKDCA*, 1985–1986, 7, 23, 26.

114. *HKDCA*, 1985–1986, 23.

倫敦手中，至少在商業航空領域上，奪取更多權力。本章討論的重疊路線，揭示了倫敦與英屬香港在那個時代的多方面關係。英國政府繼續協助這間香港航空公司重返澳洲和向北美擴張，但也同時努力保護總部位於英國的英資公司權益。

香港及東南亞區域中其他地方的經濟起飛，令香港於商業航空領域的雄心變得更加堅定。與此同時，什麼構成「英國」或「本地」這問題變得更加流動和動態。隨著本地勢力（或者更準確地說是香港本地的英國勢力）站穩腳跟，倫敦的權力逐漸被削弱。這種現象在商業航空領域最顯著的表現是，英國航空公司把往返悉尼的航線讓給國泰航空，以及英國指定國泰營運香港–溫哥華航線。最具標誌性的，當然是國泰航空倫敦航線的開通，結束了英國航空壟斷香港–倫敦航線。這些路線當然具有劃時代的意義，但實現香港對這些航道的控制，卻是一個相當漸進的過程。1960年代初期，英國海外航空在香港的航空客運和航空貨運量中的份額，徘徊在兩位數的低位。到1970年代初期，相應的百分比已降至個位數。到1982年，英國航空公司僅佔啟德客運及貨運量的3%。[115]

英國航空公司壟斷香港–倫敦航線因競爭而結束，這不僅是因為香港的經濟崛起，還多虧了放鬆管制和私有化的政治氣候。放鬆管制和私有化削弱了巨頭，尤其是在英國和美國的營運商。航空業的放鬆管制導致國家之間航空交通權的雙邊自由化。國泰航空成功將航線圖擴展至倫敦，不能被輕易地解釋為一般意義上的航空交通談判中的雙邊安排，而是更恰當地強調了對香港與倫敦之間早該承認的互惠性。

如果沒有遠程大型噴射式飛機的出現，國泰航空也許不會推出長途航班，這項新技術擴展了它的業務範圍並提供了更大的運力。這兩個因素對於消除中途停靠和服務頻率等外交問題，至關重要。寬鬆的監管環境，加上技術上的突破，讓香港可以控制航空交通。

隨著中國重新開放航空市場，香港也得以重新參與其中。從談判和實施的角度來看，過程極具挑戰性，但又再次確認了香港的關鍵作用。這個行業再次呈現發展的動態。1930年代和1940年代推動香港航空發展的力量，又一次激發了市場的活力，這種力量源自中國內地市場的吸引力和香港作為連接

---

115. *HKDCA*, 1960–1961; *HKDCA*, 1970–1971; *HKDCA*, 1981–1982.

區域交通和遠至澳洲、北美和歐洲航班紐帶的主要地位。[116] 不過，期間幾十年裡，地緣政治動態發生了翻天覆地的變化。伴隨著中國內地市場的重新崛起，中華人民共和國堅持制定交戰規則，尤其是在香港前途問題迫在眉睫之際。各種技術、外交及與中國的重新連接等因素，將香港商業航空的發展再推上新台階，同時牽動了行業參與者的平衡權力。

隨著香港經濟地位的提升，香港和倫敦的英國政界人士和企業高管，就旗艦航空公司國泰航空進入國際航空網絡的問題進行了談判。通過國泰航空延伸業務，香港將經濟上的成功轉化為在商業航空領域上的擴張。香港政府利用自身迅速增長的金融實力，為基礎設施升級提供資金。國泰這間香港航空公司也利用大型噴射式飛機的商業用途，一躍進軍長途市場。隨著放鬆管制改變了航空業，這種基礎工作使香港能夠利用已開放的天空。香港經濟的蓬勃發展，助長了國泰航空擺脫區域格局，抵達澳洲、北美和歐洲的遙遠港口。國泰航空從區域業務拓展至長途市場，不僅彰顯了它的商業成就，也見證了香港的崛起。這間香港航空公司的延伸範圍，體現了香港經濟騰飛並成長為全球大都市的過程。

---

116. 長期以來，內地市場的吸引力，一直吸引著商家（參見 Varg, "Myth of the China Market"，以了解早期的討論）。從香港商業航空的角度來看，外國營運商在計劃打入中國內地市場的戰略地點時，尤其容易受到這種吸引力的影響。就國泰而言，內地市場的意義是實實在在的。1994 年，國泰航空十分之一的乘客來自內地，而 70% 的貨物源於內地（Clifford, "Mainland Bounty"）。

第六章

重塑香港:「香港」自家航空公司的
形成

對國泰來說,採用更中國化的身份只是一個謹慎的做法,因為它的
主場——香港,即將於 1997 年回歸中國。但時事分析員,甚至一些
國泰高層都承認,要擺脫殖民形象,需要的不僅是幾桶油漆。

〈走向本土:國泰致力擺脫殖民時代的痕跡〉
《亞洲華爾街日報》(*Asian Wall Street Journal*),1993 年 8 月 19 日 [1]

　　世界大國之間日益緊張的局勢,將學術界的注意力,帶到探索企業如何
降低政治風險,以應對不斷變化的地緣政治。[2] 投資者的國籍可能會引起外界
的懷疑,特別是正值政權更迭之際。即使在不同時代,許多國家都普遍出現
國有企業控股的情況。二戰後的香港,在短短幾十年內經歷了快速的政權更
替,形成格外動盪的局面。作為香港的航空公司,國泰航空控股權在英國投
資者手中,但同時依靠中國政府為它的許多航班路線提供便利,所以需要持
續應對來自中國的壓力。事實上,這種情況並非國泰航空或者航空業獨有。
隨著金融資本在指導商業流動方面發揮作用,政治機構堅持在他們認為具有
戰略意義的行業中,對投資者的背景作出特定的要求。政府可以質疑這些行
業投資者的國籍,尤其是那些擁有控股權的投資者。在香港這個國際樞紐,

1.　《亞洲華爾街日報》,1993 年 8 月 19 日,1。
2.　有關該文獻的介紹,請參見 Casson, "International Rivalry"。

商業航空的戰略產業一直由私人擁有。本章以國泰航空為重點，探討這家私營航空公司如何塑造「企業國籍」（corporate nationality），以便與影響業務發展的政治勢力交涉。

　　國際企業和跨國公司經常傳達他們的企業國籍以適應所在地的需要。「企業國籍」並非一個正式的定位，而是偏向於一種文化結構，務求令管理層適應業務需求。[3] 這個問題在非殖民化時代尤為突出。隨著英國在二戰結束後重返香港，國泰航空乘勢而上依附了殖民地架構。幾十年後，當香港準備主權移交時，國泰航空面臨一個新政治體制的挑戰，必須依靠將要入主的政權來繼續成功營運。國泰航空的大本營並沒有從香港環境轉變為國家局面，而是從英國殖民管治的地區轉變為中國的特別行政區。換句話說，國泰航空必須準備在即將入主的政權主持下營運，而該政權將為它的業務前景提供擔保。國泰不單要經營以中華人民共和國名義談判得來的航線，更要在它的領空上飛行。不僅如此，中國大陸於改革期間為國泰航空帶來的商機，也迫使這間香港航空公司表態。國泰航空與中國之間由此而生的是一種互惠互利的關係。新政權不但讓國泰航空以本地身份出現，而且要求航空公司逐步調整股權。作為回應，國泰航空將企業國籍打造成香港本地航空公司，甚至完全是一間中國航空公司。

　　縱觀國泰航空的歷史，公司多次重塑企業國籍，與其說是回應所在城市的當地條件，不如說是為了滿足遠方國家權力的要求，以求得到這些政權對公司的支持。國泰航空最初為一間富有進取心的美澳合資企業，經歷一陣短暫的光影後，公司便歸英聯邦企業集團所擁有（見第二章）。本章將重點放在國泰航空後來為了塑造香港本地形象而開展的活動，以應對香港不斷變化的政治氣候。與作為一間典型英國公司的傳統看法相反，國泰航空不斷變化的投資者形象，揭示了一種務實的經營方式。除了股權部署外，公司還改變了駕駛艙的觀感，塑造一個更本地化的形象。在地緣政治迅速變化的時期，國泰航空展示了構建企業國籍的敏捷度，既為公司帶來了商機，也對自身和香港的承諾提出了挑戰，可謂與香港人「彈性公民」（flexible citizenship）的一貫做法雷同。[4]

3.　Gehlen, Marx, and Reckendrees, "Ambivalences of Nationality."

4.　Ong, *Flexible Citizenship*.

地緣政治角力

　　香港所奉行的自由放任方針，被譽為是積極不干預政策的經濟成功典範。這種敘述也許最常見於佛利民（Milton Friedman）對香港作為一個主要以市場動態為基礎經濟體的評估。[5]其他學者也認同佛利民對香港發展的觀察和分析，將香港的經濟自由視為經濟增長的推動力。[6]由於香港政府曾扮演特定的角色，因此這種「積極不干預政策」的說法備受質疑。早期學者對香港工業發展的研究，強調了政府在該發展過程中的作用。[7]同樣地，學者們分析了政府對涉及香港住房等社會問題的經濟活動的干預。[8]近來的研究似乎將重點放在政府監管金融市場的作用。[9]有學者則把分析置於比較框架中，分析「亞洲四小龍」所走的不同路徑。[10]然而，這些研究經常強調政府在解決問題及克服市場不完善兩方面的作用。[11]

　　基於不同的原因，國家所有權這個議題引起了學術界的關注。有論者研究國家所有權在經濟重建或重組過程中的作用，以應對不斷變化的地緣政治環境。[12]其他論者則評估國家所有權對經濟表現的影響。[13]對於從事敏感行業的公司來說，國家所有權只是對於國家認為至關重要的經濟活動進行監管控制的一種機制。[14]在國家所有權的逆轉過程中，不同形式、不同程度的私有化也會影響企業結構。[15]

　　除了國有企業和私營企業的二分法外，企業亦會按照特定目的，採取不同的股權配置。學者們研究了大公司如何透過經營子公司，以擴大股東基

5.　Friedman and Friedman, *Free to Choose*, 34.

6.　Li, *Economic Freedom*.

7.　England and Rear, *Industrial Relations*.

8.　Keung, *Government Intervention*.

9.　Donald, *Financial Centre*.

10.　Li, *Capitalist Development*.

11.　Aoki, Kim, and Okuno-Fujiwara, *Role of Government*.

12.　參見，如 Van Hook, "From Socialization to Co-Determination"；Vahtra, Liuhto, and Lorentz, "Privatisation or Re-nationalisation?"；Mitchell and Fazi, "We Have a (Central) Plan"。

13.　參見，如 Doh, Teegen, and Mudambi, "Balancing Private and State Ownership"；Cohen, "Divergent Paths"。

14.　參見，如 Pearson, "Business of Governing Business"。

15.　Lee and Jin, "Origins of Business Groups."

礎，並且在小投資者中建立政治和文化認同。[16]除了擴大其他持分者的股權外，這些公司更會採用企業社會責任等商業戰略來加強談判地位，同時保持對資產的控制。[17]在現有學術研究的基礎上，本章探討公司如何透過塑造「企業國籍」來降低政治風險，以及管理層與國家的商業關係。

航空業被視為是一個對統治政權非常重要的行業，這個行業的發展依賴於外交介入，而航空公司則或多或少在國家所有權下營運。然而，就航空業的國籍問題，學術上只有零星的研究。Derek Levine 探討中國內地政府在航空業上的參與，但他的分析主要針對飛機製造的硬件問題。[18]Gordon Pirie 研究英國航空，而 Ken Hickson、Loizos Heracleous、Jochen Wirtz 及 Nitin Pangarkar 則發表有關新加坡航空公司的文章。[19]以香港為例，Cliff Dunnaway 審視了這個城市的航空業歷史，認為國泰航空的成功，使香港成為世界城市以及通往中國的門戶。[20]劉智鵬的研究詳細地記錄了香港機場的集體記憶，而吳邦謀則介紹了香港航空發展，[21]惟有關國家參與的部分則沒有太多的關注。

本研究並不會將國家擁有（例如英國航空）或私人擁有（例如泛美航空）的航空公司，視為商業戰略中的簡單二分法。反之，本章力圖探討國泰航空的股權變化，將之視為航空公司與國家就企業國籍問題積極交涉的結果。香港旗艦航空公司國泰航空的所有權和控制權一直由私人掌握。在母公司太古的長期支持下，國泰航空在關鍵時刻精心設計公司股權，以應對不斷變化的地緣政治，並自行調節，以迎合各種政治制度的需要。企業國籍所塑造出來的形象，不僅對累積經濟利潤產生重大影響，而且也影響著國家如何致力將航空交通引導到特定經營者手中。

本分析主要研究在非殖民化背景下經營的企業，並且得出在這種背景下，進取的經營者會在不斷變化的政治格局中構建合法性。[22]香港的政治重組並沒有完全遵循去殖民化的模式。儘管如此，國泰航空還是進行了「地緣

16. Collier, Chandar, and Miranti, "Marketing Shareholder Democracy."
17. Abdelrehim, Maltby, and Toms, "Corporate Social Responsibility."
18. Levine, *Dragon Takes Flight*.
19. Pirie, *Cultures and Caricatures*; Hickson, *Mr. SIA*; Heracleous, Wirtz, and Pangarkar, *Flying High*.
20. Dunnaway, *Hong Kong High*.
21. 劉智鵬、黃君健、錢浩賢，《天空下的傳奇》；吳邦謀，《香港航空 125 年》。
22. Abdelrehim et al., "Ambiguous Decolonisation"; Decker, "Africanization in British Multinationals"; Smith, "Winds of Change."

政治角力」(geopolitical jockeying)。[23] 早年，隨著英國政權重返香港，國泰航空爭取英國代表權。到了 1980 年代和 1990 年代，隨著 1997 年香港主權移交臨近，一個新興的競爭對手，確實對國泰航空作為真正香港本地企業的合法性構成威脅。然而，最嚴重的威脅，源自一個不尋常的國家問題——即將入主的政權。在殖民主義衰落的日子裡，國泰航空公司的戰略與其他英國體制的戰略相似，[24] 公司確實透過增加香港股份來強化本地身份。然而，國泰航空所面臨的挑戰，源於來自香港以外的勢力。本章著眼於國泰航空不斷變化的股權，探討公司在地緣政治迅速轉變期間，如何為「經營許可」(合法性和國家支持) 打造企業國籍的戰略。[25]

從英聯邦控股到英屬香港

在太古的領導下，一間英聯邦企業集團促進了國泰航空的早期發展 (見第二章)。該聯盟的創始成員澳大利亞國家航空公司，為這家羽翼未豐的航空公司提供了重要的營運指導。1940 年代後期，這間澳洲公司借調了業內兩名擁有豐富經驗的專家，以讓國泰「走上正軌」。直到太古領導的團隊被外界認為已經獲得足夠經驗時，他們才返回澳洲。[26] 澳大利亞國家航空公司的指導也延伸至客艙服務。1950 年，國泰派出新任命的空姐監督到澳洲接受澳大利亞國家航空公司的培訓，讓她掌握技能，以便在回港後「培訓本地的空姐」。[27] 早些年，澳大利亞國家航空公司甚至不時借出高級人員，擔任國泰航空的檢查飛行員。[28]

---

23. Lubinski 和 Wadhwani 將「地緣政治角力」定義為「旨在與東道國利益相關者建立聯盟的政治定位，從而使來自其他國家的競爭對手跨國公司失去合法性」(參見 "Geopolitical Jockeying")。在國泰航空的歷史發展過程中，英國利益的競爭對手有時不是「跨國公司」(例如，他們試圖取代美國和澳洲特立獨行的二人組)，有時也不是「來自其他國家」(例如，英國公司英國海外航空和怡和洋行)。然而，國泰航空不斷將公司的形象描繪為與執政政權的政治目標一致。

24. Smith, "Winds of Change."

25. Decker 使用了「經營許可」一詞作隱喻。在國泰航空的案例中，它的經營「執照」確實曾陷於危險中 ("Africanization in British Multinationals")。

26. Swire HK Archive, Cathay Pacific Airways Limited Board Minutes, June 25, 1951.

27. Swire HK Archive, Cathay Pacific Airways Limited Board Minutes, November 27, 1950.

28. Swire HK Archive, Cathay Pacific Airways Limited Board Minutes, February 8, 1954.

　　國泰航空與澳大利亞國家航空公司的特殊關係，甚至能在澳洲動盪的行業環境下，以及經歷過後者於1957年被安捷收購後，依然安然無恙。[29] 隨著澳洲航空業進一步發展，這種情況在其後的十年初才開始產生變化。1961年，澳洲航空在香港－悉尼航線上引入波音707，導致國泰航空失去了競爭力。國泰航空退出澳洲市場，並讓英國海外航空成為英國政府指定的唯一營運商，負責這條航線的英國份額。[30]

　　掌控國泰航空（表2.1）的英聯邦集團，逐漸讓位於以倫敦和香港為中心的英資。1970年11月，國泰航空重新調整股票數量。[31] 其後不久，1971年4月，公司歡迎香港上海滙豐銀行加入股東行列。滙豐銀行這間香港著名的英國銀行，購入了國泰航空25%的股份，超越了英國海外航空的15%。滙豐這間實際上為香港的中央銀行進駐為國泰航空的重要股東，令國泰可以更有效地利用各種融資機會，尤其公司當時正值擴張機隊的階段，這是一個明顯的優勢。公眾對這筆交易的反應雀躍，這「無疑大大增加了國泰航空的實力，拓寬資本基礎，為未來提供支持」。[32] 國泰航空解釋道：「經過這次擴張，我們顯然應該在財務上建立更廣泛的基礎。」「正如上次董事局會議所指，香港上海滙豐銀行已表示願意持有本公司25%的股權，而英國海外航空則希望維持15%的股權。」剩下的60%股權留在早期投資者手中，但到滙豐注資時，澳大利亞國家航空/澳洲安捷航空已經退出了名單。北婆羅洲公司及怡和洋

29. Swire HK Archive, Cathay Pacific Airways Limited Board Minutes, March 5, 1958；《南華早報》，1959年1月8日，1。
30. Swire HK Archive, Cathay Pacific Airways Limited Board Minutes, September 23, 1961; Swire HK Archive, Annual General Meeting, January 30, 1962。有關國泰航空重新進入澳洲市場的討論，請參閱第五章。
31. Swire HK Archive, Cathay Pacific Airways Limited Board Minutes, November 20, 1970.
32. 《南華早報》，1971年4月21日，1。《香港工商日報》（〈國泰航空公司新股二千一百萬元由匯豐銀行買入〉，12）及《香港工商晚報》（〈滙豐以二千一百萬投資國泰航空公司〉，1）同日報導（1971年4月21日），兩篇報導都強調滙豐銀行在國泰航空未來擴張中融資的重要性。

行也出售了他們的少量股份。[33] 太古以兩間附屬公司的名義持有 22% 的股份，而子公司太古輪船則持有 19% 的股份。鐵行輪船公司亦佔 19% 的股份。[34]

整合繼續進行。1975 年 5 月 29 日，太古收購了太古輪船（當時太古佔有 50% 的股份）所持有的國泰股份，而且「從那天起，國泰航空實際上已被太古公司控制」。[35] 不久之後，鐵行輪船公司表示有興趣出售所持國泰的股份，「前提是他們收到的價格須與最近支付給太古輪船的價格相近。」「香港銀行」表示不希望增持。當時已更名為英國航空的英國海外航空表示有興趣將持股比例提高至 20%，「但這是他們董事局決定的問題。」[36] 最終，英國航空及滙豐銀行維持他們的持股比例，而太古收購了剩餘 60% 中的 87.5%（即實際上是持國泰航空 52.5% 股權的大股東），而鐵行輪船公司則持有少量股權。這種股份分配一直持續到 1978 年 7 月 3 日，當時太古公司宣布將購買鐵行輪船公司的所有剩餘股份。最後，太古將在國泰航空的股權增至 60%。國泰航空其餘 40% 的股份則保持不變——滙豐銀行持有 25%，英國航空公司持有 15%（表6.1）。[37]

表格 6.1：1978 年國泰航空持股比例

	持股
太古	60.0%
滙豐銀行	25.0%
英國航空	15.0%

資料來源：Swire HK Archive CPA/7/4/1/1/162 Newsletter [August 1978]。

---

33. Swire HK Archive, Cathay Pacific Airways Limited Board Minutes, March 31, 1971; Swire HK Archive, Proposal to Increase the Capital of the Company and to Amend the Articles of Association, March 27, 1971; Swire HK Archive, Extraordinary General Meeting, April 14, 1971.

34. Swire HK Archive, Cathay Pacific Airways Limited Board Minutes, October 14, 1971.

35. 《南華早報》，1975 年 4 月 30 日，25；Swire HK Archive, Cathay Pacific Airways Limited Board Minutes, October 28, 1975。《香港工商晚報》（1975 年 4 月 30 日，7）曾報導太古有意鞏固對國泰航空公司的控制權。

36. Swire HK Archive, Cathay Pacific Airways Limited Board Minutes, December 8, 1975.

37. Swire HK Archive, CPA/7/4/1/1/162 *Newsletter*, August 1978.

轉向香港本地

　　雖然太古、滙豐和英國航空三方，似乎都清楚地代表了香港航空業的商業利益，但一股暗湧威脅著這種平衡。早於 1972 年，倫敦的英國政府已經意識到潛在的衝突。當他們與北京展開航空服務談判時，倫敦當局承認「總部位於香港的**英國**〔英國一詞為手寫〕航空公司（例如國泰航空）的利益與英國海外航空的利益不同」。[38] 然而直到 1979 年，這個問題才到了非解決不可的地步。1979 年，國泰航空向倫敦與香港當局提交了在這兩地之間營運定期客運和貨運服務的申請，讓這間以香港為基地的航空公司與英國航空公司展開競爭。國泰航空董事長發表新聞稿表示，公司希望在香港－倫敦航線上，「對英國航空公司的互惠服務由**香港的航空公司**來營運」（著重部分由作者標明）。[39] 在 1979 年 8 月國泰航空討論倫敦航線申請時，雖然一名英國航空公司的官員以董事的身份，出席了國泰航空的董事局會議，[40] 但他在下一次的會議上申報了利益衝突，並在董事局討論該申請時避席。[41] 由於兩間航空公司存在利益分歧，導致英國航空於 1980 年通知國泰航空，英國航空打算出售所持國泰股份。最終，英國航空以 630 萬英鎊的價格，出售了自 1959 年以來持有國泰航空的股份。[42] 太古和滙豐分別向英國航空公司收購股份，各持國泰航空 70.6% 和 29.4% 的股份。[43] 到 1983 年，配股及其他股份調整，國泰航空的股權分別由太古和滙豐銀行以 70/30 的比例分持。[44] 至此，國泰航空將所有權整合到本

38. TNA, FO 21/995.

39. Swire HK Archive, Cathay Pacific Airways Limited Board Minutes, July 19, 1979.

40. Swire HK Archive, Cathay Pacific Airways Limited Board Minutes, August 3, 1979.

41. Swire HK Archive, Cathay Pacific Airways Limited Board Minutes, October 15, 1979.

42. Swire HK Archive, Cathay Pacific Airways Limited Board Minutes, December 9, 1980.

43. Swire HK Archive, Cathay Pacific Airways Limited Board Minutes, December 11, 1980; Swire HK Archive, CPA/7/4/1/1/170 *Newsletter*, November 1981；《南華早報》，1980 年 12 月 12 日，41。

44. Swire HK Archive, Cathay Pacific Airways Limited Board Minutes, December 17, 1980; Swire HK Archive, Cathay Pacific Airways Limited Board Minutes, May 25, 1983; Swire HK Archive, Cathay Pacific Airways Limited Board Minutes, June 6, 1983 issue of share certificates.

地英資香港公司手中的過程劃上了句號。在整個過程中，太古都維持對國泰航空的控制及提供管理的支援。[45]

　　太古和滙豐這對強大的組合，在香港代表本地英資的利益，有效地解決了國泰與倫敦當局的衝突。然而，雖然它們反映香港存在英國權力，但到1980年代，隨著香港未來的政治不確定性增加，英國利益能否在這個動盪的時期持續下去，這方面受到了挑戰。國泰的管理層推出了一系列重組措施，改變這間香港航空公司的股權分布，以反映本地身份的新定義，並根據不斷變化的地緣政治現實建立新的聯盟。

　　1984年12月19日簽署的《中英聯合聲明》，規定香港主權將於1997年回歸中華人民共和國。在簽署前的談判中，市場推算中國內地投資者將會吸納國泰航空的多數股權。[46]國泰航空董事長承認，鑑於1997年的問題，北京將確定香港－倫敦航線的航權。「也可以假設，在適當的時候，部分股份將會轉移到北京。」[47]與此同時，國泰航空極力重申公司對香港的承諾。在1984年9月的公司時事通訊中，國泰主席薩秉達（Peter Sutch）表示，「到1997年，踏入21世紀……集團為人熟悉的紅藍旗將會飛越香港。」他反駁了有關國泰航空將會遷出香港的謠言，並承諾公司會「堅持至1997年，甚至遠遠超過1997年」。在薩秉達的聲明中，值得注意的一點是，國泰航空摒棄了英國國旗，強調了太古的「公司旗」（house flag）。在殖民主義鼎盛時期創建的國際企業，已學會了靈活地構建他們的企業國籍。「我們相信，我們仍然可以為未來作出重大貢獻。」他預計國泰航空與中國將會建立更緊密的聯繫，並在香港－北京航線上取代英國航空。「英航為什麼要享有港京航線的權利？不該是由**香港自身的航空公司**提供服務嗎？」[48]（著重部分由作者標明）。國泰航空並不是唯一一間聲稱自己是香港航空公司的公司。在《中英聯合聲明》簽署後的幾個月內，港龍航空申請了經營從香港到中國的包機，成為了國泰航空的本土競爭對手。[49]

45.　"Since 1949, Cathay Pacific has had agreements with Swire for the provision of management support services" (Swire HK Archive, Cathay, Pacific Airways Offer for Sale, April 22, 1986, 26).

46.　《華僑日報》，1984年9月15日，6。

47.　Swire HK Archive, Cathay Pacific Airways Limited Board Minutes, September 19, 1984.

48.　Swire HK Archive, CPA/7/4/1/1/173 *Newsletter*, September 1984.

49.　Swire HK Archive, Cathay Pacific Airways Limited Board Minutes, July 16, 1985.

　　光陰寶貴，國泰航空作出一個戲劇性的姿態，以鞏固在香港的根基。1985 年 11 月 28 日，國泰航空宣布將會尋求在香港上市，「讓公眾直接參與公司。」雖然太古依舊是大股東，而兩名股東亦會保留他們現有的股份比例，但是航空公司於 1986 年上半年公開招股，以「在香港個人投資者中，實現最廣泛的分配」，儘管公司將會給予員工優惠待遇。[50]

　　外界已有不少猜測指，太古將會在證券交易所單獨上市子公司國泰航空。[51] 事實上，國泰航空採納太古倫敦管理層的意見，對公司上市的可能性，已研究了一年。雖然香港有著自己的政治問題，但國泰航空的上市計劃正與當時邁向私有化的航空公司 (新加坡航空公司、馬來西亞航空公司和英國航空公司) 不謀而合。由於航空公司是在政府授予的交通權下飛行，因此允許「國民 …… 直接參與航空公司」這個做法在政治上是明智的。然而，太古和國泰航空主席麥理士堅稱，管理層「不只是順應潮流。我們有這個打算，背後有自己充分的理由，並且已經積極考慮了一年多」。[52] 國泰航空公司最多將 25% 的股份向公眾發售，滙豐銀行已對此表示同意。管理層高調向公眾表明「這一做法絕不會削弱太古對香港的承諾」。相反，上市被認為是國泰愈來愈重視「對香港人的承諾」的舉動。[53] 評論員很快形容是次收購為「政治而非商業舉措」，因為太古沒有計劃立即動用發行所得款項，所以他們必然意識到「有必要糾正國泰作為一間從香港出發的英國航空公司的形象」。[54] 管理層的聲明證實了這種懷疑。國泰航空前主席布立克反駁了有關國泰航空上市是為了回應港龍航空試圖破壞國泰航空本地身份的傳言，他斷言：「國泰航空是香港的航空公司，多年來一直是香港的航空公司。如果有人對此提出質疑，我們必須確保我們充分回應了這個問題。」[55]

　　儘管航空公司管理層是出於政治動機而讓公司上市，但這次上市在香港投資者中掀起了極大的迴響 (圖 6.1)。[56] 發行後第二天，《南華早報》的標題寫

50. Swire HK Archive, Cathay Pacific Airways Limited Board Minutes, November 28, 1985.

51. 《南華早報》，1985 年 11 月 20 日，30；1985 年 11 月 21 日，36。

52. 《南華早報》，1985 年 11 月 29 日，29。

53. Swire HK Archive, Cathay Pacific Airways Limited Board Minutes, November 28, 1985.

54. 《南華早報》，1985 年 11 月 29 日，29。

55. 《南華早報》，1985 年 12 月 19 日，35。

56. 《南華早報》，1986 年 4 月 23 日，1；1986 年 4 月 23 日，29；1986 年 5 月 1 日，25；1986 年 5 月 2 日，29；1986 年 5 月 6 日，27。

道「國泰起飛，交投飆升」。該股開盤報 5.10 港元，最高報 5.35 港元。首日收 5.15 港元，較首次發售價 3.88 港元「溢價 33%」。[57] 親北京的報紙《大公報》指出，國泰航空的股票在香港股市本來低迷的一天受到熱烈歡迎，並表揚這次史無前例的上市表現支持了香港的交易量。[58]

國泰航空急於在公司時事通訊中宣傳是次上市。1986 年 8 月，國泰新聞的標題是「國泰股票發行打破所有紀錄」。這次公開招股被譽為「巨大的成功」，據說打破了香港證券交易所的紀錄。是次發行獲得 32.6 倍的超額認購，還不包括分配給公司員工（佔總數的 10%）及「某些香港機構」的股份，而認購率則為「驚人的 56.4 倍」。這個結果不僅表明公眾對國際航空股的興趣，還凸顯了「香港公眾愈來愈認同國泰航空是香港的航空公司」。發行吸引了超過 510 億港元的申請，「相當於全港男人、女人及兒童每人近 10,000 港元。」[59] 國泰航空指出，所產生的金額「大大高於香港的貨幣供應量」，並且遠超過香港歷史上任何公司交易的規模。薩秉達稱是次公開招股的成功是「對航空公司投下巨大的信任票」。[60] 國泰在機上旅遊雜誌 *Discovery* 中更強調，是次公開發行「打破了香港的紀錄」，並重申「國泰航空一共有 22.5% 的股份掌握在香港居民、企業或機構手中」。[61]

有趣的是，上述計算中，「香港居民、企業或機構」的名單並沒有包括太古或滙豐。連同向公眾發售的股份，太古和滙豐同意按現有持股比例，分別向長江實業（控股）有限公司及和記黃埔有限公司（均為香港富豪李嘉誠掌控），以及希慎發展有限公司（由香港著名利氏家族擁有），出售國泰航空 5% 和 2.5% 的股份。兩組投資者都是以與公開發行價相同的價格購買股票，並且表示有意持有該股票作為長期投資。[62] 市場早前曾猜測，航運大亨包玉剛爵士將購入大量國泰股份，以突出國泰業務的本土特色，與「一些觀察家認為可能已經成為劣勢的英國身份」保持距離。[63] 作為國泰航空的董事局成員，及其新興競爭對手港龍航空的主席，包玉剛的參與強調了海運與商業航空之間

57. 《南華早報》，1986 年 5 月 16 日，33。

58. 《大公報》，1986 年 5 月 16 日，13。

59. Swire HK Archive, CPA/7/4/1/1/175 *Newsletter*, August 1986.

60. Swire HK Archive, CPA/7/4/1/1/175 *Newsletter*, August 1986.

61. Swire HK Archive, *Discovery*, September 1986.

62. Swire HK Archive, Cathay Pacific Airways Offer for Sale, April 22, 1986, 8.

63. 《南華早報》，1985 年 11 月 29 日，29。

的持久聯繫。他並沒有留守成為國泰本地投資者的最後陣容，這點也是不足為奇的。3月份，即國泰航空上市前，他已辭去了國泰航空董事局的職務。[64]

本地華人投資者積極參與這一輪股權重組，背後反映的不只是剛獲簽署的《中英聯合聲明》的影響。華裔企業家在香港的知名度有所上升，最引人注目的是李嘉誠於1979年接管英國企業集團和記黃埔，並於1981年接任董事長。國泰航空作為香港商業世界權力分配重要的一部分，在重組公司股權時比其他公司慢了一拍。[65] 此外，重組未有導致英國控制權的讓步。[66] 在公開招股以後，太古公司仍然是最大股東，持股54.25%，其次是滙豐銀行，持股23.25%（表6.2）。國泰航空的主席、董事總經理、六名執行董事的其中三名，以及高級管理團隊的七名成員都是太古的員工。[67] 於1986年8月出版的機上旅遊雜誌上，編輯強調了國泰航空的新標語：「香港是國泰航空的大本營。」[68]

表格6.2：1986年4月22日，國泰航空首次公開招股前後的股份所有權百分比

	公開招股前	公開招股後
太古	70.00%	54.25%
滙豐銀行	30.00%	23.25%
長江實業/和記黃埔		5.00%
希慎		2.50%
公眾		15.00%

資料來源：Swire HK Archive, "Cathay Pacific Airways Offer for Sale," April 22, 1986。

國泰航空無法輕易擺脫與英國的關係，但公司同時需要為1997年回歸後成立的香港特別行政區服務表明立場。國泰必須繼續按照雙邊航空服務協議和以「由英國政府根據香港政府的建議」指定的航空公司身份營運。[69]《中英聯合聲明》明確地指出，中國政府的政策是「保持香港作為國際和區域航

64. 《南華早報》，1986年3月29日，21。
65. 《紐約時報》，1981年1月14日，D3。
66. 國泰的股權重組跟英國在其他情況下控制日益下降相似（例如，參見 Smith, "Winds of Change"）。
67. Swire HK Archive, Cathay Pacific Airways Offer for Sale, April 22, 1986, 26.
68. Swire HK Archive, *Discovery* 14, no. 8 (August 1986).
69. Swire HK Archive, Cathay Pacific Airways Offer for Sale, April 22, 1986, 23.

空中心的地位」，國泰航空以及「在香港註冊並以香港為主要營業地的航空公司……可繼續經營」。[70]國泰航空在公開招股以後，引入了更多香港本地、非英國投資者，並響應《中英聯合聲明》的要求，突出宣傳香港作為公司的大本營。

接納中國內地投資

遺憾的是，對於國泰航空來説，上述條款不包括連接香港往返或途經中國內地的服務，[71]而港龍航空在這些服務方面，仍然是一個強大的本土競爭對手。港龍航空於1985年4月1日成立，獲中國內地大力支持。除包玉剛外，創辦亞洲最大紡織公司之一的曹光彪，也在建立新的香港航空公司中發揮了重要作用。[72]自1985年平安夜起，港龍航空獲航空運輸牌照局批准，與中國八個城市通航，「國泰航空首個本地對手正式獲得官方認可」，國泰航空在公司時事通訊中承認了這一點。港龍航空仍然須向英國和中國政府申請航權。為了抵禦不必要的競爭，國泰航空以「40年的辛勤耕耘和巨額投資，達到世界上領先航空公司之一的地位」來向公眾作出呼籲，請求所有相關人士記著，「在相當長的一段時間內，國泰一直為香港提供完善、具競爭力和高質量的航空服務」，而且「也許……應該至少為此獲得一些榮譽」。薩秉達斷言：「港龍航空的出現是一個清晰的提醒，上天沒有賦予我們賺取利潤的權利，如果我們要繼續作為**香港的航空公司**——我可以向各位保證這是我們的目標，我們真的必須兑現我們的承諾，幫助人們翱翔萬里神采飛揚。」（著重部分由作者標明）他認為港龍航空不是一種威脅，而更像是一種「刺激物」，讓人「意識到香港和中國之間對航空服務的需求更大——雖然有誤判之嫌」。薩秉達認為國泰航空沒有壟斷，而且堅稱國泰在香港這個基地「所面對的競爭，與大多航空公司相比，即使不是更多，也是一樣的多」。[73]即使在國泰航空公開招股後，港龍航空在本地英文報紙上的一篇專欄文章中，仍被稱為「香港不

70. Swire HK Archive, Cathay Pacific Airways Offer for Sale, April 22, 1986, 24，引用《中英聯合聲明》附件一第九節。

71. Swire HK Archive, Cathay Pacific Airways Offer for Sale, April 22, 1986, 25.

72. Davies, *Airlines of Asia*, 274.

73. Swire HK Archive, CPA/7/4/1/1/174 *Newsletter*, February 1986.

屈不撓的新航空公司」，通過購買更多飛機、計劃到1987年秋天「在中國營運12個點」，以及表示決心提供定期服務，繼續挑戰「香港長期唯一的航空公司」國泰航空。[74]

在抗衡港龍航空的同時，國泰航空需要留意港龍航空的投資者群，其中不僅包括包玉剛及其他香港股東，還涵蓋了「中國內地的重量級人物」。[75] 以股東群來衡量，國泰航空的公開招股，或能令公司形象於香港更加本土化，但仍未能促進國泰與中國內地建立更緊密的聯繫。市場很快推測到，中國內地國有企業中國國際信託投資公司（簡稱中信）將會購買國泰航空的股份，而這種受政治啟發的交易，將會令航空公司贏得中國內地的支持，以抵抗港龍航空對國泰在香港的地位日益嚴峻的挑戰。[76]

1987年1月28日傳來了一則消息：「北京購買了國泰20億美元的股份。」中信收購了「機尾上還塗著英國國旗」的國泰航空12.5% 的股份。[77] 中信以每股5港元購入212,186,040股新股。國泰航空股價穩步上漲，市場反應良好。此外，中信以每股6港元的價格向滙豐銀行收購了145,877,902股股份。一份聯合公告解釋，與以較低價格出售的新股不同，因滙豐出售的股票將派發1986年的股息。[78]

上述交易令太古控股的持股比例從54.25% 降至50.23%，滙豐控股的持股比例從23.25% 降至16.43%。國泰航空的發言人解釋，股權必須保留在英資手中，因為國泰航空「從考量國際航空運輸許可證的角度來說」，仍然是「一間英國航空公司」。國泰航空董事長麥理士還表示，將英國所有權削減至50%以下，會損害公司的利益。[79] 國泰亦急於指出，太古及滙豐合共「仍持有公司

74. 《南華早報》，1987年1月1日，24；1987年1月5日，31。
75. 《南華早報》，1987年2月1日，17。
76. 《南華早報》，1987年1月27日，21。
77. 《南華早報》，1987年1月28日，1。
78. 《南華早報》，1987年1月28日，20。太古及國泰航空的股票，在交易宣布前的下午暫停交易。各大中英媒體均預期中信收購國泰航空的股份（《南華早報》，1987年1月27日，1、21；《華僑日報》，1987年1月27日，5）。
79. 《南華早報》，1987年1月28日，1。

66.66% 的股份」。[80] 董事長指，兩家大股東持有國泰航空三分之二的股份，乃故意的做法。[81]

在新聞發布會上，麥理士強調太古維持在國泰航空持多數股權的長遠打算。他補充指，「國泰航空、太古公司以及滙豐銀行的董事局認為，增加中國內地的少數股權有利於航空公司的長遠未來」，而且「中信已完全接受現有的航空公司政策，特別是關於員工的政策」。麥理士指，「我們非常清楚以合理均衡的方式，與中華人民共和國建立關係的必要性。」他補充道：「1997 年，香港主權回歸中國，國泰航空非常需要北京的積極支持。中國對國泰航空投放 20 億港元資金的舉動，非常清楚地表明我們確實得到了北京的支持。」[82]

國泰航空解釋指，本地及國際媒體普遍認為這筆交易「對公司來說，從長遠來看是合乎邏輯的一步，對整個香港來說也是積極的一步」。中信的收購「消除了籠罩香港航空業政治恩惠的威脅，並讓該行業重新充滿信心地繼續發展」。中信管理層發表新聞聲明指，航空業的發展「對香港的穩定和繁榮至關重要」，這項投資表明中信「對香港光明的未來充滿信心」。作為投資者的一員，中信副董事長加入了國泰航空的董事局。[83]

據稱，這筆交易「很大程度上平息了港龍航空聲稱就所有權而言，它是唯一一間真正的香港航空公司的說法」。[84] 國泰航空指，它的主要股東太古和滙豐銀行「主要由香港股東擁有」。同時，由於國泰航空仍由「英國擁有和控制」，這點讓公司可以繼續在香港營運，並獲得英國政府談判的航權。國泰迅速地補充指，公司擁有「香港上市公司最大的本地股東名冊之一」，在這方面，國泰「比港龍航空實質上更是一間香港航空公司」。[85]

薩秉達聲稱，「作為一個集團」，國泰航空及母公司太古一直對他們的經營環境非常敏感。而「如果香港的政治或經濟變化令股權結構需要改變，這

---

80. Swire HK Archive, CPA/7/4/1/1/178 *Newsletter*, March 1987.

81. 《南華早報》，1987 年 1 月 28 日，1。

82. Swire HK Archive, CPA/7/4/1/1/178 *Newsletter*, March 1987.

83. Swire HK Archive, CPA/7/4/1/1/178 *Newsletter*, March 1987；《南華早報》，1987 年 1 月 28 日，1；《華僑日報》，1987 年 1 月 28 日，5；《大公報》，1987 年 1 月 28 日，9。

84. Swire HK Archive, CPA/7/4/1/1/178 *Newsletter*, March 1987.

85. Swire HK Archive, CPA/7/4/1/1/178 *Newsletter*, March 1987.

種情況可能會發生」。因此，國泰航空接受中信作為公司 12.5% 的股東「完全符合公司所訂立的政策」，而對於國泰航空來說，業務仍然「一切照舊」。[86]

中信對國泰航空的投資，可能緩和了國泰與港龍這兩間香港航空公司之間的競爭。然而，港龍航空的財務表現乏善可陳。據報導，這間初創的航空公司仍然處於虧損狀態，1989 年北京的「六四」危機，發生在公司業績接近盈虧平衡之際，令盈利希望再度變得渺茫。[87]正是在這種情況下，促進了兩個競爭對手之間本來不太可能出現的合作夥伴關係。1990 年 1 月 17 日，國泰航空和太古公司宣布分別以 2.94 億港元及 4,900 萬港元收購港龍航空 30% 和 5% 的股權。[88]新聞稿表示兩間航空公司有意合作，「港龍航空最初專注於發展香港與中華人民共和國之間的航線。」作為交易的一部分，國泰航空還簽訂了一項協議，為港龍航空提供管理、技術及行政服務——這是典型的太古安排。[89]與此同時，中信通過旗下子公司，將港龍航空的持股比例從 16.6% 增至 38%。[90]儘管中信對國泰航空 12.5% 的投資已為眾所周知，但中國內地投資者此前並未證實對港龍航空的參與。港龍航空的創始人曹氏家族，剛購買了包玉剛的股份，便將在該航空公司的持股量減至 22%。完成交易後，「與北京有密切聯繫的港澳商人」持有港龍航空剩餘的 5% 股權。[91]雖然有報導稱中信已向國泰航空施壓，[92]但國泰航空發言人堅稱此舉純粹是「商業行為」。[93]同樣地，中信總經理魏鳴一也強調這是航空公司聯盟的商業利益。[94]

由於一間國際航空公司需要得到政權的支持，代表它進行談判然後獲授予交通權，所以從「商業」或「政治」去看，此筆交易是有道理的。一份報紙報導稱這種關係為航空公司的「國籍」或「公民身份」——「擁有權所在和立足的國家或地區」。[95]這些交易背後要考慮的主要因素，並非香港本地的情況，

86. Swire HK Archive, CPA/7/4/1/1/178 *Newsletter*, March 1987.
87. 《南華早報》，1990 年 1 月 12 日，48。
88. 《南華早報》，1990 年 1 月 18 日，39、41。
89. 《南華早報》，1990 年 1 月 18 日，41。2 月，國泰航空進一步成為港龍航空的銷售代理（《大公報》，1990 年 2 月 17 日，17；《華僑日報》，1990 年 2 月 18 日，21）。
90. 《南華早報》，1990 年 1 月 18 日，39、41。
91. 《南華早報》，1990 年 1 月 18 日，39。
92. 《南華早報》，1990 年 1 月 11 日，33。
93. 《南華早報》，1990 年 1 月 18 日，39。
94. 《大公報》，1990 年 1 月 20 日，1。
95. 《南華早報》，1990 年 1 月 12 日，48。

而是遠處的國家權力的堅持。中信及太古於國泰航空與港龍航空的聯盟，構成了一家中英合資企業，在1997年前的幾年內實現了航空服務權交涉和轉讓的過渡。航空界消息人士認為，國泰航空與港龍航空的聯盟將「為這間較大的航空公司於1997年後的營運鋪平道路」。[96]

1990年，在港龍航空的交易後不久，中國內地於國泰航空的持股數目，已超過國泰主要的香港本地投資者。滙豐銀行出售了大部分股份，最近一次是在1991年，籌集了約17億港元，使滙豐在國泰航空的持股量降至13.78%。[97] 太古和滙豐銀行於1987年讓中信加入國泰航空時，所形成的三分之二席位的情景一去不返。到1992年，李嘉誠的公司以及希慎均沒有出現於國泰航空大股東名單上。[98] 這點大概是不足為奇的。據報導指，雖然這些於國泰首次發行時獲得分配的投資者，聲稱自己是國泰股票的長期持有人，但希慎的董事總經理利漢釗在獲分配股票不久後承認「在香港，六個月可被理解為長期」。[99]

1992年，國泰航空流失了一個歷史最悠久的股東。滙豐控股董事長斷言「航空顯然不是金融服務集團的核心業務」，隨之滙豐結束了在國泰航空歷時21年的股權。據香港英文報紙報導，滙豐銀行「抹掉最後一絲」在國泰航空的股份。此次滙豐出售剩餘的國泰航空股份，佔國泰航空總股份的10%。滙豐將一半股份出售給中國航空集團公司（與戰前民國時代企業同名），一半出售給中國旅行社。這兩間公司，一間是負責監管中國內地航空公司的中國民用航空局的子公司，另一間是中國內地官方旅行局的香港分支機構，大大加強了國泰航空與中國的聯繫。中國內地在國泰航空的持股量，從中信原本持有的12.5%，增至三個內地控股實體合共22.5%。[100]

薩秉達表示，國泰航空對滙豐銀行的離席感到「遺憾」，但「很高興有中航和中旅作為股東」，並認為他們的參與反映了「香港航空公司與中華人民共和國航空及旅遊業之間日益加強的合作」。作為交易的一部分，兩位新投資者

96.　《南華早報》，1990年1月18日，50。

97.　《南華早報》，1991年4月10日，33；《亞洲華爾街日報》，1992年7月14日，1；《南華早報》，1992年7月14日，51。

98.　Swire HK Archive, *Cathay Pacific Annual Report 1991.*

99.　《南華早報》，1986年9月2日，29。

100.《亞洲華爾街日報》，1992年7月14日，1；《南華早報》，1992年7月14日，51；《華爾街日報》，1992年7月14日，A12。

的主席加入了國泰航空的董事局。國泰航空及其兩位新投資者發表的聯合聲明指，「作為國泰航空的股東，中國航空集團公司和中國旅行社的參與，也將有助於確保《中英聯合聲明》的一個目標，即香港特別行政區將保持（事實上應進一步發展）國際和區域航空中心的地位。」聲明形容，這筆交易對國泰航空和香港的未來而言，都是一個積極的發展。新華社香港分社副社長也表達了積極的看法，稱這筆交易「有利於香港的穩定與繁榮」。[101] 在這項交易完成之際，太古以 51.8% 僅僅保留了其多數股權。[102]

　　事實上，太古只能守住國泰航空的大多數股權再多數年。即使如此，在太古的監督下，國泰航空也需要在 1997 年之前減少英資股權。1993 年，《亞洲華爾街日報》一篇文章的標題如此寫道：「走向本土：國泰致力擺脫殖民時代的痕跡。」文章報導指，國泰航空公司已抹去制服上的英國國旗。一位國泰航空高級管理人員道：「我們正認真地審視自己，發現我們不再是一間英國航空公司」；「我們是香港航空公司，擁有英國國旗真的沒有意義。」文章又指，要擺脫航空公司的殖民形象，「需要的不僅是幾桶油漆。」文章還援引一位亞洲航空資深人士、港龍航空前首席執行官的話指，「中國股東最遲會在 1997 年 7 月 1 日前獲得主要控股權。除此之外，別無他選。」[103]

　　國泰航空極力澄清有關太古公司減持股份的謠言。1995 年 5 月 5 日，報章新聞稱太古有意維持在國泰航空公司的多數股權。文章還引述國泰航空公司董事總經理的話指：「我們有三個內地股東，持有 22.5% 的股份。我認為剛恰當。」[104] 然而，8 月，太古董事長承認中航集團正就購買港龍航空的股份，與太古及國泰進行談判。[105] 有關太古及國泰航空出售港龍航空的部分股權一事將於次年取得成果。1996 年 4 月，中航宣布從太古、國泰、中信收購港龍航空 35.9% 的股權。港龍航空的交易只是中國內地重大調整香港航空公司利益的其中一個舉措。隨著中航成為港龍航空的第一大股東，中信加購國泰航空新股，持股比例增至 25%。因此，雖然太古並沒有出售股份，但持股比例被稀釋至 43.9%，[106] 未能過半數。

---

101. 《南華早報》，1992 年 7 月 14 日，51；Swire HK Archive, *Cathay News* 76 (1992)。

102. Swire HK Archive, *Cathay Pacific Annual Report 1992*.

103. 《亞洲華爾街日報》，1993 年 8 月 19 日，1。

104. 《亞洲華爾街日報》，1995 年 5 月 4 日，3；《南華早報》，1995 年 5 月 4 日，41。

105. 《南華早報》，1995 年 8 月 18 日，1。

106. 《華爾街日報》，1996 年 4 月 30 日，A14。

對國泰航空來說，這是一筆合理的交易。中航已宣布計劃在香港成立自己的航空公司，與國泰航空競爭，但作為交易的一部分，中航同意放棄這些計劃，轉而通過港龍航空在香港追求他們的利益。為了增持港龍股權，中航將出售在國泰航空的部分股份。[107] 中信增持國泰航空的股權，也代表了中信戰略的逆轉。此前，中信董事長已離開國泰航空董事局，一度引發外界擔憂這兩間公司的關係破裂。1995 年底，中信甚至出售了國泰航空 2% 的股份，而中信這次增持股份則意味著問題得到解決。這次交易亦令中信額外獲得兩個董事局席位（交易前共有 20 名董事）以及國泰執行委員會的兩名代表（共有 8 名成員）。[108] 1997 年的交接看起來似乎會很順利，但只有通過經精心計算的股權重組及深思熟慮的董事局策略才得以實現。

一名證券分析師評論指，這筆交易為太古和國泰航空「提供了一個政治保證，即於 1997 年之後，他們的未來會得到更多保障」。《亞洲華爾街日報》甚至形容「太古正以其航空帝國的一大部分，來換取 1997 年後的政治保障」。[109]《華爾街日報》(Wall Street Journal) 的頭條報導稱，「香港航空公司通過向中國出售股權來保護自己的地盤。」[110] 雖然倫敦《獨立報》(The Independent) 的頭條哀嘆「隨著中資的進駐，太古放寬了對國泰的控制」，[111] 但數天後，同一份報紙發表了一篇報導，慶祝「香港的快樂登陸：太古已經表明屈服於中國資本家是值得的」。[112] 香港本地的《南華早報》慶祝「國泰走向更美好的未來，股權協議消除政治陰霾」。[113] 另一篇報導稱，太古公司「以低價出售了國泰航空的控制權，但這是在 1997 年移交迫在眉睫的政治和解代價」。[114] 正如一位記者報導的「歷史性改組」，文章標題為「航空公司協議被視為一個巧妙的解決方案」。[115]

---

107. 《南華早報》，1996 年 6 月 12 日，37。
108. 《南華早報》，1996 年 5 月 20 日，36、37。
109. 《亞洲華爾街日報》，1996 年 4 月 30 日，1。
110. 《華爾街日報》，1996 年 4 月 30 日，A14。
111. 《獨立報》，1996 年 4 月 30 日，20。
112. 《獨立報》，1996 年 5 月 5 日，8。
113. 《南華早報》，1996 年 4 月 30 日，37。
114. 《南華早報》，1996 年 4 月 30 日，56。
115. 《南華早報》，1996 年 4 月 30 日，35。

　　香港政府欣然接受這筆交易。發言人證實，雖然英資將降至50%以下，國泰航空和港龍航空將繼續被指定為香港航空公司。香港的航空公司必須「實質上由英國擁有及作出有效控制」的條款在回歸後不必適用，因為香港已經與所有主要國家進行協商。[116] 港督彭定康（Chris Patten）稱這個決定具「商業性」，並強調國泰航空投資興建新赤鱲角機場，顯示了它繼續在香港航空業中扮演重要角色的決心。[117] 在北京，這筆交易贏得副總理錢其琛的讚譽，他稱讚太古「達成歷史性的協議，標誌著英國對（香港）當地航空業的統治結束。」[118]

　　為了準備交接，國泰改變了股權比例：太古佔43.9%、中信佔25.0%、其他股東（包括中航佔4.2%）佔31.1%。港龍航空的持股情況則如下：中航佔35.86%、中信佔28.50%、國泰航空佔17.79%、太古佔7.71%、曹氏家族佔5.02%，其他佔5.12%。[119] 薩秉達表示：「我們相信，〔國泰航空〕的配股及港龍航空的交易，能符合股東以及太古和國泰航空員工的最佳利益。」[120] 臨近1997年回歸的前一年，太古於國泰航空的簡單多數股權終被超越。

駕駛艙中加入更多本地代表

　　為了塑造一個更具本地化的香港形象，國泰航空不僅於1980年代重塑投資者群，無獨有偶，隨著國泰在中英就香港前途談判期間，縮減股權的英國殖民形象，公司更修改了駕駛艙招聘政策，以擺脫一直以來機組人員由英聯邦組成的觀感。

　　國泰航空曾吹捧公司是從所服務的各個亞洲國家中招募會說英語的空姐（見第三章）。儘管來自香港的空姐只佔少數，而且數量曾落後於龐大的日本員工，但在國泰機組人員的組成中，仍然具有一定的本土代表性。

　　駕駛艙裡的臉孔則敘述了另一個故事。雖然國泰航空已不再是早期標語中「擁有英國機師的英國航空公司」，[121] 但在駕駛艙內，國泰英聯邦飛行員穿

116. 《南華早報》，1996年5月2日，37。
117. Swire HK Archive, *The Weekly* 82 (May 3, 1996).
118. 《南華早報》，1996年7月10日，1。
119. 《南華早報》，1996年5月20日，36、37；1996年6月12日，37。
120. Swire HK Archive, *The Weekly* 88 (June 14, 1996).
121. Swire HK Archive, CPA7/4/1/1/1 *Newsletter*, 1958.

越「東方」的經歷仍然重要。1970年國泰刊物其中一篇文章提供了航空公司
駕駛艙機組人員的詳細信息:截至1970年4月,國泰聘有48名機師、47名
副機師及49名飛行工程師。國泰航空的副營運經理威爾士機長(Captain Alec
Wales)解釋指:「我們理想的人選,是接受過空軍或海軍訓練的,並曾在噴射
機上服役五到八年,然後在一間商業航空公司工作兩年。」香港的發牌機構
允許英國及澳洲的一級機師,隨時將航空運輸飛行員執照「直接轉換為香港
執照」。威爾士認為,機組人員也意識到國泰航空的擴張速度很快。「這比最
大的航空公司更快。因此,國泰晉升速度更快。國泰航空的薪酬和工作條件
都不錯,在航空界享有盛譽。」大多加入國泰航空的英國機師,都是來自英
國海外航空及其附屬公司英國歐洲航空或包機公司。澳洲的新員工則來自澳
洲航空、安捷航空或跨澳航空。國泰航空的機師年齡由30歲到退休年齡55歲
不等。國泰的駕駛艙機組人員平均每月飛行60小時,可享六週的年假,並據
報導享有「與大型航空公司相媲美」的薪酬。[122]

　　國泰航空機組人員的統計數據顯示,英國、澳洲及新西蘭的影響力佔主
導地位。到1971年,這間航空公司的飛行機組人員已經發展到擁有56名機
師、58名副機師以及58名飛行工程師。在這個總數中,逾半(87人)來自澳
洲。英國機組人員(72人)以41.86%的數量緊隨其後。其餘的是新西蘭機組
人員(10人)以及持有美國護照的人員(3人)。按職位的等級劃分,也有相類
似的情況:56名機師中有31名是澳洲人,22名是英國人;副機師有35名來
自英國,17名來自澳洲。[123]這種組合一直持續到1980年代初期。雖然國泰航
空自誇公司的服務由「來自亞洲9個國家的機倉人員所提供,將熱情友好的亞
洲女性氣質與一流的服務相結合」,但國泰仍然堅定地僱用「從世界各地,特
別是澳洲、英國和新西蘭所招募的飛行機組人員」。[124]

122. Swire HK Archive, CPA/7/4/6/38 *Cathay News* 46 (March–April 1970).

123. Swire HK Archive, CPA7/4/1/1/124 *Newsletter*, May 1971.

124. Swire HK Archive, CPA7/4/1/1/170 *Newsletter*, November 1981。據報導,1989年,由於新
加坡當地合資格投考機師的人數不足,新加坡航空公司招聘了更多外國機師。當時,
新加坡航空公司吹噓自己擁有「最國際化的機師組合之一——他們來自30多個國家」
(*Straits Times*, April 23, 1989, 18)。新加坡航空公司聘請了本地及海外飛行員,並將新加
坡空軍機師也融入駕駛艙(《海峽時報》,1977年8月24日,25;1977年9月22日,
7;1978年10月18日,1)。

國泰航空的機師空缺，幾十年來只對非本地機師開放，公司於1987年首次招聘「華裔機組人員」。在宣布向內地控股的中信集團出售12.5%股份的同一期時事通訊中，國泰航空也宣布，「招聘華裔機組人員的工作即將落實……這是國泰航空在發展過程中，**尤其是作為香港航空公司的角色**，早已準備好踏出的一步。去年年底，當確實國泰將為**香港的華人機師**發起『從頭開始』的培訓計劃時，又向這目標邁出了一步。」（著重部分由作者標明）國泰航空解釋以往只僱用外籍機組人員的政策時，引用了「本地缺乏資源」這個原因。「香港沒有空軍，這是大多數國家航空公司機師的主要來源，而且香港也沒有任何正式的飛行員培訓機構。」在那之前，國泰並未覺得這是個問題，由於公司「高水平的飛行標準及就業條件」，國泰航空能夠吸引「擁有豐富飛行經驗的世界精英飛行員」。國泰航空沒有營運或經濟理由建立自家的培訓學校。[125]

國泰航空將改變主意的舉動，歸因於超長途直飛航班需要「更多」機組人員。此需求令公司「認真考慮培訓一隊香港華人飛行員」。基於這些超長途航班，國泰航空設立了二副機師的職位（對國泰航空而言是新職位，但對整個行業來說並不陌生）。「作為巡航機員，香港飛行員能夠進行長時間的實踐訓練，觀察飛行程序和技術。當他們有資格移至右側或副機師的座位時，這些飛行員將獲得與從香港以外加入國泰航空的初級飛行員相似的經驗水平。」[126]香港的華裔新員工，將會加入駕駛艙，成為等級制底部的員工。雖然他們處於從屬地位，但1987年招募政策的改變，為香港人首次進入飛機駕駛艙的指揮中心提供機會。

培訓方面仍然由英國人主導，這些新人將會接受「強化培訓課程，可能是到英國其中一所頂尖的飛行員培訓學校」。國泰航空啟動此計劃時，按照時間表的要求，公司會從1987年展開招聘；1988年新員工入讀飛行員培訓學校；1989年首次以香港飛行員的身份出現在駕駛艙內；「在1990年代初到中期」獲取副機師的身份。這是一個精心設計的過渡，得以與1997年香港主權移交同步進行。[127]

國泰航空明確地向公眾表示，此計劃以香港居民為目標。對國泰航空來說，為合資格學員提供商業航空培訓，是非常昂貴的。國泰航空的飛行運行

125. Swire HK Archive, CPA/7/4/1/1/178 *Newsletter*, March 1987.
126. Swire HK Archive, CPA/7/4/1/1/178 *Newsletter*, March 1987.
127. Swire HK Archive, CPA/7/4/1/1/178 *Newsletter*, March 1987.

總監表示：「當我們將〔受訓人員〕送回來時，已花費了公司約一百萬元。」管理層聲稱，該計劃旨在滿足國泰航空最近推出的直飛洲際航班的「後備副機師需求」。自上一次1971年的統計以來，國泰航空不僅擴大了航線網絡，而且駕駛艙的機組人員數量也增加了兩倍多。於1987年啟動學員計劃之前，國泰聘用了180名機師及200名副機師，他們的身份沒有改變：「主要來自英國、澳洲和新西蘭」，「都被聘用為經驗豐富的飛行員」。[128]

1987年10月，國泰航空於《南華早報》上刊登廣告：「千載難逢的就業機會：成為國泰航空的飛機師。」這個職位開放予符合某些條件的「香港本地永久居民」，學員需要接受「為期70週的密集培訓課程」，之後將會成為「合資格的商業飛行員和⋯⋯以國泰航空二副機師的身份回港」。作為二副機師，畢業生將在國泰航空的波音747和洛克希德三星的駕駛艙工作。國泰航空所提供的起薪為每月10,000港元，可增至每月超過15,700港元，另附旅行優惠、醫療福利、退休及休假福利（1986年香港的月收入中位數為2,573港元，1991年則為5,170港元）。如果擁有足夠的飛行經驗並成功完成額外培訓，六年後可能會晉升為副機師。「那些能夠堅持不懈，滿足我們極高標準的人，可以期望達成機師的終極職業目標。」該廣告敦促潛在申請者不要錯過「這個千載難逢的職業機會」，並鼓勵那些在1987年尚未成年或者未有資格的人士於未來申請。[129] 事實上，這個職業前景具吸引力，但本地員工與外籍機師之間的薪酬差距，則未作討論。

國泰航空第一批見習機師準時報到。《南華早報》頭版指出，國泰航空從超過400名申請者中選出了「11名雄心勃勃的香港年輕人」，[130] 當中大多數人能於1989年按時畢業。國泰航空於1989年11月時事通訊的標題寫道：「樂不可支！」。1989年10月24日，9名見習機師「都出生於香港」，中文名字按照香港習慣拼寫，他們在位於蘇格蘭普雷斯蒂克（Prestwick）的英國航空航天飛行學院完成了課程，並從港督衛奕信（David Wilson）手中獲得了他們的「國泰翅翼」徽章。見習機師們於普雷斯蒂克完成了為期70週的培訓計劃，其中包

128. 《南華早報》，1987年8月5日，25。

129. 《南華早報》，1987年10月21日，19；1987年10月28日，13；"Summary Findings of the 1991 Population Census," *Hong Kong Monthly Digest of Statistics*, November 1991, 114。

130. 《南華早報》，1988年4月27日，1。該報紙繼續密切關注他們的發展（參見《南華早報》，1988年11月8日，4）。

括兩千小時的晝夜飛行，他們獲得了英國商業飛行員執照及儀器飛行資格，並加入國泰航空擔任二副機師。在香港，他們加入波音747-400機隊之前，繼續進行培訓，並接受了進一步的技術及模擬器的指導，這是「成為國泰機師職業階梯的第一步」。[131]

負責見習機師的行政經理巴克斯特（Peter Baxter）解釋，在選擇合適的候選人時，「飛行能力技能至關重要」，除了積極進取、英語流利及擁有其他教育資格外，國泰航空還看重候選人的手眼協調能力。「根據我們正在尋找的候選人的程度看來，這些技能只有少數人具備。」即使語言能力（「英語流利」）、教育背景（「高階的數學和物理能力」）及運動協調三項條件，均不分種族界限，但許多香港申請者發現自己在其中一項關鍵條件存在缺陷。國泰航空要求「20/20視力（未曾矯正）」，不接受任何需要配戴矯正鏡片的申請人。「很多香港人都戴眼鏡」，「體檢『淘汰』了很多申請者」。[132]

雖然國泰航空的目標是為駕駛艙機組人員塑造一個更本地化的形象，但公司仍必須配合英國規章手冊。國泰借用了英國皇家空軍的面試形式，經過修改以滿足公司的要求。國泰時事通訊打趣道，公司不是「因為較喜歡蘇格蘭的天氣」而選擇普雷斯蒂克的培訓學校。畢竟，普雷斯蒂克是「首間專門為培養航空公司飛行員而設的機構」，而國泰航空的學員在返回香港後只需要進行轉換訓練。英國航空公司是普雷斯蒂克的主要客戶。這些課程招收了一半來自國泰航空，以及一半來自英國航空公司的學生。「一些文化會在各個方向上相互影響，因此才有了這個想法。我們的年輕人非常擅長鑽研書籍，而西方人則相對比較外向。整個計劃，尤其是在提高英語技能方面，進展順利。」為了適應以英語作為通用語的國際飛行世界，香港的華人學員需要向英國同行學習。[133]

國泰航空改善了甄選程序，因此到了1990年，處於高級階段的申請人可以參加飛行分級課程。為了進行這項評估，國泰航空將申請者送到澳洲珀斯附近的詹達科特飛行學院（Jandacot Flying College）。國泰本來可以選擇在澳洲進行全部培訓，但香港民航處對澳洲執照的接受程度低於英國同等執照。澳

---

131. Swire HK Archive, CPA/7/4/1/1/183 *Newsletter*, November 1989.

132. Swire HK Archive, CPA/7/4/1/1/186 *Newsletter*, March 1990.

133. Swire HK Archive, CPA/7/4/1/1/186 *Newsletter*, March 1990.

洲飛行員需要參加額外的考試才能滿足香港的要求。[134] 在飛行世界中，資歷並非平等的。雖然英聯邦國家的證書已很有優勢，但英國的證書仍更吃香。

畢業生讚賞見習機師計劃為他們提供了嚴格的培訓及職業機會。首批見習機師之一的 Richard 說：「有很多東西要學。」並補充指「在普雷斯蒂克的學習並不容易」。「對飛機非常瘋狂」的 Richard 於倫敦瑪麗女王學院獲得航空工程學位，但他不認為那些欠缺這些資格的人應該感到自己處於劣勢。他的一些同學「在加入國泰之前不曾坐過飛機，**甚至未曾當過乘客**」（著重部分由作者標明）。對於那些能堅持下去的人來說，前景是光明的。「他們的薪酬水平將會與新加入的外籍人士完全相同」，負責見習機師的巴克斯特解釋，「當然，他們並沒有外地津貼。」[135]

在 1990 年對見習機師計劃的審查中，國泰航空將計劃的起源追溯到 1987 年，當時航空公司「預見全球飛行員將會面臨短缺」以及很快就難以招募「世界上最優秀的機組人員」。這是國泰航空「首次」能夠「負擔得起從零開始培訓飛行員的費用」。然而，這份審查迅速補充道，「**香港的航空公司**應該給**本地**年輕人一個前所未有的成為飛行員的機會，這應是理所當然的。」（著重部分由作者標明）[136]

國泰航空打算將這個見習機師計劃發展成一個持續的計劃。1990 年 3 月，在首批畢業生誕生以後，這個項目已培訓了 9 名合資格的二副機師，另外還有 27 名正接受培訓（預計其中約 16 名即將畢業）。[137] 到了 7 月，又有 5 名學員獲得了他們的徽章，成為二副機師。國泰留意到第二批的所有畢業生，「除了出生於中國的梁斌（Dennis）」，都是在香港出生。[138] 國泰計劃於 1990 年再開設三組，每組 8 名見習機師，並以每年招聘 24 名見習機師的速度繼續下去。「最終」，巴克斯特說，「當我們在 10 年或 12 年後回望過去，到時可以說這些人已經成為了優秀的機師，那才能說這個計劃成功了。」[139]

---

134. Swire HK Archive, CPA/7/4/1/1/186 *Newsletter*, March 1990.

135. Swire HK Archive, CPA/7/4/1/1/186 *Newsletter*, March 1990.

136. Swire HK Archive, CPA/7/4/1/1/186 *Newsletter*, March 1990.

137. Swire HK Archive, CPA/7/4/1/1/186 *Newsletter*, March 1990.

138. Swire HK Archive, CPA/7/4/1/1/190 *Newsletter*, July 1990.

139. Swire HK Archive, CPA/7/4/1/1/186 *Newsletter*, March 1990.

原動力：受政治啟發競爭成為本地營運的航空公司

　　1980年代及1990年代的挑戰，逼使國泰航空重新定義自己。港龍航空所掀起的政治變遷與競爭，使國泰航空必須調整與政府的關係，並且重塑品牌。國泰航空除了向中國內地的利益集團出售股權、聘請當地飛行員，還發起了一項廣告活動。公司的客戶營銷經理解釋指，廣告是出於本能：「我們知道，我們是亞太地區的旗艦航空公司，也是國際旅行新世界的航空公司。」[140]在香港未來瀰漫著一種不確定性的那些年，國泰航空拒絕固守政治性區域定義是可以理解的。公司巧妙地聲稱自己是一個訂立更大標準的承擔者，而這個標準會將航空公司推向更廣闊的市場。此外，國泰航空精心制定立場聲明，並修改了對多民族機組人員的稱呼。1990年，國泰航空稱她們為「來自10個亞洲**地區**（lands）的空姐」[141]（著重部分由作者標明），而並非像1980年代一樣，稱他們為「來自9個亞洲**國家**的空姐」，這一舉動回應了國泰1960年代的作風。[142]

　　這種政治上的不定義，不足以捍衛國泰航空於香港的地盤。國泰的競爭對手港龍航空，致力確立作為香港航空公司的真正本土地位。事實上，港龍航空招募本地機師的時間較國泰航空早。至少雙方在宣傳上是這樣表達的。在成立之初，港龍航空的管理層曾強調，這間「由香港人經營」的航空公司在聘用飛行員時，將會遵循本地化政策。1985年，這間嶄露頭角的航空公司宣布，已聘請了香港第一位見習機師，並擁有全由本地人構成的機組人員。[143]代表不同政治立場的香港中文報紙都報導了一位名叫關炳光的飛機師，他是香港人，曾接受飛行訓練，並於1981年在美國獲得商業飛行執照。[144]港龍航空在1987年第一期機上雜誌中，吹噓公司「香港首批航空公司飛機師」：「兩位年輕的香港人……將自己和港龍航空列入了歷史紀錄。他們是首批本地出生、獲香港的航空公司聘用的飛機師，是這間航空公司於1985年設立的機組

140. Swire HK Archive, CPA/7/4/1/1/195 *Newsletter*, December 1990.
141. Swire HK Archive, CPA/7/4/1/1/168 *Newsletter*, 1981?; Swire HK Archive, CPA/7/4/1/1/170, November 1981; Swire HK Archive, CPA/7/4/1/1/191; Swire HK Archive, CPA/7/4/1/1/193; Swire HK Archive, CPA/7/4/1/1/195 *Newsletter*, 1990.
142. Swire HK Archive, CPA/7/4/1/1/40, *Newsletter*, July 1962.
143. 《大公報》，1985年7月5日，7。
144. 《大公報》，1985年7月5日，7；《華僑日報》，1985年7月6日，13。

人員培訓計劃中的第一批畢業生。」就像緊隨其後的國泰航空見習機師一樣，港龍航空的兩名本地飛機師於蘇格蘭（另一所學校）接受培訓。另外兩名港龍航空見習機師也在當地接受飛行訓練。[145] 比這兩位香港華人見習機師更早加入的是三十歲的、曾任香港航空俱樂部飛行教練的 Chris Thatcher。港龍航空很雀躍地標榜 Thatcher 為「第一位加入香港航空公司的本地培訓飛機師」。[146]

1988 年的一篇報紙文章報導有關任命關炳光為「第一位於香港出生的華人飛機師」一事，強調「港龍航空公司聘用及培訓香港公民為商業飛行員的政策」。正如港龍航空的董事總經理所言，公司一直保持「增加華人飛機師對外籍飛機師比例的長期計劃」。[147] 1988 年年中，港龍航空預測於一年內，公司的 20% 飛機師將為香港土生人士。[148] 對於當時只有 20 名機組人員的初創公司來說，他們仍然佔少數。可是這些本地飛機師率先在駕駛艙中代表香港，對於一個航空樞紐來說乃屬非常遲緩的發展。

港龍航空鋪平了道路，為香港本地居民取得更多開創性成就。1988 年，港龍航空聘請了「第一位見習女飛機師」Rosa Chak，她在完成培訓後成為「香港第一位商業航空公司女飛機師」。[149] 第二名女見習機師亦加入了港龍航空。[150] 次年，港龍航空慶祝 Rosa 升為副機師。1989 年 6 月，她在蘇格蘭完成集中訓練，並在英國獲得認證後，返回香港並獲得香港商業執照。她被任命為副機師，使她成為「唯一一位在香港出生、為商業航空公司飛行的華人女性」。[151] 當她將她的創舉，與同樣在香港、中國及西方參與這行業的女性進行比較時，Rosa 指：「據我所知，國泰航空最近更改了他們的飛行手冊，在提及飛機師時會使用他／她。」[152]

145. Swire HK Archive, Dragonair *Golden Dragon* 1, no. 1 (June–July, 1987).

146. Swire HK Archive, Dragonair *Golden Dragon* 2, no. 3 (June–July, 1988).

147. 《南華早報》，1988 年 8 月 27 日，2。《華僑日報》（1988 年 8 月 27 日，3）亦有報導關炳光的任命。

148. Swire HK Archive, Dragonair *Golden Dragon* 2, no. 3 (June–July, 1988).

149. Swire HK Archive, Dragonair *Golden Dragon* 2, no. 3 (June–July, 1988).

150. Swire HK Archive, Dragonair *Golden Dragon* 2, no. 6 (December 1988–January 1989).

151. 《南華早報》，1989 年 9 月 9 日，3；Swire HK Archive, Dragonair *Golden Dragon* 3, no. 5 (October–November, 1989).

152. 《南華早報》，1990 年 3 月 31 日，94。

1987年，正是在這種本土競爭的背景下，國泰航空啟動了見習機師計劃。事實上，公司多年來一直因在高層缺乏本地華人代表而飽受批評。1985年1月，*Cargo-lines Asia* 雜誌的編輯斯勞（David Slough）譴責「擔任航空公司大部分高級職位的」外籍人士的主導地位。斯勞強調，國泰航空的「員工中沒有一名香港華人飛機師」。[153]

國泰航空致力打造香港特色，它的見習機師計劃乃其中一個重要組成部分。事實上，本地的招募之戰已經延伸至駕駛艙以外範圍。1991年，港龍航空自誇公司95%的客艙服務實習生均來自香港。[154] 1992年12月出版的國泰航空員工通訊中，有一篇文章試圖提升公司在香港的形象，文中簡單地表示「國泰與社區不能被視為是分離的」。國泰航空自稱公司為「香港最大的私營教育機構之一」，為本地居民提供「各種技能的培訓——飛行、信息技術、英語、管理等等」。國泰航空將公司的成就歸因於香港的「地理位置」，宣布在政治轉型過程中對這座城市的承諾，並表示希望「香港市民為國泰的成就感到自豪，將該公司的成就視為自己的成就」。[155]

對於打造本地自豪感及所有權的企業來說，最重要的是將本地面孔納入國泰航空的員工中，尤其擔任更高級別的職位。國泰航空的本地招聘不再局限於駕駛艙的指揮職位，而是擴展到公司的管理高層。1992年2月，國泰在《南華早報》刊登了一則廣告，當中列出了三位員工的英文名字，名字按本地習慣拼寫。這則廣告標語是「成為國泰航空的管理人員，探索新的領域」。這則廣告旨在吸引香港讀者，誘發他們成為國泰航空「高水準的管理人員，以維持公司的快速增長及良好聲譽」。[156]

國泰航空預計公司會持續增長，因此在招聘中瞄準香港申請者：「如果你有能力和抱負，算術水平達標，並且能說流利的英語**及粵語**，那麼加入國泰航空，一切皆有可能。」（著重部分由作者標明）[157] 能說流利英語這個要求，延續了航空公司的長期政策，但加入粵語的要求則標誌著本地化的明顯轉變。1993年，國泰航空於香港會議展覽中心舉行的招聘會上，展示了它「推

153. 《南華早報》，1985年1月5日，22。
154. Swire HK Archive, Dragonair *Dragon News* 2, no. 9 (September 1991).
155. Swire HK Archive, *Cathay News* 80 (December 1992).
156. 《南華早報》，1992年2月20日，42。
157. 《南華早報》，1992年2月20日，39。

動公司成為香港在勞動力短缺下的首選僱主」的承諾。活動期間，國泰航空「分發了14,000份小冊子，並說服了100多人即場進行面試（其中有幾位在接下來一週已開始工作）。」[158]

在香港政治轉型期間，「本地」航空公司的競爭十分激烈。國泰航空董事總經理艾廷頓（Rod Eddington）在接受《南華早報》的採訪時，反駁有關國泰身份危機的傳言（「不確定是亞洲航空公司還是歐洲航空公司」）。他給予一個響亮的答案：「國泰航空是香港的航空公司。」公司的駕駛艙機組人員象徵著整個人事政策的改革。關於「本地員工與外籍員工」的問題，國泰堅稱，「我們擁有優秀的本地經理和海外經理，而且我們也有一個雄心勃勃的本地管理發展計劃。」國泰航空誓言「公司提供公平的機會」，堅稱「最重要的是你的貢獻及交付能力，而不是你來自哪裡——我們需要一個國際化的管理團隊，成員均須對香港有承擔。」[159]國泰航空有意吸納本地人才，表明公司正有意識地在各個層面融入更多香港本地元素，至少反映在各級薪酬中，以展現世界主義。

同樣地，1993年，國泰航空在一則顯眼的廣告中宣傳「誠聘：女見習機師」。國泰在見習機師計劃設立五年後，以及目睹港龍航空接納首位女見習機師的五年後，擴大了這個計劃，「鼓勵香港女性將飛行作為職業選擇。」國泰飛行營運總監解釋，計劃擴大後將確保女性「即便身處在一個大多亞洲航空公司的傳統都以男性為主的就業領域，都能獲得平等機會」。[160]

國泰航空飛行營運總監 Gerry Clemmow 表示，「合資格飛行員之間的競爭非常激烈，他們都經驗豐富，而且渴望為國泰工作，導致迄今為止，我們都未能接納為數不多申請加入公司成為女飛機師中的任何人選。」他續說：「通過見習機師計劃，所有申請者的起點都一樣，我們將更有能力鼓勵香港年輕女性考慮以飛行作為職業。」《南華早報》報導了國泰航空的新發展，文章很快便比較了國泰與港龍這兩間公司。當時港龍航空正希望聘用 Rosa Chak 以外的兩名女飛機師。文章亦援引了香港空勤人員協會秘書長的話指，「我們很高興國泰航空能與時俱進。」[161]

---

158. Swire HK Archive, *Cathay News* 84 (April 1993).

159. Swire HK Archive, *Cathay News* 89 (September 1993).

160. Swire HK Archive, *Cathay News* 87 (July 1993).

161. 《南華早報》，1993 年 6 月 18 日，4。

國泰航空的見習機師計劃，令香港本地男性得以投身這個過往專屬於外籍男性的職業。這個計劃在頭五年已培訓了 70 名畢業生，他們全是男性，以二副機師的身份進入駕駛艙的特權領域，其中 7 名畢業生晉升至代理副機師一職。[162] 相比港龍航空，國泰航空的進步相形見絀，1986 年以見習機師身份加入港龍空的葉欣鴻（Jack Ip），已於 1994 年成為公司的「首位本地合資格飛機師」。[163]

雖然國泰航空在推廣本地飛機師方面落後於港龍航空，但公司仍然落力追上對手。不過，最終結果在一開始就被視為乏善可陳。《南華早報》報導了「緩慢的反應」。面對「來自男性見習機師的激烈競爭」，國泰航空在首年取消性別限制後，見習機師計劃沒有接納女性申請者。[164] 1994 年，香港大學工程系畢業生胡淑芬（Candy）成為第一位加入國泰航空見習機師計劃的女性。胡淑芬不同意任何以體質為由，來解釋女性參與度低的原因，「在空軍中，作為一名戰鬥機飛機師，理應擁有強健的體魄，看起來更具攻擊性。但對民航飛機師來說，男女飛機師都是一樣的，他們更重視思維層面，而不是身體狀況。」[165]

到 1996 年，胡淑芬完成了必要的訓練，獲得二副機師的銜頭，擔任長途飛行的巡航機師。[166] 在當年公司時事通訊上發表的一篇採訪中，胡淑芬提到她在國泰航空的工作，如何消除了早前她對加入航空業的猶疑。胡淑芬在土瓜灣長大，那裡正正位於啟德機場旁邊，她以往從未想過要成為一名飛機師，原因是她「以為自己必須非常年長，而且來自一個非常富有的家庭」，直到三年前才改變了想法。她說，「也許很多香港人聽到我的職業會感到驚訝，但在歐洲及澳洲等國家，女飛機師並不罕見。」文章末總結道：「香港也順應轉變。」[167]

「Candy 的生活多姿多彩」，國泰航空報導了這位於 2002 年晉升為高級副機師的第一位本地女飛機師。胡淑芬很享受她這個創舉所帶來的榮譽，但承認「要在一個被視為是男人的世界中當一個女人，可能十分艱難」。雖然她享

162. Swire HK Archive, *Cathay News* 87 (July 1993).

163. Swire HK Archive, Dragonair *Dragon News* 28 (September–October, 1994).

164. 《南華早報》，1994 年 5 月 11 日，40。

165. 《南華早報》，1996 年 8 月 31 日，3；1997 年 8 月 4 日，20。

166. 《南華早報》，1996 年 8 月 31 日。

167. Swire HK Archive, *The Weekly* 99 (August 1996).

受自己高飛工作的「自由」，但工作環境「對身體及皮膚並不是特別好」，這可能是胡淑芬的男同事較少關注的問題。[168]

除了性別問題，在本地聘請飛機師方面，國泰航空仍然處於守勢。1994年7月13日，《南華早報》刊登的一封公開信中，機組人員招聘經理 Stephanie Heron-Webber 為國泰航空從英國、澳洲、新西蘭及加拿大招聘飛機師的傳統政策辯護，稱這是為了「英聯邦國家機組人員執照的一致性」。據稱國泰航空「很幸運地收到了大量來自這些國家的合適申請，以填補所有空缺」。這位經理承諾，國泰航空將考慮在「傳統招聘領域」以外的申請人，並提醒讀者，公司從香港招聘見習機師乃履行「對香港的企業承諾」，當時國泰航空已經培訓了「大約70名**華人**二副機師及代理機師」（著作部分由作者標明）。[169] 雖然取得了這些成果，但國泰航空明白，結構性問題令公司難以降低對外籍飛機師的依賴。一半申請者未能符合「香港居民資格」，令航空公司的招聘工作變得複雜。對於其他人來說，視力不佳仍然是一個障礙。Heron-Webber 在另一個場合指出「這裡的視力惡化速度比其他地方快」。她補充：「基於這個原因，我們不會接受佩戴任何形式視力矯正器的見習機師。」[170]

為了增加本地員工人數，國泰航空精心策劃的努力是顯而易見的，但仍存在某些障礙。在1995年一次本地招聘活動中，吸引了800名有望加入國泰成為機組人員的應徵者。招聘負責人認為這是非常合理的：「由於國泰航空是一間以香港為基地的航空公司，因此有必要招聘更多的本地機組人員。」然而，結構性問題依然存在。正如負責人所解釋的那樣，本地機組人員的申請者面臨的主要障礙為「英語考試」，另一項障礙則與駕駛艙的申請者一樣，就是「視力測試」。[171] 雖然國泰航空依然堅持這項視力要求，但公司後來放寬

---

168. Swire HK Archive, *CX World* 70 (January 2002).

169. 《南華早報》，1994年7月13日，18。

170. 《南華早報》，1994年10月12日，45。這篇報導更比較了國泰航空與新加坡航空和汶萊皇家航空的情況。據說新加坡航空所僱用的外籍飛機師，比這個地區任何一間航空公司都多，而且該公司的見習機師計劃也不局限於當地人。因此，新加坡航空招募了大量馬來西亞人，另外還有大量來自英國及澳洲的見習機師，以及「少數其他國籍，包括愛爾蘭、德國、挪威及美國人」。汶萊皇家航空成立五年後，也於1979年開始由政府資助的見習機師計劃。對於只有276,000人口的汶萊，以及許多似乎不願意長期遠離家鄉的國民來說，本地化計劃被認為是具挑戰性的。

171. Swire HK Archive, *The Weekly* 20 (January 1995).

了對有抱負的見習機師的永久居留權限制，允許香港男性和女性申請這份工作，只要他們能夠提供證明，證明自己「屬於社區的一分子」，例如他們「在這裡上過學或是在這裡住了很多年」。然而，由於國泰航空繼續從其他航空公司以及從來自「英國、加拿大、澳洲、香港、新西蘭」的空軍中招募飛機師，「有時是來自南非和津巴布韋」的空軍，[172] 導致香港本地候選人的競爭依然相當激烈。國泰依然偏向具英聯邦背景及培訓經驗的申請者。因此，當國泰航空於1995年將培訓地點從蘇格蘭普雷斯蒂克（已有近100名國泰新人在那裡接受過飛行課程）遷移至亞特蘭大附近的一所澳洲航空學院時，[173] 這個決定也就不足為奇了。國泰航空致力向其他公司員工介紹香港本地面孔，包括那些在駕駛艙佔據主導地位的員工。同時，公司希望機組人員繼續接受培訓，並且依據英聯邦標準去建立基礎知識。

　　國泰航空致力推廣本地化的工作，一直維持到殖民統治的最後日子。1995年，《南華早報》的一篇文章，繼續宣傳這間航空公司的工作前景，「前途無可限量」（the sky is the limit）。除了其他要求外，該文章重申「能用英語和粵語流利地交談」的能力。[174] 項目實施九年後，畢業生總數超過一百人，然而媒體形容「航空培訓起步緩慢」。雖然那些達到職業頂峰的人，有可能獲得月薪 100,000 港元，但「未有一位見習機師能成為正機師」。令人感到遺憾的是，許多人一開始就因為視力、體質或英語水平的持續問題而未能參與計劃。空勤人員招聘助理經理 Jennifer Ng Siu-hoi 指：「很多人都沒有通過，因為眼睛的潛在退化，或者是他們不夠高，或有心臟問題。」[175]

　　就在評論員於1997年回歸兩年後評估情況時，《南華早報》一篇文章以「職業前景遙遙無期」為標題，感嘆本地化進展緩慢。文章引用了1985年發起本地化項目的前港龍航空總裁苗禮士（Steve Miller）的話，他指：「很遺憾，本地化項目進展如此緩慢。」1999年的數據證實了他的觀點。在國泰航空見習

---

172. Swire HK Archive, *The Weekly* 34 (May 1995).

173. Swire HK Archive, *Cathay News* 95 (March 1994); Swire HK Archive, *The Weekly* 22 (February 1995); Swire HK Archive, *The Weekly* 34 (May 1995). 相比之下，中國於美國、澳洲、英國及新西蘭培訓見習機師；台灣中華航空和日本航空將見習機師送往美國；越南航空公司的見習機師則在澳洲、法國及英國接受培訓。（《南華早報》，1994年11月9日，37）。

174. 《南華早報》，1995年2月23日，63。

175. 《南華早報》，1996年7月22日，3。

機師計劃實施了十多年後，公司 1,300 名飛機師中只有 108 名為本地人。而港龍航空的 114 名飛機師中，只有 9 名是本地人。兩間航空公司主要是通過聘請經驗豐富的飛機師（大部分為外國飛機師）來推動公司的擴張，而不是透過廣受吹捧的本地見習機師計劃來進行招聘。[176] 國泰航空將高昂的培訓成本，以及有限的合資格申請者列為計劃進展緩慢的原因。然而，航空公司早該預計到培訓計劃需要大量投資，而且公司未有主動解決申請人在甄選過程中已知的結構性問題。[177]

國泰航空推廣本地化的努力，與香港政府在回歸前將權力移交給本地人的過程相似。在這個過渡時期前，香港政府吸納了非英籍的精英進入政府。金耀基將這個策略稱為「行政吸納政治」，英國當局透過這個方法獲取合法性。[178] 但正如曾銳生指出，即使政府於 1961 年採取了「除非在接下來的幾年裡，似乎不可能出現合資格的華人，否則不得任命外籍人員到常設機構」的總體政策，在這之後，公務員本地化的進展仍然非常緩慢。在 1984 年《中英聯合聲明》簽署後，踏入 1997 年的倒數計時，步伐迅速加快。自 1985 年起，政府只聘用華人擔任政務主任。由於外派官員因被迫退休或錯過晉升機會而獲得補償，本地招聘的政務主任在晉升方面也受到優待。同樣地，直到 1982 年，女性官員都面臨著制度化的性別偏見，無法享有絕對的平等。[179] 在香港權力結構中，構成指揮崗位本地化的原因有很多。要求公務員本地化，背後自然是考慮到申請人對社區的熟悉程度等優點，但能讓本地化的進程加快，主要是出於政治原因。[180] 由於民主化的可能性微乎其微，香港政府為了向本地居民表明責任感，其中一部分為實行公務員本地化，這也符合北京希望讓華人掌控香港的願望。[181]

---

176. 港龍航空聘請了四名副機師，他們擁有至少五年航空經驗，並且曾於軍事或民航學校接受基本培訓。公司的計劃得到熱烈的迴響，「主要來自各個英聯邦國家」。儘管最初公布了駕駛艙的本地招聘，但港龍航空仍然需要具有合資格背景的外籍員工，並按照與國泰航空所採用的相似標準來挑選申請人（Swire HK Archive, Dragonair *Dragon News* 3, no. 19 [March 1993]; Swire HK Archive, Dragonair *Dragon News* 3, no. 20 [May–June 1993]; Swire HK Archive, Dragonair *Dragon News* 3, no. 22 [September–October 1993]）。

177. 《南華早報》，1999 年 10 月 8 日，21。

178. King, *China's Great Transformation*, chap. 7.

179. Tsang, *Governing Hong Kong*, chap. 7.

180. Lee and Huque, "Transition and the Localization."

181. Cheung, "Rebureaucratization of Politics."

　　在殖民管治的最後日子，雖然香港航空業與過渡政府的動機一樣，希望能減少英國的控制，但國泰航空並沒有像香港政府那樣，經歷徹底的轉型。正如國泰航空於 1997 年回歸後，它在資本基礎上仍不斷增加香港和中國內地的本地代表，因此公司駕駛艙機組人員的本地化亦是一個持續的過程。遠在 1997 年之後，外籍飛機師的長期代表性，證明了國泰管理層的彈性，及對付新政權要求的應變力。公司採取足夠措施，以滿足對香港本地航空公司的要求。

　　時機說明一切。國泰航空在開始接受來自本地及中國內地注資的同時，急於重新分配駕駛艙的指揮崗位，融入更多香港本地面孔。國泰航空招聘本地見習機師的步伐，亦反映了港龍航空為取得香港航空公司認可而展開的競爭。國泰航空與港龍航空之間的競爭，隨著前者吞併後者而減弱。雖然兩間航空公司持續進行本地招聘，但 1980 年代和 1990 年代招聘的變化，並沒有為任何一間航空公司的駕駛艙操作帶來任何變革性影響。相反，招募本地飛機師對國泰的公眾形象，以及對一個經歷政治調整的城市的國際化網絡，都產生了持久的效應。

＊　＊　＊

　　國泰航空不同的國家/地方形象，凸顯了在不斷變化的地緣政治格局中，國家與投資市場之間的動態互動。隨著 1984 年中英談判結束，決定了香港在 1997 年後的命運，國泰航空開始採用香港本土面孔。然而，將航空公司改造成本地公司並不能充分滿足新政權的要求，尤其是港龍航空獲得了與內地有聯繫的投資者的支持，並與國泰航空爭奪真正的本土地位。國泰航空急於將本地面孔投入到職工隊伍（或至少創造這個對外的觀感），並承諾允許本地人擔任指揮崗位，從而與港龍航空的競爭超越了金融市場的層面。

　　最後，國泰航空對香港的承擔並不能保證獲得北京的支持。為了繼續營運香港上空的航道，國泰接受來自與北京有直接聯繫的內地控股企業的紅色資本。在整個過程中，國泰航空主要股東太古表現出相當大的敏捷度和彈性，應對急速變化的地緣政治背景。太古被認為是英國的公司，二戰後這使它從國泰航空的澳美創始人手中接管了控制權，並促進了那些倫敦認為合適的人投資國泰航空。諷刺的是，當政治潮流再發生轉變時，同樣的英資特質，也開始困擾集團對國泰航空的投資。外界對這種英國根源的看法不會輕

易消失。即使國泰航空後來進行重組，公司的股東基礎亦無法形成一種令北京滿意的香港本土身份。在1987年股權重組後，英資股東設法保住了總計三分之二的多數席位。到1992年，國泰航空的英資股東太古幾乎無法保持簡單的大多數，而在1996年，即回歸前一年，它的大多數股東席位最終站不住腳。中國內地對這間香港航空公司的投資和影響力不斷增加，旨在反映一種合適的折衷方法，實現無縫過渡的移交。1997年7月1日，主權（以及隨之而來的航空服務權）於一夜之間發生了變化，考慮到微妙的外交敏感性及所涉及的巨大經濟利益，這過渡絕非一件易事。

一如本地的英國機構，在其他非殖民化情況下，這些機構的專業知識似乎對後續機構的發展至關重要，[182] 國泰航空在香港主權移交中國期間，證明了它在香港的持續實力。然而，就國泰航空而言，它的英國股東不單需要與香港的「本土精英」（indigenous elites）分享權力和利潤，還需要與即將入主的中國內地勢力分享。[183] 國泰航空不僅對香港商業航空的成功發揮了重要作用，它在殖民時期發展的營運能力，亦有助於中國內地新興的航空業及機場基礎設施的發展。然而，與其他非殖民化環境一樣，英資企業與本地政府的議價能力將會受到削弱。這些企業能否持久地運作，取決於他們的企業活力，以及他們在非殖民化後，與當地政治和經濟力量融合的能力。[184]

國泰航空於不同歷史時期精心打造股權，在很晚的階段於跨國環境中測試了「紳士資本主義」（gentlemanly capitalism）的應用。[185] 1980年代之前，國泰航空面臨的挑戰可能僅限於英國圈子。然而，1997年前公司轉型時期的轉變，將股東基礎擴展到固有的社交網絡以外，涵蓋了背景截然不同的投資者。在這些新投資者中，有一些代表著中國的國家利益，對航空公司的持續成功至關重要。與英國如出一轍，即將入主的政權，在自由市場的框架內行使了國家影響力。正如國泰航空的長期投資者英國海外航空是一間國有企業一樣，中信、中航和中旅在這間香港航空公司中，也是代表著中國的國家利益。

182. Stockwell, "Imperial Liberalism."
183. Louis and Robinson, "Imperialism of Decolonization," 463.
184. Jones, *Merchants to Multinationals*; White, *British Business*.
185. 關於英國「紳士資本主義」發展的討論，見 Cain and Hopkins, *British Imperialism*。

　　國泰航空安排員工的組成以滿足業務需求，公司在這方面同樣精明。除了塑造女性機組人員陣容（見第三章）外，國泰航空還啟動了在香港招聘飛機師及管理見習生的計劃，由本地人擔任更多高薪的指揮職位，以求在策略上取勝。然而，國泰航空公司繼續堅持通過英國，以及英聯邦培訓來灌輸技術和制度。此外，結構性障礙（例如對飛機師的視力要求）亦限制了這個計劃的受眾人數。

　　歷史先例有時或會引起大眾對國家干預市場的擔憂，但國家行動往往因應時代而有所不同。中華人民共和國對香港行使主權，開啟了香港航空業發展的重大轉變。與中華人民共和國成立初期的經歷相比，中國內地對香港主要航空企業利益控制權的上升更是相對地隱晦，並沒有出現1950年代國家沒收企業資產所引發的公開衝突。[186] 這種差異不僅反映了回歸後的特殊安排，也反映了中國政府在改革時期急劇轉變的姿態。然而，航空業仍然是國家的關鍵行業，航空公司的成功很大程度上取決於它們能否獲得政治支持。[187] 滙豐銀行選擇由香港最大的銀行，轉變成全球金融集團，[188] 國泰航空的取向則有異於它的長期投資者滙豐。國泰在1997年前的過渡年，進行了多輪企業重組，深化與內地的聯繫。

　　在殖民時期的香港，國泰航空既是外地的，同時又是本地的——外地的，因為國泰的股份主要非本地持有，但也算是本地的，因為它的航線來自香港的大本營。這種奇特的組合，使國泰航空能在香港合法地得到英國的支持。隨著1997年主權移交迫在眉睫，這種合法性來源變得過時。[189] 作為回應，國泰航空首先強調它的本地形象，以盡量減少涉及某些英國或英聯邦特徵的「境外拖累」。[190] 由於單是將公司形象提升至香港本地化仍然不夠，於是

186. 以往有關中共統治初期幾十年城市轉型的研究，側重於共產主義國家對當地社會的滲透（Vogel, *Canton under Communism*; Lieberthal, *Revolution and Tradition*; Gao, *Communist Takeover of Hangzhou*）。有關中國早期資本家經驗的重點討論，參見 Gardner, "Wu-fan Campaign"; White, *Careers in Shanghai*; Krause, *Class Conflict*; Cochran, "Capitalists Choosing Communist China"; and Leighton, "Capitalists, Cadres, and Culture"。

187. 有關中國航空業總體發展的討論，參見 Le, "Reforming China's Airline Industry"。

188. 《亞洲華爾街日報》，1994年7月14日，1。

189. Bucheli and Kim, "Political Institutional Change."

190. Bucheli and Salvaj, "Political Connections."

國泰便呼應了另一種「境外」(即來自香港以外的) 的力量，接受行將入主的政權在它的股權分配上日益上升的要求。

　　國泰航空在多輪股權重組和本地招聘的舉措中，展現了先發制人的努力。中國政府堅持提升它在香港航空公司的代表權，表明了一種看法，即經濟非殖民化往往落後於政治非殖民化。[191] 事實上，即使在回歸後，英國的代表仍然在國泰航空中佔據主導地位，英資勢力的持續之所以被容忍，不僅是因為它有助於確保香港本地的營運效率，而且還因為它與中國內地新興行業有著聯繫。從中國國家政治的角度來看，國泰航空企業形象的漫長轉變，表明即將入主的政權為了自身的改革議程，願意推遲經濟國有化。

　　國泰航空不是一間普通的本地營運商。它從扎根於香港的長期大本營出發，發展到擁有跨國業務，首先擴展到包括東亞及東南亞的區域網絡，並於適當的時候擴展到歐洲和北美。這一分析強調，在考察國泰航空等企業的跨國環境時，國家的作用最為重要。[192] 在跨國環境中經營的公司，改變了他們經營業務的社會政治格局。[193] 反之，地緣政治力量亦會制約及影響商業選擇，即使在全球化趨勢下，仍然堅持執行管轄範圍。國泰航空的重組案例，凸顯了企業需要在不斷變化的國家定義之間的縫隙中，務實地運作。在全球背景下，國泰航空的業務不僅取決於它與當地 (不一定是國家) 情況的共鳴，還取決於不同國家參與者的共識。

　　在國家認為具有戰略意義，並且由國家保持監督的行業中，國家的作用更為重要。國泰航空在 1997 年前的情況非比尋常：有別於一般跨國公司只會利用它們在東道國和本國的業務，公司為了安撫北京的新東道主，在香港建立了本地業務，而且淡化了它的英國根源。在這一輪重組中，國泰航空採取了「具抱負的政治實踐」來應對新治理體制的要求。[194] 公司需要從根本上進行重組，而不是簡單地掩蓋其英國根源，來管理政治風險，並且贏得即將入主

191. Jones, *British Multinational Banking*.

192. 這個觀察並沒有形成對比，而是補充了 Boon 對強調跨國元素的呼籲 ("Business Enterprise and Globalization")。

193. Fitzgerald, *Rise of the Global Company*.

194. Lubinski 和 Wadhwani 討論使用「具抱負的政治實踐」來解決「民族主義固有的未來或目標導向特徵」("Geopolitical Jockeying")。雖然香港的回歸並未反映出城市內部的民族主義舉動，但國泰航空的策略滿足了中國的政治要求，就是在對香港行使管轄權時，對其領土上空的航空公司擁有更大的控制權。

的政權的信任，以保證公司恆久發展。企業不需要因為戰爭或公開衝突，就能經歷政治風險所帶來的生存威脅。在英國將香港的管轄權交還中華人民共和國的漫長過程中，國泰航空先發制人地作出反應，首先是提升本地形象，然後迎合掌權的主權國家的經濟民族主義傾向。

香港人在與民族國家的糾纏中，以作為「彈性公民」而聞名。[195] 國泰航空轉變投資者的形象，亦表明企業同樣善於調整所有權結構，以便有效地在不同的政治制度下運作。同樣重要的是，國泰航空能夠在不斷變化的政治光譜中改變形象，這證明了「企業國籍」概念的適用性。對國家所有權的學術關注，過多地假定了二元化（國有企業與私營企業），以至無法充分理解如國泰航空的跨國企業所展現的敏捷度。過分地吹噓香港自由市場，亦會錯誤地否定國家（以不同形式）對城市經濟活動的影響。本章並沒有研究全球資本的流動性，[196] 而是側重於介紹國泰航空不同時期發展所部署的企業國籍。雖然資本能在一定程度上超越全球市場上的外匯劃分，但投資者、個人或企業的假定身份，賦予了商業機構企業國籍身份，以及政治忠誠的某些含義。

從國泰航空不斷變化的企業形象來看，股權的自由市場，促成了企業對政治制度要求的回應及商業利益的流動，而非成為國有化或國家控制的對立面。國泰航空不單修改了招聘要求，更加藉股權轉移，以建立公司的企業國籍。這間總部位於香港的航空公司，在動盪的地緣政治中劃定了路線，減輕了可能破壞公司業務穩定發展的政治風險。

---

195. Ong, *Flexible Citizenship*.
196. 全球化和資本流動引起了許多經濟史學家和政治學家的關注。有些學者專注於兩者的聚合效果（例如，參見 Williamson, "Globalization, Convergence"），而其他學者則研究了這種趨勢對特定人群的益處（Obstfeld, "Global Capital Market"; Stallings, "Globalization of Capital Flows"）。

結論：香港何去何從？

　　香港透過商業航空，鞏固了一直以來的海上交通樞紐地位，並且與不斷發展的區域及全球網絡相連。隨著航空聯繫日趨頻繁，經濟因素激發了商業參與，然而，政治力量一直支配著這種長久且持續的聯繫過程。連同香港在內的航空網絡擴張，徹底改變了這座城市的社會環境，不單產生了人口流動，並且帶來了權力結構上的變化。應運而生的快速流動，加強了香港與東南亞及其他地區元素的互動，產生了反映商業航空的全球性和香港特殊性的文化形式。

　　作為一項新技術，商業航空連接了天空，在這「流動空間」，基礎設施萌芽，促進了新形式的交流和互動。[1] 然而，這項新技術設計的網絡，受制於香港既有的交通聯繫、自然環境及政治框架。與此同時，隨著香港商業航空的發展，產生了一個基礎設施，為不同元素的流動提供了渠道。商業航空新技術及其相關的網絡和基礎設施，兩者之間所形成的關係，塑造了現代香港的政治、經濟、社會和文化。[2] 從制度上來說，曾經主導上一代運輸的物流業務主要經營者（尤其是航運），需要在這個新技術平台上展示自己的地位，以維護他們的商業利益。因此，太古和怡和兩家公司均加入了競爭行列，於香港航空運輸方面持續角力，亦不足為奇。在基礎設施方面，當跑道等輔助設施未成熟到足以實現技術及商業可行性之前，飛船規避了硬件挑戰，讓航空先驅得以起飛。政治上，雖然新技術縮短了距離，邊界亦受到重劃的威脅，但具屬地管轄權的勢力展示了他們對空中領域的權利，並規定了空中連繫的交

1.　Castells, *Rise of the Network Society*; Larkin, "Politics and Poetics."

2.　Jensen and Morita, "Introduction."

通規則。既得利益者敏銳地意識到商業航空的破壞性潛力，於是為自己在這新行業發展期塑造了優勢，降低了競爭格局中的威脅。

　　戰後香港商業航空的發展反映了香港自身的發展，在某些關鍵時刻，各方面的有利條件匯聚一起，培育香港成為航空樞紐。與此同時，香港的機遇及其投資基礎設施的條件，反映了香港在整個擴張時期的變化。此外，航空網絡的建設，改變了香港內部的動態，以及與城市以外元素的互動。在有利的地緣政治環境下，香港得以發展成樞紐；而商業航空業的蓬勃發展，亦讓香港日益融入區域及全球網絡，並鞏固了它的中心地位。

政治臨界空間中的經濟機遇

　　人們很容易將香港商業航空的發展歸功於英國的支援，畢竟倫敦及帝國航空公司於早期階段的關鍵時刻，承擔了航空服務協議的談判。然而，香港的商業航空不僅起源於英國，還得益於來自歐洲、北美及中國新興交通的匯合。美國與民國政權之間的政治及經濟聯盟，啟動了從北美到太平洋一帶的交通。不過，在跨太平洋航線與來自歐洲的航線於香港相遇之前，無法連接上歐洲帝國的航線到東南亞與澳洲，實現真正的環球航行。因此，二戰爆發前夕，在處於中國南端的香港，美國航空公司及其中國合作夥伴，與英國帝國航空建立聯繫。

　　戰後，香港回歸英國管治，重新激發起將香港發展成商業航空樞紐的意欲。事實證明，比起作為英國殖民管治地區的地位，香港靠近中國內地，這點對這座城市成為交通樞紐的潛力至關重要。就二戰後航空業的發展而言，香港作為商業航空樞紐的吸引力，主要在於其中國本土以外的位置。[3] 然而，除了非中國管轄外，香港跟中國領土相連一樣重要，無論就字面上而言，或是就其隱喻來說，香港都有作為通往中國門戶的潛力。對在構建新流動網絡過程中指導航路設計的人來說，這潛力尤為重要。具進取心者沒有為政治效忠問題而苦惱，[4] 反而充分利用了香港位於中國南端，以及其作為外國飛地的混合性。二戰結束時，香港成為西方帝國主義在中國邊緣絕無僅有的立足點，這特殊地位正是它的優勢。香港是中國網絡中不可或缺的一部分，促使

3.　Carroll, *Edge of Empires*, 57.

4.　Fu, *Passivity, Resistance and Collaboration*.

內地及香港的利益從外部將香港「包括在外」，[5] 利用英國飛地的戰略位置，為
中國提供了一個通往更廣闊世界的口岸。1940 年代後期，香港的航空運輸量
急劇上升，證明了香港的位置無比重要。香港的臨界位不僅源於它在中國以
外的位置，亦基於它促進中國與周邊地區的交流能力。

遺憾地，事實證明人們高估了當時該樞紐的關鍵潛能。中共控制內地，
切斷了空中流動，也毀掉了大眾對新興航空樞紐的希望。諷刺的是，內地事
件解決了香港兩個英國陣營之間的競爭，結果太古支持的國泰航空，戰勝了
怡和及英國海外航空所支持的競爭對手。國泰航空在東南亞網絡的優勢，於
冷戰期間得到強化。憑藉這優勢，國泰形成一種區域配置，為英國海外航空
和其他行業巨頭的幹線網絡提供服務。香港航空業因中國內地的政權更迭，
具有潛力的中國航線給截斷了。雖然行業遭受了打擊，但香港重拾對英國的
依賴，於帝國網絡中佔有一席之地。

對於國泰航空及香港而言，地緣政治於國家權力的縫隙中孕育了新的機
會，讓企業得以發展。由於國泰航空向倫敦當局以及香港政府證明自己是一
間足以代表英國（或英聯邦）的公司，因而得以被培育成香港實際上的旗艦航
空公司。雖然中國內地仍然禁止商業航空往返香港，但國泰航空處於竹幕另
一邊的業務，為這間初創的航空公司提供了充足的商機，並使它在稍後時間
從東南亞擴展到日本和台灣。

穿梭香港的商業航空自 1950 年代起發展，並於 1960 年代加速了成長的步
伐，促進並反映了香港的經濟發展。冷戰的動力推動了交通流量，在來港遊
客中，美國在最初佔了大多數（1969 年為 28%）。美國這個領先的優勢，後來
被日本所超越，在整個 1970 年代，日本佔香港入境遊客的最大份額，於 1973
年更達到 37% 的高位。東南亞於 1980 年佔較大份額，到 1980 年代中期才再讓
位予日本。台灣於 1980 年代後期崛起，在英國管治香港的最後十年中，佔總
數的五分之一。[6] 除了受益於不斷增長的客流量外，香港亦受益於快速增長的

5.　筆者從華語研究中藉用了這個詞。王德威以此詞來描述「華語作家在表達本土情感
　　時，策略性地挪用中國符號」（Lin, "Writing beyond Boudoirs," 255，轉引自王德威，〈文
　　學行路〉）。

6.　*Hong Kong Tourist Association Annual Report, 1970*, 21; *A Statistical Review of Tourism*, 1976, Table
　　A12; *A Statistical Review of Tourism*, 1986, Table 1.12; *A Statistical Review of Tourism*, 1995, Table
　　1.11; *A Statistical Review of Tourism*, 1997, Table 1.13.

出口量。1962 至 1988 年期間，除其中四年外，其餘年份均錄得了兩位數的增長。在此期間，出口總額的複合年增長率為 17%。出口往英國的數字也出現可觀的增長，而美國出口量激增，則進一步推動了出口總額的增長。到 1960 年代初，香港對美國的出口量超越了對英國的出口量達四五倍之多。從 1965 到 1989 年，美國的出口數字一直超過香港總出口量的 30%，於 1984 及 1985 年更達到 44% 的峰值。雖然失去與中國內地的業務，對香港造成了沉重打擊，但香港與竹幕另一邊結盟，推動香港成為強大的經濟體。伴隨著經濟騰飛，香港的商業航空運輸量不斷增加（圖 C.1）。[7]

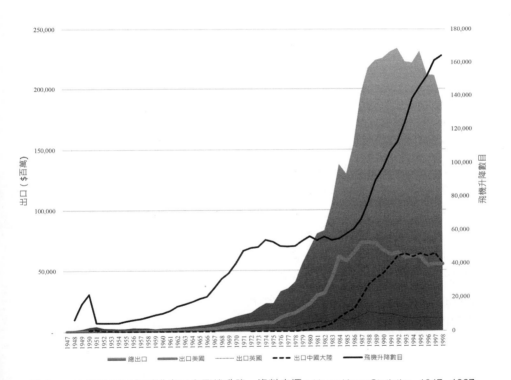

圖 C.1：1947 至 1998 年香港出口和飛機升降。資料來源：*Hong Kong Statistics, 1947–1967*; *Hong Kong Annual Digest of Statistics*, 1978, 1985, 1994 1998, 2000 editions。

7.　*Hong Kong Statistics, 1947–1967*; *Hong Kong Annual Digest of Statistics, 1978 Edition*; *Hong Kong Annual Digest of Statistics, 1985 Edition*; *Hong Kong Annual Digest of Statistics, 1994 Edition*.

　　到 1990 年代，自中華人民共和國重新對外開放，為香港的經濟帶來新一波增長後，總出口量的增長有所放緩。從 1977 到 1992 年，香港對中國的出口量有所增加，由只佔總出口量一小部分，上升至回歸時的 30%。中國最終於 1990 年代中期取代美國，成為香港最大的出口市場。[8] 同樣地，在香港入境遊客的總數中，中國內地的份額亦大幅上升，並於回歸當年達到佔總數的 22%。[9] 航空交通量亦持續攀升，反映了香港經濟的重組及急劇將定位轉向中國內地。內地市場的吸引力不僅體現於來自香港的出口量上，還包括香港連接內地航空網絡的競爭上。

　　作為一項連接不同地方的業務，商業航空通常能夠超越政治分界。與此同時，商業航空亦是一個需要投放大量資金的行業，不單國泰需要資金升級設備，香港政府也必須開發財政撥款建造基礎設施，以促進經過香港的商業航空持續增長。在香港強勁的經濟增長背景下，1958 至 1968 年的十年間，國泰航空的營業額上升了七倍，到 1978 年又再上升了十倍，達 18 億港元。營業利潤從 1968 年可觀的 200 萬港元，上升到 1978 年的 2.59 億港元，可謂相當驚人，為公司的擴張戰略提供了必要的資金。[10] 與此同時，香港政府亦從本地經濟起飛中獲利，從 1967 年的平衡預算開始，香港逐漸積累了可觀的儲備餘額，在回歸前的三十年中，除了其中四年外，政府財政均錄得盈餘。[11] 除了香港的航空公司，香港政府亦將香港累積的財政資源用於基礎設施和設備升級，將香港打造成商業航空樞紐。

　　1950 年代，香港與內地斷絕連繫，確實重創了商業航空，然而，由冷戰動力而產生的經濟增長，重新激發了香港的活力，並為其發展成為地緣政治鴻溝一側的商業航空樞紐提供了保證。除了航空貨運的流動外，遊客數量增長亦推動了香港的航空交通。正值冷戰解凍，以及香港工業發展放緩之際，中國內地的改革，重啟了香港與這個崛起中的北方大國之間的經濟聯繫，保

8.　*Hong Kong Annual Digest of Statistics, 1978 Edition*; *Hong Kong Annual Digest of Statistics, 1985 Edition*; *Hong Kong Annual Digest of Statistics, 1994 Edition*; *Hong Kong Annual Digest of Statistics, 1998 Edition*; *Hong Kong Annual Digest of Statistics, 2000 Edition*.

9.　*Hong Kong Tourist Association Annual Report*, 1997–1998, 18.

10.　Swire HK Archive, *Cathay Pacific Airways Limited Annual Reports*, 1962, 1968, 1978.

11.　*Hong Kong Annual Digest of Statistics, 1978 Edition*; *Hong Kong Annual Digest of Statistics, 1985 Edition*; *Hong Kong Annual Digest of Statistics, 1994 Edition*; *Hong Kong Annual Digest of Statistics, 1998 Edition*.

持了香港及其航空業的發展勢頭。在這些關鍵時刻，香港展現了「臨界空間的創新能力」，鞏固香港作為航空樞紐的關鍵功能。[12]

香港逐步發展成國際商業航空樞紐。在最初的階段，香港憑藉地緣政治優勢，成功將海上樞紐的角色，延伸至新興的航空界。然而，縱使在新技術支持的流動網絡中，香港得以重新錨定自身位置，也並不保證這座城市能夠長久且持續地享有優越地位。政策制定者及商業企業，克服了與中國內地航空交通中斷的巨大轉變，堅持不懈地為新興的航空業開發必要的基礎設施。冷戰動態令香港得以發展成為一個連接點，可以連接到更大的網絡，一端連接東南亞與歐洲，另一端則通過菲律賓、台灣、日本和韓國連接到北美。隨著時間的推移，扎根香港的勢力將控制範圍擴大至區域軌道以外，並在更大的範圍內施加影響。在不斷變化的地緣政治背景下，香港需要加強其重要性，與競爭對手的樞紐區分開來，並在網絡發展中發揮積極作用。

回歸後的網絡

赤鱲角新機場的規劃事宜，需要與中國內地當局進行協調。計劃展開時，《中英聯合聲明》還未簽署。[13]儘管中英雙方存在爭議，但這座耗資1,550億港元（200億美元）的機場，於1998年7月2日，由中國國家主席江澤民在香港回歸一年後啟用。香港特別行政區首任行政長官董建華將機場落成歸功於「香港市民的財富、市民對未來的信心及北京的支持」。江澤民登上國航航班返回北京數小時後，美國空軍一號降落香港——這是第一架降落赤鱲角的國際航機，護送了美國總統克林頓（Bill Clinton）結束中國之行後，抵達香港作中途停留。作為第一位踏足香港的在任美國總統，克林頓在董建華於禮賓府所設的晚宴上表示，香港「對中國及亞洲的未來，乃至美國及世界的未來都無比重要」。赤鱲角啟用當日，江澤民、克林頓連串香港之行，經精心編排，意義非凡。赤鱲角的規劃和所獲資助都跨越了政治分歧，正如董建華所

12. 筆者從 Duara 的文章中借用這個字眼，見 "Hong Kong," 228。
13. TNA, FCO 40/1312.

言，新機場將加強香港作為交通樞紐以及貿易、金融和旅遊紐帶的作用（圖
C.2）。[14] 1998 年，中美兩國政府均表示有意維持香港的關鍵地位。

硬件開發只是香港作為航空樞紐的中心地位的先決條件之一。在回歸後
的時代，機場基礎設施的工程，擴展至專用機場的建設（這個項目與二戰後
放棄啟德及興建新機場的計劃遙相呼應〔見第二章〕）。此外，香港上空的航
線亦不斷變化，當中包括航線的擴張、航空公司的股權結構、香港品牌的精
細化等。

國泰航空從最初的北美立足點（溫哥華）以外地區擴張出去。1990 年 7 月
1 日，國泰開通了香港和洛杉磯之間的航線，成為當時「世界上最長的定期直
飛商業航班」。[15] 在回歸前一年，這間香港航空公司亦「從紐約市分一杯羹」
（taking a "bite out of the Big Apple"）。1996 年 7 月 1 日，國泰推出每週五次飛往
紐約的航班，這是航空公司首次通過溫哥華飛往東海岸。[16] 回歸一年後，國
泰取消了這項服務的中途停留，並開通了香港和紐約之間的直飛航班。1998
年 7 月 6 日，波音 747-400「極地一號」飛越北極抵港，成為首架降落赤鱲角新
機場的商業航班。[17] 2000 年，國泰航空使用 A340-300 飛機，將這項跨極服務
擴展到香港－多倫多航線。[18] 這些技術壯舉，不僅擴大了國泰航空的網絡覆蓋
範圍，而且重新繪製了商業航空版圖，使香港成為天空中堅實的錨地。

回歸後，這間香港航空公司的網絡實現了驚人的增長。1998 年，國泰航
空「提供定期客機及貨機服務全球五大洲四十八個城市」。[19] 十年後，這間航
空公司累計為「三十五個國家及地區共一百一十六個城市」提供服務。[20] 到
另一個十年，國泰航空在 2018 年年度報告中稱，公司「直接聯繫香港至全球
三十五個國家共一百零九個目的地（連同代碼共享協議聯繫五十三個國家共

14. 《南華早報》，1998 年 7 月 3 日，1；《文匯報》，1998 年 7 月 3 日，1；《明報》，1998 年 7
    月 3 日，1。

15. Swire HK Archive, *Cathay News* 54 (September 1990).

16. Swire HK Archive, *The Weekly* 57 (October 27, 1995).

17. Swire HK Archive, *CX World* 10 (August 7, 1998)；《南華早報》，1998 年 7 月 7 日，3。

18. Swire HK Archive, *CX World* 51 (June 2000).

19. Swire HK Archive, *Cathay Pacific Airways Limited Annual Report 1998*, 1.

20. Swire HK Archive, *Cathay Pacific Airways Limited Annual Report 2008*, inside cover.

二百三十二個目的地）」。航空公司指出，這些數字「包括中國內地二十六個目的地」。[21]

　　國泰航空航線的部分擴張，源自與港龍航空的合併。在 2006 年的一輪重組中，國泰航空接管了港龍航空的全部股份，並接受國航（即中國的旗艦航空公司，為中航集團的大股東）及中信兩個大陸集團共持國泰 35% 的股份。與此同時，國泰航空將其在國航的股權由 2004 年的 10% 擴大至 17.3%，[22] 並且稱這是「歷史性的股權整合」。管理層承諾「務求以最有效的方式善用與港龍航空整合後所帶來的重大商機」。管理層特別提到，「國泰航空的國際航線網絡，與港龍航空在中國內地廣闊的網絡聯繫起來所帶來的協同效應和商機。」[23]

　　為了闡明公司不斷擴大的航班網絡，以及中國內地在其營運中的重要性，國泰航空為機組人員改造形象。1998 年，公司精心挑選本地時裝設計師劉培基，他的「醒目的色彩和引人注目的設計」，讓在香港殖民管治時期最後幾年推出的 Nina Ricci 服飾「終於可以退役」。[24] 劉培基的設計於 1999 年首次亮相，靈感來自他著名的「東方紅」系列以及「夜上海」系列，[25] 劉氏的設計採用了「紅色、藍色和紫色」的「亞洲剪裁」。整個設計中，最突出的是企領，旨在「讓航空公司看起來更亞洲化」。[26] 機場總經理指出，這個「漂亮而優雅」的設計傳達了他預期中的信息：「我們是香港的本地航空公司，具有國際風格。」[27] 這一特徵令人回想起 1962 年的中國風玫瑰色制服（見第三章），惟此系列並非由美國時尚專家所製成，而是由香港本地專業人士所設計的，比 1962 年時，有更大的信心表達現代亞洲的優雅。國泰航空對劉氏設計的制服信心之高，令公司日後推出新制服時，再次找他合作。[28]

21. Swire HK Archive, *Cathay Pacific Airways Limited Annual Report 2018*, 2.
22. 太古繼續持有國泰航空 39.99% 的股份（《南華早報》，2006 年 6 月 10 日，1）；Swire HK Archive, *Cathay Pacific Airways Limited Annual Report 2006*, 30。
23. Swire HK Archive, *Cathay Pacific Airways Limited Annual Report 2006*, 3, 21。
24. Swire HK Archive, *CX World* 6 (June 1998).
25. 《南華早報》，1979 年 8 月 28 日，16；1980 年 4 月 22 日，16。
26. 《南華早報》，1999 年 9 月 30 日，6。
27. Swire HK Archive, *CX World* 42 (November 5, 1999).
28. Swire HK Archive, *CX World* 103 (October 2004); 104 (November 2004).

　　就整個行業而言，商用航空經歷了驚人的增長。從 1997 到 2018 年的高峰期，航空旅客數量增長了近 150%。航空貨運增長更為可觀，於同期增長了三倍（圖 C.3 a 及 b）。[29] 2019 年，國泰航空為全球客運量第八大航空公司，國際航空貨運量排名第三。[30] 一段時間以來，強順風似乎推動了國泰航空及香港商業航空業的發展，擴大了香港的全球影響力、鞏固了其區域領導地位，以及加強了香港人對本地的自信心。

為流動中的城市定位

　　商業航空是一個全球性的行業，除了那些只在國內飛行的航空公司，所有航空公司均為跨國企業，業務需要跨越國界，並且延伸到本地管轄範圍以外。[31] 植根於本地環境的航空公司，在尋找將本土基地與海外目的地連接起來的商機時，面臨國內的政治及經濟限制。在此過程中，航空公司跨越在本地管轄範圍內遇到的政治局限，為所代表的國家或城市塑造出不斷變化的國際形象。自 1940 年代末以來，國泰航空與商業航空業為香港所做的正是如此，可謂成功地將這座城市錨定於全球網絡中，並改變了香港在世界經濟中的地位。

　　香港發展成航空樞紐，不僅帶動了國泰航空的發展，亦帶動了整個香港商業航空業的發展。國泰航空或大股東太古的「公司」定義，超出了公司結構的簡單範圍。隨著香港逐漸成為航空交通樞紐，商業利益與政治形式相結合，為國泰航空的業務擴張，創造了必要的總體結構及營商環境。雖然匯聚交通的好處最終惠及所有香港人，但在發展時期的推動者仍然是香港英國人。[32]

　　在空隙中營運，意味著國泰航空需要靈活應對來自各方的政治要求。雖然國泰航空的英資背景，有助確保將香港連接到由倫敦斡旋的目的地的飛行

29. *HKDCA*; Airport Authority Hong Kong website.

30. Swire HK Archive, *Cathay Pacific Airways Limited Annual Report 2020*, 2.

31. Wilkins, "Foreword," xiv。有關跨國公司的最新文獻摘要，請參閱 Wilkins, "History of Multinationals"。

32. 航空公司與香港政府之間的聯繫，有時可以非常無縫。在 1973 至 1980 年擔任國泰航空董事長後，彭勵治於 1981 年起擔任香港的財政司，直至 1986 年（Swire HK Archive, *Cathay Pacific Airways Limited Annual Reports, 1972–1979*；《獨立報》，1994 年 5 月 14 日）。

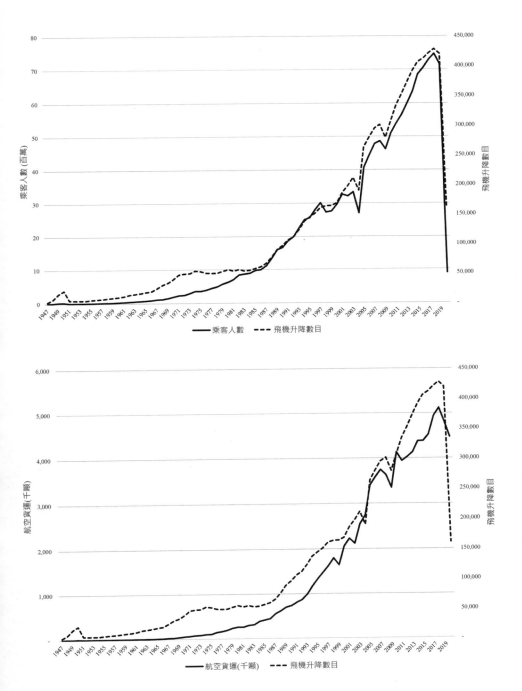

圖 C.3 a 及 b：1947 至 2020 年香港國際機場的航空交通統計。資料來源：*HKDCA annual reports* 及香港機場管理局。

權，但中國內地市場的出現改變了遊戲規則。內地市場的吸引力以及關於香港前途問題的持續談判，令國泰航空不得不為它的企業國籍重新定位。即使在回歸前，北京當局也對香港與內地目的地的聯繫擁有權力，而比這個更重要的是，飛越中國領空的交通權。在倫敦看來，國泰航空剛剛足夠英國化，但在北京眼中則屬過甚。為了重塑形象，國泰通過招聘、入股等方式，將中華風味注入香港的英式元素當中。然而，北京不盡認同這做法，並堅持在香港的旗艦航空公司中，不僅要有香港，也要有中國內地的成分包含其中。

國際航空公司既是本地的，又是跨國的。當他們與外國領域的目的地連接時，需要在本地管轄範圍內獲得國家的支持，這令國泰航空的案例變得更為複雜。在回歸前，國泰的股權結構引發了有關這家公司所在司法管轄區的問題。國泰屬於香港還是英國？隨著國泰與中國內地的航空交通恢復，這間香港航空公司到底是將服務擴展到國外，抑或進入新政權的國內地盤？由於香港的地位模糊，因此有必要將香港定義為一個政治上另類的實體（而國泰航空則是一間非國家旗艦航空公司），即使它的生存和持續成功，亦得取決於國家權力在香港範圍以外的支持。國泰航空在任何國家的意象中都顯得格格不入。在此獨特環境，作為香港承運商的國泰將「跨國」（multi-*national*）的應用延伸至極限。

一些跨政治司法管轄區經營的企業，需要參與「地緣政治角力」，以確保在經營環境發生變化時，能夠穩固自家的立足點。[33] 雖然政治風險通常來自公開戰爭，最壞的情況可對企業構成生存威脅，[34] 但即使只涉及和平權力移交的地緣政治格局巨變，也可危及商業前景，企業仍要在此等和平時期降低政治風險。在本書所涵蓋的時期，非殖民化浪潮就是其中之一。以前在大英帝國營運的航空公司當中，由家族經營的塔塔航空公司更名為印度航空公司，其中獨立後的印度政府持有多數股份。[35] 總部位於新加坡的馬來亞航空公司於1947年成立，獲英國海外航空公司巨額資金支持。與國泰航空一樣，在1950年代和1960年代，這間公司的發展遵循英聯邦模式。經歷多次更名，以反映馬來半島政治實體的重新配置，該公司的業務於1972年分拆成後來稱為馬來西

33. Lubinski and Wadhwani, "Geopolitical Jockeying"。詳細討論見第六章。

34. Jones and Lubinski, "Managing Political Risk"；Kurosawa, Forbes, and Wubs, "Political Risks and Nationalism."

35. Davies, *History of the World's Airlines*, 389–96.

亞航空公司和新加坡航空公司的機構。[36] 除了正在瓦解的英帝國領土之外，美國的滲透和冷戰的發展也影響了航空公司的形成。菲律賓航空公司的資金來自菲律賓和美國的資助，其中包括美國環球航空所佔 28% 的股權。日本航空公司成立於 1951 年，是一間私人企業，獲美國西北航空公司的協助。[37] 大韓國民航空於 1949 年由韓國交通部營運，直至 1962 年才重組為大韓航空公司，當中 60% 的股權為國有。[38] 相比之下，國泰航空以私人機構模式經營，成功地在香港的政治發展過程中導航。

香港是一個獨特的案例，二戰後回歸英國殖民管轄，直至成為中華人民共和國的特別行政區。跟其他在非殖民化背景下為生存而重新定位的企業不同，香港的企業無論在早期抑或於 1997 年回歸前夕，都不必專注於對付日益增強的**民族**意識。然而，國泰航空與英國營運商，以及那些不一定受到新政權青睞的營運商，不得不應對來自香港以外的國家要求，而且這些要求也日益強烈。香港企業的政治風險並非來自城市人口，而是來自**國家**權力。在新國家權力下，特區政府要管理一個根據新穎構思而制定的政治實體。

因此，國泰航空若要避免政治衝擊，需要因應不同發展階段的各種政治環境，將公司進行定位。在發展初期，國泰需要順應殖民框架，遠離中國內地的干預。這段期間，由於國泰航空並未對英國或中國的利益構成太大威脅，因此公司及其所服務的城市未受到不必要的關注。國泰航空公司的發展，展示了身處一個較弱勢國家的邊緣位置（無論是早年的中國，抑或非殖民化後期的大英帝國），更有利生存，業務亦會更繁榮。國泰的商業生存能力取決於政治和外交支援。國家權力的復甦，反而為這間總部位於香港的航空公司帶來困擾。

在大中華區營運的航空公司中，國泰航空獨特的私有制經營模式，需要更巧妙地協調政治和商業利益。於台灣，1959 年以國有企業的名義成立，並獲泛美資金和援助的中國航空倒閉，國民政府組建了另一間名為中華航空的國有航空公司。雖然這間台灣航空公司的股份，自 1993 年以來一直在台灣證

36. TNA, BT 245/1060; British Airways Archives, "O Series," 178, Geographical, 3464–72, 10000–10004; Davies, *History of the World's Airlines*, 411–12.

37. Davies, *History of the World's Airlines*, 406, 412.

38. Davies, *Airlines of Asia since 1920*, 516–19.

券交易所上市交易，但國家透過所持的主要股權，掌握了控制權。[39] 於中國內地，經過行業改革與整合，國航成為中國的國家航空公司，國家擁有相關實體的多數股權。[40] 而太古則持有國泰航空大量私人股權，與大陸及台灣的情況，形成了鮮明對比。

近年來，香港要在臨界空間中定義自己，逐漸變得困難。香港沿用英國統治末期的基礎設施設計，非當前政治體制所受命的機構，繼續從中獲利。香港的運作模式，特別是主要航空公司，容易令人聯想起殖民遺產。國泰航空早年之所以成為香港的航空公司，歸因於中共接管內地，令香港北行航線市場崩潰，導致本地競爭對手的業務大幅減少。隨著中華人民共和國對香港及其周圍的空域行使權力，國泰航空經歷了命運的逆轉。踏入回歸後時代，這家香港航空公司不僅面臨來自內地新興競爭對手的挑戰，也面臨愈來愈大的內地持股壓力。這點可見於港龍航空的成立，以及中國內地在國泰企業結構中增加的股權。正如英國試圖通過英國海外航空在香港的投資，於國泰航空中發揮影響力一樣，中國當局亦通過將錯綜複雜的交叉股權，在香港特區的航空業建立了強大的影響力。

國泰航空就像它所代表的城市一樣，連接並超越了中國與西方、北方與南方、本地與全球、市場與國家之間的鴻溝。國泰的持續成功取決於小心翼翼地平衡各地的利益。若在任何一個維度上向其中一側傾斜，都會扭曲這個網絡所形成的平衡。這股平衡恆常地在變化，從而需要航空公司，及提供外交支援的政治機關，採取再平衡的措施。

連接全球網絡

環球香港，需要在區域和全球航線上積極定位，才能以商業航空去跟網絡連接起來。最初，香港能在全球網絡中佔據關鍵位置，皆因它提供英國管治之利和位於中國內地邊緣要塞的優勢。香港的地理價值，首先見於作為中國與歐洲和北美交通的連接點。處於這要地，香港接通了整個網絡，在商業

---

39. China Airlines, Ltd., *Financial Statements for the Years Ended December 31, 2019 and 2018 and Independent Auditors' Report*, 11。屬於私營的長榮航空成立於 1989 年，為台灣另一間主要航空公司。

40. Air China Limited, *2017 Annual Report*, 21.

航空新興時期，成為來自中國內地、英國、美國及其他地區航空交通的匯合點。

　　香港不斷重新定位，凸出了航道的各種全球連繫。英國殖民的管治將香港投射在世界地圖上，且香港靠近中國內地，潛在的空中聯繫為此樞紐帶來了持久的吸引力。中共接管大陸，切斷了香港與中國內地的重要聯繫。香港周邊世界縮小，反而加強了區域聯繫，將城市重新定位於從南洋改造而來的、位於中國南部的東南亞區域網絡。在這個區域，香港發展了商業航空的足跡，以符合國際連接新行業的規則，漸漸擴大了網絡。香港的國泰航空懷著商號中「Cathay」對中國神話般的市場寄望，在「Pacific」這太平洋地區繪製它的世界地圖。[41]

　　在香港進軍全球市場前，國泰航空活動範圍的擴展，標誌著這座城市融入東南亞區域的過程。國泰航空服務範圍以及香港區域的發展，與 Carolyn Cartier 對區域形成的分析雷同。[42] 通過這個過程，方興未艾的商業航空產業，加強了香港與東南亞港口之間原有的聯繫，同時與這個地區的其他新興樞紐連接起來。[43] 由香港而生的線路，繼續延伸到歐洲和北美的幹線，與區域網絡相結合。在殖民時代末期和後殖民發展階段，這個網絡聯結了那些致力戰後重建中的城市。

　　這個區域網絡的持續發展，絕非必然。香港與那些有財力及國家支持的對手激烈競爭，可見於機場設施和飛機設備等基礎設施的不斷升級，更體現於各方所提供服務的差異。這些差異主要是透過塑造前線人員的形象來呈現的。在這個階段，香港若要繼續發揮商業航空樞紐的功能，就需為網絡提供所需運送的要素——貨物及乘客。香港與另外的主要樞紐，在沿太平洋地區築成了竹幕。這個布局受惠於冷戰時期的發展，而出口增長帶動了香港的經濟擴張，為香港和其航空業提供了龐大的能量。

　　香港非凡的經濟成就，讓這座城市超越了區域格局，擴展至由長途航線主導。在私有化及經濟自由化的背景下，倫敦為經濟繁榮的香港，開闢了一

---

41. Osterhammel 探討了有關「元地理學」的問題，即世界的空間模式化和空間的新命名（*Transformation of the World*, chap. 3）。

42. Cartier, "Origins and Evolution."

43. 這個過程呼應了 Otmazgin 對流行文化在塑造東亞地區的過程中所扮演的角色（"New Cultural Geography"）。

些跨太平洋航線，但最終在香港－倫敦的連接上，與倫敦的機構相競爭。就在此際，中國內地市場重新開放，自1949年以來一直處於休眠狀態的舊線得以復甦。香港在自身經濟成就的推動下，配合全球及地域發展，不僅兌現了早前的承諾，成為了與中國連接的洲際與跨太平洋交通樞紐，更以蓬勃的交通發展為基礎，去展示它的樞紐實力，以及承擔對流動管道的控制。

在1997年回歸之前，鑑於中國的優勢地位，香港再次重新調整了航線格局，確認了中國的勢力將會控制穿梭香港上空的交通。中國內地市場吸引了往來香港的營運商進入內地的新興網絡。事實證明，內地當局對空域控制甚嚴。在香港，英資於商業航空業的利益受到磨蝕是不可避免的。在回歸二十多年後的今天，這個過渡階段仍然持續。

在20世紀下半葉整個發展過程中，香港於全球化下發揮了重要作用。這座城市在全球進程中扮演著積極的角色，並成為全球結構中的重要一員。在不斷變化的流動空間中，香港發展成流動網絡中的錨。在回歸後，香港經歷了同樣的變革動力，在此僅列數例：中國經濟的持續擴張、香港與中國領導層不斷演變的關係、英美兩國對香港與中國不斷變化的態度等等。在此背景下，國泰航空在回歸後的二十年間，營業額增長了三倍，儘管經營利潤波幅較大及未能實現類似的增長。[44]雖然眾多宏觀因素的出現，無可避免地超出了營運商的控制範圍，但企業家營商的創意不應受這些背景限制。新一群帶領香港商業航空的班子，能否像過去幾十年前的人一樣熟練和務實，仍然有待觀察。

香港的政治動盪不時影響航空業的發展。雖然商業航空經得起挑戰，但到2020年，當要面臨一場席捲全球的新型冠狀病毒肺炎（COVID-19）時，本地的商業航空及其全球合作夥伴，仍然顯得束手無策。近年來，香港飽受社會動盪及政治問題影響，香港以及其主要航空公司，必須為下一階段的經濟增長，尋找新的動力。隨著新冠疫情的爆發，商業航空陷於停頓。由於所有往返香港的航班都是跨境航班，政府收緊邊境管制對香港的商業航空產生了巨大影響。2020年，航班升降量減少了60%以上，客運量則減少近90%。[45]疫情令國泰航空遭受重創，公司的客運收入暴跌超過80%，而貨運服務則表現較佳，增長17%。貨運服務此前佔航空公司總收入的五分之一，2020年則

44. Swire HK Archive, *Cathay Pacific Airways Limited Annual Reports, 1997–2019*.
45. Hong Kong International Airport, "HKIA 2020 Passenger Volume."

佔總收入近 60%。[46] 到了 2021 年，情況變得更加嚴峻，國泰航空於上半年不得不將客運量削減至疫情前水平的 5%。雖然運力已經下調，但公司在此期間僅填滿了 18.9% 的座位，在 238 架飛機中，有 89 架仍然停飛。[47] 即使獲政府注入資金，國泰航空的客運業務表現依然處於疲弱狀態，不得不減少營運，為行業長期停工做準備；同時終止了國泰港龍（港龍航空於 2016 年更名）的航空營運，並削減了 24% 的員工數目。[48] 有傳言稱，一間初創的內地航空公司盯上了國泰港龍的航線，而香港政府表示，國泰航空不一定會獲得其已停業的子公司的航權。[49] 出人意料的疫情，令長期以來專注於連接一直吸引國泰的中國內地市場的港龍返魂乏術，湮滅了國泰航空過往的本地競爭對手。

　　在一系列類似的重組舉措中，國泰航空更宣布關閉在加拿大、德國、澳洲、新西蘭以及倫敦的基地。[50] 據報導，就北美和遠東之間的客運量而言，國泰航空為 2019 年第四大航空公司，而目前，公司已經削減或暫停 10 個北美門戶中的 4 個，縮小了路線，變得大不如前。[51] 國泰航空飽受壓力。各大航空公司均激烈地爭奪跑道升降檔期，在這個問題上，國際航空運輸協會（International Air Transport Association, IATA）主席 Willie Walsh 提醒營運商，授予此類主要資源的全球慣例乃「不用則廢」。[52]

　　國泰這間香港航空公司今後如何處身全球航空網絡？香港故事必須繼續，情節曲折。商業航班網絡，以及香港在其中的地位撲朔迷離。香港智庫仍然對香港作為國際航空樞紐的可持續性持樂觀態度。一群物流方面的學者和專家認為，隨著與民航業協調發展，香港的國際地位可獲鞏固和提升。由於香港具備全球供應鏈的優勢，而且在高端物流的範疇稱得上實力雄厚，香

---

46. Swire HK Archive, *Cathay Pacific Airways Limited Annual Report 2020*, 23。有關香港交通的統計數據，見圖 C.3a 及 b。

47. Swire HK Archive, *Cathay Pacific Airways Limited Analyst Briefing: 2021 Interim Results*; Swire HK Archive, *Cathay Pacific Airways Limited Announcement, 2021 Interim Results*.

48. 《南華早報》，2020 年 6 月 9 日；Cathay Pacific Airways, "Cathay Pacific Group Announces"; Swire HK Archive, *Cathay Pacific Airways Limited Annual Report 2020*, 10。

49. Wong, "Cathay Dragon Traffic Rights."

50. Lee, "Cathay Pacific to Close Vancouver"; Richards, "Cathay Confirms"; Lee, "Cathay Pacific's London Pilot Base."

51. Pearson, "10 to 6."

52. Lee, "Hong Kong's Tough Pandemic Measures."

港的空運可以發揮重要作用。他們認為結合內地珠海物流樞紐，香港可作為連接內地西南地區與國際航空交通的樞紐。[53]

至於國泰航空，公司在重塑品牌的活動中提供了一些預告片。2021 年 5 月下旬，國泰航空在 Facebook 及 YouTube 頁面上發布一段視頻片段，展示了一個貌似全新的公司標誌。新設計保留了航空公司的「翹首振翅」標誌，惟配色方案被更改為天藍色。值得留意的是，在預告片中，公司英文名稱刪去了「Pacific」這個詞，僅為「Cathay」。[54] 那個超越神話的「Cathay」（即馬可孛羅遊記中的中國），曾經指向越洋世界的「Pacific」，看似一去不返。[55] 如果在宣傳中公司名稱有所不同，跟航班飛行模式設計示意圖一樣，可以表明公司新的業務方向，那麼大家可能可以從這段預告片中推斷出，這間香港的航空公司將會把重點從海外轉移到中國市場上。

香港的商業航空繞了一個圈子，回到原來的位置。二戰後，香港所建立的空中聯繫，現正面臨全球運輸及貿易網絡瓦解的挑戰。雖然新冠肺炎對香港及其他地方的商業航空，造成了毀滅性的破壞，但疫情始終會成為過去，天空將會重新開放，某些行業將會復甦，並且變得更加強大。全球商業航空的重啟，將會迎來另一輪重新布局。這場疫情結束之時，要麼見證著香港跟區域及全球聯繫的解體，抑或目睹香港如何重振樞紐地位。這齣戲行將於香港上空上演，且看此城能否再次展示實力，以靈活的姿態與細膩的步伐，在外圍連接強大的環球勢力。

---

53. Feng et al., *Creating Hong Kong's New Advantages*；2021 年 8 月 13 日，作者於香港馮氏集團辦公室與張耀敏及李雪珊進行採訪。

54. Cathay Pacific Airways, "We'll Soon Be Elevating Your Cathay Experience 國泰嶄新體驗，身心全面昇華," Facebook, 2021 年 5 月 28 日，https://www.facebook.com/cathaypacificHK/videos/525886458426380；Cathay Pacific Airways, "We'll Soon Be Elevating Your Cathay Experience 國泰嶄新體驗，身心全面昇華," YouTube, 2021 年 5 月 27 日，https://www.youtube.com/watch?v=WZRcQfecTDo。

55. 沒有跡象表明國泰航空公司將會更改中文名稱。1950 年代，國泰在宣傳中，中文名稱包含了「太平洋」的字眼，以對應 Cathay Pacific 中的「Pacific」（見圖 3.3）。隨後，這個中文字眼被刪除，但可以說，「泰」有「平靜」與「和平」的意思，亦是代表了「太平洋」。「國泰」一詞本身也可以解作（非指定）國家的「安定」和「繁榮」。

文獻書目

期刊

《大公報》(取自香港公共圖書館多媒體資訊系統)

《華僑日報》(取自香港公共圖書館多媒體資訊系統)

《明報》

《申報》

《天光報》(取自香港公共圖書館多媒體資訊系統)

《文匯報》

《香港工商日報》(取自香港公共圖書館多媒體資訊系統)

《香港工商晚報》(取自香港公共圖書館多媒體資訊系統)

《香港華字日報》(*The Chinese Mail*；取自香港公共圖書館多媒體資訊系統)

Asian Wall Street Journal(《亞洲華爾街日報》)

Canberra Times(《坎培拉時報》)

Flight & Aircraft Engineer

Hong Kong Sunday Herald

Hong Kong Telegraph(《士蔑西報》)

Hongkong Standard(《英文虎報》)

New York Times(《紐約時報》)

North-China Herald(《北華捷報》)

South China Morning Post(《南華早報》)

Straits Times(《海峽時報》)

The Independent(《獨立報》)

The Times(《泰晤士報》)

Wall Street Journal(《華爾街日報》)

檔案

Airport Authority, Hong Kong website (https://www.hongkongairport.com/en/the-airport/hkia-at-a-glance/fact-figures.page).

British Airways Archives. London, UK.

British Library. Asia and Africa Studies, India Office Records, London, UK.

HKDCA. Hong Kong Annual Departmental Reports by the Director of Civil Aviation.

Hong Kong Heritage Project. Kowloon, Hong Kong.

HKPRO. Hong Kong Public Records Office. Government Records Service, Hong Kong.

Hong Kong Tourist Association Annual Reports.

Hoover Institution Archives. Stanford, California.

JSS. John Swire & Sons Ltd. Archive, London, UK.

LegCo. Official Report of Proceedings, Hong Kong Legislative Council, Hong Kong.

National Archives of Australia, Sydney.

National Archives of Singapore. Singapore.

TNA. National Archives of the UK. Kew, UK.

Pan Am. Pan American World Airways Inc. Records. University of Miami Libraries Special Collections. Miami, Florida, US.

Qantas Archives.

Swire HK Archive. Swire Archives, Hong Kong.

出版文獻書目

劉智鵬、黃君健、錢浩賢。《天空下的傳奇：從啟德到赤鱲角》。香港：三聯書店（香港）有限公司，2014。

王德威。〈文學行路與世界想像〉。《聯合報》，2006 年 7 月 8 日至 9 日。

吳邦謀。《香港航空 125 年》。香港：中華書局，2015。

———。《再看啟德：從日佔時期說起》。香港：ZKOOB Limited, 2009。

吳詹仕、何耀生。《從啟德出發》。香港：et press, 2007。

伍永樑。《啟德：最後的光景》。香港：Softrepublic Limited, 2008。

香港教育局。〈從歷史及法理角度看香港是否「殖民地」的爭議〉。https://www.edb.gov.hk/tc/about-edb/press/cleartheair/20220802.html

A Statistical Review of Tourism. Hong Kong: Research Department, Hong Kong Tourist Association, 1976.

A Statistical Review of Tourism. Hong Kong: Research Department, Hong Kong Tourist Association, 1986.

A Statistical Review of Tourism. Hong Kong: Research Department, Hong Kong Tourist Association, 1995.

A Statistical Review of Tourism. Hong Kong: Research Department, Hong Kong Tourist Association, 1997.

Abdelrehim, Neveen, Aparajith Ramnath, Andrew Smith, and Andrew Popp. "Ambiguous Decolonisation: A Postcolonial Reading of the Ihrm Strategy of the Burmah Oil Company." *Business History* 63, no. 1 (2021): 98–126.

Abdelrehim, Neveen, Josephine Maltby, and Steven Toms. "Corporate Social Responsibility and Corporate Control: The Anglo-Iranian Oil Company, 1933–1951." *Enterprise & Society* 12, no. 4 (2011): 824–62.

Administration Reports for the Year 1935. Hong Kong: Government Printer, 1936.

Administration Reports for the Year 1938. Hong Kong: Government Printer, 1939.

Air China Limited, *2017 Annual Report.*

Annual Report on Hong Kong for the Year 1946. Hong Kong: Local Printing Press, Ltd., 1947.

Annual Report on Hong Kong for the Year 1947. Hong Kong: Local Printing Press, Ltd., 1948.

Aoki, Masahiko, Hyung-Ki Kim, and Masahiro Okuno-Fujiwara, eds. *The Role of Government in East Asian Economic Development: Comparative Institutional Analysis.* Oxford: Oxford University Press, 1998.

Appadurai, Arjun. "Disjuncture and Difference in the Global Cultural Economy." *Theory Culture Society* 7, no. 2–3 (1990): 295–310.

Appiah, Kwame Anthony. "Cosmopolitan Patriots." In *For Love of Country*, edited by Joshua Cohen, 21–29. Boston, MA: Beacon Press, 1996.

Arnold, Wayne. "For the Singapore Girl, It's Her Time to Shine." *New York Times*, December 31, 1999, C4.

Ashton, Stephen R. "Keeping Change within Bounds: A Whitehall Reassessment." In *The British Empire in the 1950s: Retreat or Revival?*, edited by Martin Lynn, 32–52. Basingstoke [England]; New York: Palgrave Macmillan, 2006.

Banner, Stuart. *Who Owns the Sky? The Struggle to Control Airspace from the Wright Brothers on.* Cambridge, MA: Harvard University Press, 2008.

Barnes, Victoria, and Lucy Newton. "Women, Uniforms and Brand Identity in Barclays Bank." *Business History* (2020): 1–30.

Barnett, K. M. A. *Population Projections for Hong Kong, 1966–1981.* Hong Kong: Government Printer, 1968.

Barrett, Sean D. "The Implications of the Ireland-UK Airline Deregulation for an EU Internal Market." *Journal of Air Transport Management* 3, no. 2 (1997): 67–73.

Barry, Kathleen. *Femininity in Flight: A History of Flight Attendants.* Durham, NC: Duke University Press, 2007.

Beck, Ulrich, and Edgar Grande. "Varieties of Second Modernity: The Cosmopolitan Turn in Social and Political Theory and Research." *British Journal of Sociology* 61, no. 3 (2010): 409–43.

Bednarek, Janet R. *Airports, Cities, and the Jet Age: US Airports since 1945.* Cham, Switzerland: Springer International Publishing, 2016.

Bhatia, Nandi. "Fashioning Women in Colonial India." *Fashion Theory* 7, no. 3–4 (2003): 327–44.

Bickers, Robert A. *China Bound: John Swire & Sons and Its World, 1816–1980*. London: Bloomsbury Business, 2020.

———. "Loose Ties That Bound: British Empire, Colonial Autonomy and Hong Kong." In *Negotiating Autonomy in Greater China: Hong Kong and Its Sovereign before and after 1997*, edited by Ray Yep, 29–54. Copenhagen: NIAS Press, 2013.

———. "The Colony's Shifting Position in the British Informal Empire in China." In *Hong Kong's Transitions, 1842–1997*, edited by Judith M. Brown and Rosemary Foot, 33–61. London: Macmillan, 1997.

Black, Prudence. "Lines of Flight: The Female Flight Attendant Uniform." *Fashion Theory—Journal of Dress, Body & Culture* 17, no. 2 (2013): 179–95.

Boon, Marten. "Business Enterprise and Globalization: Towards a Transnational Business History." *Business History Review* 91, no. 3 (2017): 511–35.

Breckenridge, Carol A., Sheldon Pollock, Homi K. Bhabha, and Dipesh Chakrabarty, eds. *Cosmopolitanism*. Durham, NC: Duke University Press, 2002.

Bucheli, Marcelo, and Erica Salvaj. "Political Connections, the Liability of Foreignness, and Legitimacy: A Business Historical Analysis of Multinationals' Strategies in Chile." *Global Strategy Journal* 8, no. 3 (2018): 399–420.

Bucheli, Marcelo, and Min-Young Kim. "Political Institutional Change, Obsolescing Legitimacy, and Multinational Corporations." *Management International Review* 52, no. 6 (2012): 847–77.

Button, Kenneth, ed. *Airline Deregulation: International Experiences*. New York: New York University Press, 1991.

Cain, P. J. and A. G. Hopkins. *British Imperialism, 1688–2000*, 2nd ed. Harlow, UK: Longman, (2002) 1993.

Carroll, John M. *A Concise History of Hong Kong*. Lanham, MD: Rowman & Littlefield, 2007.

———. *Edge of Empires: Chinese Elites and British Colonials in Hong Kong*. Cambridge, MA: Harvard University Press, 2005.

Cartier, Carolyn. "Origins and Evolution of a Geographical Idea: The Macroregion in China." *Modern China* 28, no. 1 (2002): 79–142.

Casson, Mark. "International Rivalry and Global Business Leadership: An Historical Perspective." *Multinational Business Review* 28, no. 4 (2020): 429–46.

Castells, Manuel. *The Rise of the Network Society*. Cambridge, MA: Blackwell, 1996.

Cathay Pacific Airways. "Cathay Pacific Group Announces Corporate Restructuring: Group Will Cease Cathay Dragon Operations, and Reduce Workforce and Passenger Capacity as It Adapts to the New Travel Reality," news release, October 21, 2020. https://news.cathaypacific.com/cathay-pacific-group-announces-corporate-restructuring.

Cathay Pacific Airways. "We'll Soon Be Elevating Your Cathay Experience 國泰嶄新體驗，身心全面昇華." Facebook, May 28, 2021. https://www.facebook.com/cathaypacificHK/videos/525886458426380.

Cathay Pacific Airways. "We'll Soon Be Elevating Your Cathay Experience 國泰嶄新體驗，身心全面昇華." YouTube, May 27, 2021. https://www.youtube.com/watch?v=WZRcQfecTDo.

Chan Lau, Kit-ching. *China, Britain, and Hong Kong, 1895–1945*. Hong Kong: Chinese University Press, 1990.

Cheah, Pheng, and Bruce Robbins, eds. *Cosmopolitics: Thinking and Feeling beyond the Nation*. Minneapolis: University of Minnesota Press, 1998.

Chen, Philip N. L. *Greatest Cities of the World*. Hong Kong: University of Hong Kong, Centre of Asian Studies, 2010.

Cheung, Anthony B. L. "Rebureaucratization of Politics in Hong Kong: Prospects after 1997." *Asian Survey* 37, no. 8 (August 1997): 720–37.

Cheung, Gary Ka-wai. *Hong Kong's Watershed: The 1967 Riots*. Hong Kong: Hong Kong University Press, 2009.

Chew, Matthew. "Contemporary Re-Emergence of the Qipao: Political Nationalism, Cultural Production and Popular Consumption of a Traditional Chinese Dress." *China Quarterly* 189 (2007): 144–61.

China Airlines, Ltd. *Financial Statements for the Years Ended December 31, 2019 and 2018 and Independent Auditors' Report*.

Chu, Cecilia Louise. "Speculative Modern: Urban Forms and the Politics of Property in Colonial Hong Kong." PhD diss., University of California, Berkeley, 2012.

Chung, Henry, Noriko Kanazawa, and Freddie Wong. *Good Bye Kai Tak* / 再見啓德 / さよから啓德. Hong Kong: 3-D Intellectual, 1999.

Chung, Stephanie Po-yin. *Chinese Business Groups in Hong Kong and Political Changes in South China, 1900–1920s*. London: Palgrave Macmillan, 1998.

Clayton, David W. "Hong Kong as an International Financial Centre: Emergence and Development, 1945–1965." In *Imagining Britain's Economic Future, c. 1800–1975*, edited by David Thackeray, Richard Toye, and Andrew Thompson, 231–51. Cham, Switzerland: Springer International Publishing, 2018.

Clifford, Mark. "Mainland Bounty." *Far Eastern Economic Review* 157, no. 4 (January 1994): 40.

Cochran, Sherman. "Capitalists Choosing Communist China: The Liu Family of Shanghai, 1948–1956." In *Dilemmas of Victory: The Early Years of the People's Republic of China*, edited by Jeremy Brown and Paul G. Pickowicz, 359–86. Cambridge, MA: Harvard University Press, 2007.

Cohen, Jim. "Divergent Paths, United States and France: Capital Markets, the State, and Differentiation in Transportation Systems, 1840–1940." *Enterprise & Society* 10, no. 3 (2009): 449–97.

Collier, Deirdre, Nandini Chandar, and Paul Miranti. "Marketing Shareholder Democracy in the Regions: Bell Telephone Securities, 1921–1935." *Enterprise & Society* 18, no. 2 (2017): 400–46.

Craik, Jennifer. "Is Australian Fashion and Dress Distinctively Australian?" *Fashion Theory* 13, no. 4 (2009): 409–41.

———. "The Cultural Politics of the Uniform." *Fashion Theory* 7, no. 2 (2015): 127–47.

Crane, Diana. *Fashion and Its Social Agendas: Class, Gender, and Identity in Clothing*. Chicago: University of Chicago Press, 2000.

Cwerner, Saulo, Sven Kesselring, and John Urry, eds. *Aeromobilities*. Abingdon, UK: Routledge, 2009.

Darwin, John. "Hong Kong in British Decolonisation." In *Hong Kong's Transitions, 1842–1997*, edited by Judith M. Brown and Rosemary Foot, 16–32. London: Macmillan, 1997.

———. *The Empire Project: The Rise and Fall of the British World-System, 1830–1970*. Cambridge: Cambridge University Press, 2009.

———. *Unlocking the World: Port Cities and Globalization in the Age of Steam, 1830–1930*. London: Allen Lane, 2020.

Da Silva Lopes, Teresa, and Mark Casson. "Entrepreneurship and the Development of Global Brands." *Business History Review* 81, no. 4 (2007): 651–80.

Davies, R. E. G. *A History of the World's Airlines*. London, New York: Oxford University Press, 1964.

———. *Airlines of Asia since 1920*. London: Putnam, 1997.

Decker, Stephanie. "Africanization in British Multinationals in Ghana and Nigeria, 1945–1970." *Business History Review* 92, no. 4 (2018): 691–718.

Derthick, Martha, and Paul J. Quirk. *The Politics of Deregulation*. Washington, DC: Brookings Institution, 1985.

Dobson, Alan P. *Anglo-American Relations in the Twentieth Century: Of Friendship, Conflict and the Rise and Decline of Superpowers*. New York: Routledge, 1995.

———. *Flying in the Face of Competition: The Policies and Diplomacy of Airline Regulatory Reform in Britain, the USA and the European Community, 1968–94*. Aldershot, UK: Ashgate Publishing, 1995.

———. *Peaceful Air Warfare: The United States, Britain, and the Politics of International Aviation*. Oxford: Oxford University Press, 1991.

———. "The Other Air Battle: The American Pursuit of Post-War Civil Aviation Rights." *Historical Journal* 28, no. 2 (1985): 429–39.

Doh, Jonathan P., Hildy Teegen, and Ram Mudambi. "Balancing Private and State Ownership in Emerging Markets' Telecommunications Infrastructure: Country, Industry, and Firm Influences." *Journal of International Business Studies* 35, no. 3 (2004): 233–50.

Donald, David C. *A Financial Centre for Two Empires: Hong Kong's Corporate, Securities and Tax Laws in Its Transition from Britain to China*. Cambridge: Cambridge University Press, 2014.

Duara, Prasenjit. *Decolonization: Perspectives from Now and Then*. New York: Routledge, 2004.

———. "Hong Kong as a Global Frontier: Interface of China, Asia, and the World." In *Hong Kong in the Cold War*, edited by Priscilla Roberts and John M. Carroll, 211–30. Hong Kong: Hong Kong University Press, 2016.

Dunnaway, Cliff. *Hong Kong High: An Illustrated History of Aviation in Hong Kong*. Hong Kong: Airphoto International Ltd, 2013.

Eather, Charles Edward James. *Airport of the Nine Dragons: Kai Tak, Kowloon*. Surfers Paradise, Australia: ChingChic Publishers, 1996.

Edgerton, David. *England and the Aeroplane: Militarism, Modernity and Machines*. New York: Penguin, 2013.

———. "From Innovation to Use: Ten Eclectic Theses on the Historiography of Technology." *History and Technology* 16, no. 2 (1999): 111–36.

———. "The Decline of Declinism." *Business History Review* 71, no. 2 (1997): 201–6.

———. *The Rise and Fall of the British Nation: A Twentieth-Century History*. London: Allen Lane, 2018.

———. *Science, Technology and the British Industrial "Decline," 1870–1970*. Cambridge: Cambridge University Press, 1996.

Edwards, Louise. "Policing the Modern Woman in Republican China." *Modern China* 26, no. 2 (2000): 115–47.

Engel, Jeffrey A. *Cold War at 30,000 Feet: The Anglo-American Fight for Aviation Supremacy*. Cambridge, MA: Harvard University Press, 2007.

England, Joe, and John Rear. *Industrial Relations and Law in Hong Kong: An Extensively Rewritten Version of Chinese Labour Under British Rule*. Hong Kong; New York: Oxford University Press, 1981.

Fellows, James. "Britain, European Economic Community Enlargement, and 'Decolonisation' in Hong Kong, 1967–1973." *International History Review* 41, no. 4 (2019): 753–74.

Feng, Xiaoyun, Anthony Yeh, Michael Enright, and Chang Ka Mun. *Creating Hong Kong's New Advantages in the Greater Bay Area—Identifying New Pathways to Growth and Opportunity*. Hong Kong: 2022 Foundation, 2021.

Finnane, Antonia. *Changing Clothes in China: Fashion, History, Nation*. New York: Columbia University Press, 2008.

———. "What Should Chinese Women Wear? A National Problem." *Modern China* 22, no. 2 (1996): 99–131.

Fitzgerald, Robert. *The Rise of the Global Company: Multinationals and the Making of the Modern World*. Cambridge: Cambridge University Press, 2015.

Foss, Richard. *Food in the Air and Space: The Surprising History of Food and Drink in the Skies*. Lanham, MD: Rowman & Littlefield, 2015.

Friedman, Milton, and Rose Friedman. *Free to Choose: A Personal Statement, the Classic Inquiry into the Relationship between Freedom and Economics*. New York: Harcourt, 1980.

Fu, Poshek. *Passivity, Resistance and Collaboration: Intellectual Choices in Occupied Shanghai, 1937–1945*. Stanford, CA: Stanford University Press, 1993.

Gallagher, John, and Ronald Robinson. "The Imperialism of Free Trade." *Economic History Review* 6, no. 1 (1953): 1–15.

GAO (US General Accounting Office). *Airline Deregulation: Boon or Bust?* Washington, DC: General Accounting Office, 1981.

Gao, James Zheng. *The Communist Takeover of Hangzhou: The Transformation of City and Cadre, 1949–1954*. Honolulu: University of Hawai'i Press, 2004.

Gardner, John. "The Wu-fan Campaign in Shanghai: A Study in the Consolidation of Urban Control." In *Chinese Communist Politics in Action*, edited by A. Doak Barnett, 477–539. Seattle: University of Washington Press, 1969.

Gaudry, Marc, and Robert Mayes, eds. *Taking Stock of Air Liberalization*. Boston: Kluwer, 1999.

Gehlen, Boris, Christian Marx, and Alfred Reckendrees. "Ambivalences of Nationality—Economic Nationalism, Nationality of the Company, Nationalism as Strategy: An Introduction." *Journal of Modern European History* 18, no. 1 (2020): 16–27.

Goedhuis, D. "Sovereignty and Freedom in the Air Space." *Transactions of the Grotius Society* 41 (1955): 137–52.

Goldin, Claudia Dale. *Understanding the Gender Gap: An Economic History of American Women*. New York: Oxford University Press, 1990.

Goodstadt, Leo F. "Cowperthwaite." In *Dictionary of Hong Kong Biography*, edited by May Holdsworth and Christopher Munn, 108–10. Hong Kong: Hong Kong University Press, 2012.

———. "Fiscal Freedom and the Making of Hong Kong's Capitalist Society." In *Negotiating Autonomy in Greater China: Hong Kong and Its Sovereign before and after 1997*, edited by Ray Yep, 81–109. Copenhagen, Denmark: NIAS Press, 2013.

———. "Trench, Sir David Clive Crosbie." In *Dictionary of Hong Kong Biography*, edited by May Holdsworth and Christopher Munn, 435–36. Hong Kong: Hong Kong University Press, 2012.

———. *Uneasy Partners: The Conflict between Public Interest and Private Profit in Hong Kong*. Hong Kong: Hong Kong University Press, 2005.

Government of Hong Kong. *Papers on Development of Kai Tak Airport*. Hong Kong: Hong Kong Government Printers, 1954.

Graham, Brian. "The Regulation of Deregulation: A Comment on the Liberalization of the UK's Scheduled Airline Industry." *Journal of Transport Geography* 1, no. 2 (1993): 125–31.

Haise, Carrie Leigh, and Margaret Rucker. "The Flight Attendant Uniform: Effects of Selected Variables on Flight Attendant Image, Uniform Preference and Employee Satisfaction." *Social Behavior and Personality* 31, no. 6 (2003): 565–75.

Hamashita, Takeshi. "Tribute and Treaties: Maritime Asia and Treaty Port Networks in the Era of Negotiation, 1800–1900." In *The Resurgence of East Asia: 500, 150 and 50 Year Perspectives*, edited by Giovanni Arrighi, Takeshi Hamashita, and Mark Selden, 17–50. New York: Routledge, 2003.

Hannerz, Ulf. "Cosmopolitanism." In *A Companion to the Anthropology of Politics*, edited by David Nugent and Joan Vincent, 69–85. Malden, MA: Blackwell Publishing, 2007.

Harrison, Henrietta. *The Making of the Republican Citizen: Political Ceremonies and Symbols in China, 1911–1929*. Oxford: Oxford University Press, 2000.

Heracleous, Loizos, Jochen Wirtz, and Nitin Pangarkar. *Flying High in a Competitive Industry: Cost-Effective Service Excellence at Singapore Airlines*. Singapore: McGraw Hill, 2006.

Hesse-Biber, Sharlene Nagy, and Gregg Lee Carter. *Working Women in America: Split Dreams*. New York: Oxford University Press, 2000.

Hickson, Ken. *Mr. SIA: Fly Past.* Singapore: World Scientific Publishing, 2015.

Hisano, Ai. *Visualizing Taste: How Business Changed the Look of What You Eat.* Cambridge, MA: Harvard University Press, 2019.

Hong Kong Annual Digest of Statistics, 1978 Edition. Hong Kong: Government Printer, 1978.

Hong Kong Annual Digest of Statistics, 1981 Edition. Hong Kong: Government Printer, 1981.

Hong Kong Annual Digest of Statistics, 1985 Edition. Hong Kong: Government Printer, 1985.

Hong Kong Annual Digest of Statistics, 1990 Edition. Hong Kong: Government Printer, 1990.

Hong Kong Annual Digest of Statistics, 1994 Edition. Hong Kong: Government Printer, 1994.

Hong Kong Annual Digest of Statistics, 1998 Edition. Hong Kong: Government Printer, 1998.

Hong Kong Annual Digest of Statistics, 2000 Edition. Hong Kong: Government Printer, 2000.

Hong Kong By-Census 1976: A Graphic Guide. Hong Kong: Government Printer, 1976.

Hong Kong Civil Aviation Department. "Speech Delivered by Director of Civil Aviation, Mr. R A Siegel on the Light-out Ceremony of Kai Tak Airport," press release, July 5, 1998. https://www.cad.gov.hk/english/pressrelease_1998.html.

Hong Kong International Airport. "HKIA 2020 Passenger Volume Drops under Pandemic, Cargo Operations Remain Resilient," news release, January 15, 2021. https://www.hongkongairport.com/en/media-centre/press-release/2021/pr_1510.

Hong Kong Memory. "Kai Tak, An Old Neighbor." Last accessed December 19, 2021. http://www.hkmemory.org/kaitak/en/sub.html#&slider1=48.

Hong Kong Monthly Digest of Statistics, November 1991. Hong Kong: Government Printer, 1991.

Hong Kong Statistics, 1947–1967. Hong Kong: Government Printer, 1969.

Hope, Richard I. "Developing Airways in China." *Chinese Economic Journal* 6, no. 1 (1930): 104–16.

House of Commons. *Hansard Parliamentary Debates,* Commons, 5th series (1909–81), vol. 443, col. 862–3, October 29, 1947.

Howe, Stephen. "When (If Ever) Did Empire End? 'Internal Decolonisation' in British Culture since the 1950s." In *The British Empire in the 1950s: Retreat or Revival?*, edited by Martin Lynn, 214–37. Basingstoke, UK: Palgrave Macmillan, 2006.

Hsiao, Gene T. *The Foreign Trade of China: Policy, Law and Practice.* Berkeley: University of California Press, 1977.

Husain, Aiyaz. *Mapping the End of Empire: American and British Strategic Visions in the Postwar World.* Cambridge, MA: Harvard University Press, 2014.

Hynes, Geraldine E., and Marisa Puckett. "Feminine Leadership in Commercial Aviation: Success Stories of Women Pilots and Captains." *Journal of Aviation Management and Education* 1 (2011): 1–6.

Ikeya, Chie. "The Modern Burmese Woman and the Politics of Fashion in Colonial Burma." *Journal of Asian Studies* 67, no. 4 (2008): 1277–308.

International Civil Aviation Conference. *Proceedings of the International Civil Aviation Conference, Chicago, Illinois, November 1–December 7, 1944.* Washington, DC: US Govt. Printing Office, Department of State, 1948.

Jackson, Isabella. *Shaping Modern Shanghai: Colonialism in China's Global City*. Cambridge: Cambridge University Press, 2018.

JAL Group News. "Planned Integration of Japan Asia Airways with JAL." November 1, 2007. https://press.jal.co.jp/en/release/200711/003053.html.

Jensen, Casper Bruun, and Atsuro Morita. "Introduction: Infrastructures as Ontological Experiments." *Ethnos* 82, no. 4 (2017): 615–26.

Johnson, Chalmers A. *Japan, Who Governs?: The Rise of the Developmental State*. New York: W. W. Norton, 1995.

Jones, Geoffrey. *Beauty Imagined: A History of the Global Beauty Industry*. Oxford: Oxford University Press, 2010.

———. *British Multinational Banking, 1830–1990*. Oxford: Oxford University Press, 1995.

———. "Globalization." In *The Oxford Handbook of Business History*, edited by Geoffrey Jones and Jonathan Zeitlin, 141–68. Oxford: Oxford University Press, 2008.

———. *Merchants to Multinationals: British Trading Companies in the 19th and 20th Centuries*. Oxford: Oxford University Press, 2000.

Jones, Geoffrey, and Christina Lubinski. "Managing Political Risk in Global Business: Beiersdorf 1914–1990." *Enterprise and Society* 13, no. 1 (2012): 85–119.

Kahn, Alfred E. *Lessons from Deregulation: Telecommunications and Airlines after the Crunch*. Washington, DC: Brookings Institution Press, 2004.

———. *The Economics of Regulation: Principles and Institutions*. Cambridge, MA: MIT Press, 1971 (1988).

Kaufman, Victor S. "The United States, Britain, and the CAT Controversy." *Journal of Contemporary History* 40, no. 1 (2005): 95–113.

Keung, John. *Government Intervention and Housing Policy in Hong Kong: A Structural Analysis*. Cardiff: Department of Town Planning, University of Wales Institute of Science and Technology, 1981.

King, Ambrose Yeo-chi. *China's Great Transformation: Selected Essays on Confucianism, Modernization, and Democracy*. Hong Kong: The Chinese University Press, 2018.

Kirby, William C. *Germany and Republican China*. Stanford, CA: Stanford University Press, 1984.

———. "Traditions of Centrality, Authority, and Management in Modern China's Foreign Relations." In *Chinese Foreign Policy: Theory and Practice*, edited by Thomas W. Robinson and David L. Shambaugh, 13–29. Oxford: Oxford University Press, 1994.

Klein, Christina. *Cold War Orientalism: Asia in the Middlebrow Imagination, 1945–1961*. Berkeley: University of California Press, 2003.

Köll, Elisabeth. *Railroads and the Transformation of China*. Cambridge, MA: Harvard University Press, 2019.

Koo, Shou-eng. "The Role of Export Expansion in Hong Kong's Economic Growth." *Asian Survey* 8, no. 6 (1968): 499–515.

Krause, Richard C. *Class Conflict in Chinese Socialism*. New York: Columbia University Press, 1981.

Ku, Agnes S. "Immigration Policies, Discourse, and the Politics of Local Belonging in Hong Kong (1950–1980)." *Modern China* 30, no. 3 (2004): 326–60.

Ku, Agnes S., and Pun Ngai. "Introduction: Rethinking Citizenship in Hong Kong." In *Rethinking Citizenship in Hong Kong: Community, Nation, and the Global City*, edited by Agnes S. Ku and Pun Ngai, 1–17. London: Routledge, 2004.

Kuo, Huei-ying. "Chinese Bourgeois Nationalism in Hong Kong and Singapore in the 1930s." *Journal of Contemporary Asia* 36, no. 3 (2006): 385–405.

Kurosawa, Takafumi, Neil Forbes, and Ben Wubs. "Political Risks and Nationalism." In *The Routledge Companion to the Makers of Global Business*, edited by Teresa da Silva Lopes, Christina Lubinski, and Heidi Tworek, 485–501. Abingdon, UK: Routledge, 2020.

Kwong, Chi-man and Tsoi, Yiu-lun. *Eastern Fortress: A Military History of Hong Kong, 1840–1970*. Hong Kong: Hong Kong University Press, 2014.

Kwong, Kai-sun. *Towards Open Skies and Uncongested Airports: An Opportunity for Hong Kong*. Hong Kong: Chinese University Press, 1988.

Larkin, Brian. "The Politics and Poetics of Infrastructure." *Annual Review of Anthropology* 42, no. 1 (2013): 327–43.

Law, Wing-sang. *Collaborative Colonial Power: The Making of the Hong Kong Chinese*. Hong Kong: Hong Kong University Press, 2009.

Le, Thuong T. "Reforming China's Airline Industry: From State-Owned Monopoly to Market Dynamism." *Transportation Journal* 37, no. 2 (1997): 45–62.

Leary, William M. *The Dragon's Wings: The China National Aviation Corporation and the Development of Commercial Aviation in China*. Athens: University of Georgia Press, 1976.

Lee, Danny. "Cathay Pacific's London Pilot Base Facing Shutdown, with 100 Jobs under Hong Kong Carrier at Risk." *South China Morning Post*, July 20, 2021. https://www.scmp.com/news/hong-kong/transport/article/3141859/cathay-pacifics-london-pilot-base-facing-shutdown-100-jobs.

———. "Cathay Pacific to Close Vancouver Base in June as Part of 'Ongoing Business Review' Putting 147 Jobs at Risk." *South China Morning Post*, March 6, 2020. https://www.scmp.com/news/hong-kong/hong-kong-economy/article/3073843/cathay-pacific-close-vancouver-base-june-putting.

———. "Hong Kong's Tough Pandemic Measures May Affect Cathay as Europe Pressures Airlines to Increase Flights or Lose Prized Runway Slots." *South China Morning Post*, August 1, 2021. https://www.scmp.com/news/hong-kong/transport/article/3143286/hong-kongs-tough-pandemic-measures-may-affect-cathay.

Lee, Grace O. M., and Ahmed Shafiqul Huque. "Transition and the Localization of the Civil Service in Hong Kong." *International Review of Administrative Sciences* 61, no. 1 (1995): 107–20.

Lee, Katon K. C. "Suit Up: Western Fashion, Chinese Society and Cosmopolitanism in Colonial Hong Kong, 1910–1980." PhD diss., University of Bristol, 2020.

Lee Keun, and Xuehua Jin. "The Origins of Business Groups in China: An Empirical Testing of the Three Paths and the Three Theories." *Business History* 51, no. 1 (January 2009): 77–79.

Leighton, Christopher R. "Capitalists, Cadres, and Culture in 1950s China." PhD diss., Harvard University, 2010.

Levine, Derek A. *The Dragon Takes Flight: China's Aviation Policy, Achievements, and International Implications*. Leiden, NL: Brill, 2015.

Li, Kui-Wai. *Capitalist Development and Economism in East Asia: The Rise of Hong Kong, Singapore, Taiwan and South Korea*. London: Routledge, 2002.

————. *Economic Freedom: Lessons of Hong Kong*. Singapore: World Scientific, 2012.

Lieberthal, Kenneth G. *Revolution and Tradition in Tientsin, 1949–1952*. Stanford, CA: Stanford University Press, 1980.

Lin, Pei-yin. "Writing beyond Boudoirs: Sinophone Literature by Female Writers in Contemporary Taiwan." In *Sinophone Studies: A Critical Reader*, edited by Shih Shu-mei, Tsai Chien-Hsin, and Brian Bernards, 255–69. New York: Columbia University Press, 2012.

Little, Virginia. "Control of International Air Transport." *International Organization* 3, no. 1 (1949): 29–40.

Longhurst, Henry. *The Borneo Story: The History of the First 100 Years of Trading in the Far East by the Borneo Company Limited*. London: Mewman Neame Limited, 1956.

Louis, W. M. Roger, and Ronald Robinson. "The Imperialism of Decolonization." *Journal of Imperial and Commonwealth History* 22, no. 3 (1994): 462–511.

Low, Donald A. and John Lonsdale. "East Africa: towards the new order 1945–1963" In *Eclipse of Empire*, Donald A. Low, 164–214. Cambridge: Cambridge University Press, 1991.

Lubinski, Christina, and R. Daniel Wadhwani. "Geopolitical Jockeying: Economic Nationalism and Multinational Strategy in Historical Perspective." *Strategic Management Journal* 41, no. 3 (2019): 400–21.

Lynn, Martin. *The British Empire in the 1950s: Retreat or Revival?* Basingstoke, UK: Palgrave Macmillan, 2006.

Lyth, Peter. "Chosen Instruments: The Evolution of British Airways." In *Flying the Flag: European Commercial Air Transport since 1945*, edited by Hans-Liudger Dienel and Peter Lyth, 50–86. New York: St. Martin's Press, 1998.

————. "The Empire's Airway: British Civil Aviation from 1919 to 1939." *Revue Belge De Philologie et D'histoire* 78, no. 3 (2000): 865–87.

Ma, Ronald A., and Edward F. Szczepanik. *The National Income of Hong Kong, 1947–1950*. Hong Kong: Hong Kong University Press, 1955.

Mark, Chi-Kwan. "Lack of Means or Loss of Will? The United Kingdom and the Decolonization of Hong Kong, 1957–1967." *International History Review* 31, no. 1 (2009): 45–71.

————. "Vietnam War Tourists: US Naval Visits to Hong Kong and British-American-Chinese Relations, 1965–1968." *Cold War History* 10, no. 1 (2010): 1–28.

Matejova, Miriam, and Don Munton. "Western Intelligence Cooperation on Vietnam during the Early Cold War Era." *Journal of Intelligence History* 15, no. 2 (2016): 139–55.

McCarthy, Faye, Lucy Budd, and Stephen Ison. "Gender on the Flightdeck: Experiences of Women Commercial Airline Pilots in the UK." *Journal of Air Transport Management* 47 (2015): 32–38.

Melzer, Jürgen P. *Wings for the Rising Sun: A Transnational History of Japanese Aviation*. Cambridge, MA: Harvard University Asia Center, 2020.

Meyer, David R. *Hong Kong as a Global Metropolis*. Cambridge: Cambridge University Press, 2000.

Mitchell, Jim, Alexandra Kristovics, and Leo Vermeulen. "Gender Issues in Aviation: Pilot Perceptions and Employment Relations." *International Journal of Employment Studies* 14, no. 1 (2006): 35–59.

Mitchell, William, and Thomas Fazi. "We Have a (Central) Plan: The Case of Renationalisation." In *Reclaiming the State: A Progressive Vision of Sovereignty for a Post-Neoliberal World*, 248–62. London: Pluto Press, 2017.

Namba, Tomoko. "School Uniform Reforms in Modern Japan." In *Fashion, Identity, and Power in Modern Asia*, edited by Kyunghee Pyun and Aida Yuen Wong, 91–113. Cham, Switzerland: Palgrave Macmillan, 2018.

Ng, Sandy. "Gendered by Design: Qipao and Society, 1911–1949." *Costume—Journal of the Costume Society* 49, no. 1 (2015): 55–74.

Ngo, Tak-Wing. "Industrial History and the Artifice of *Laissez-faire* Colonialism." In *Hong Kong's History: State and Society under Colonial Rule*, edited by Tak-Wing Ngo, 119–40. Routledge, 1999.

Obendorf, Simon. "Consuls, Consorts or Courtesans? 'Singapore Girls' between the Nation and the World." In *Women and the Politics of Representation in Southeast Asia: Engendering Discourse in Singapore and Malaysia*, edited by Adeline Koh and Yu-Mei Balasingamchow, 33–59. New York: Routledge, 2015.

Obstfeld, Maurice. "The Global Capital Market: Benefactor or Menace?" *Journal of Economic Perspectives* 12, no. 4 (1998): 9–30.

Ong, Aihwa. *Flexible Citizenship: The Cultural Logics of Transnationality*. Durham, NC: Duke University Press, 1999.

Osterhammel, Jürgen. *The Transformation of the World: A Global History of the Nineteenth Century*. Princeton, NJ: Princeton University Press, 2014.

Otmazgin, Nissim. "A New Cultural Geography of East Asia: Imagining a 'Region' through Popular Culture." *Asia-Pacific Journal* 14, no. 7 (2016): 1–12

Oudshoorn, Nelly, and Trevor Pinch. *How Users Matter: The Co-construction of Users and Technology*. Cambridge, MA: MIT Press, 2003.

Pearson, James. "10 to 6: How Cathay's North American Operations Have Shrunk," *Simple Flying*, July 22, 2021. https://simpleflying.com/10-to-6-how-cathays-north-american-operations-have-shrunk/.

Pearson, Margaret M. "The Business of Governing Business in China: Institutions and Norms of the Emerging Regulatory State." *World Politics* 57, no. 2 (2005): 296–322.

Peters, Ed. "Remembering Kai Tak: Hong Kong Airport That Closed 20 Years Ago Is Gone but Not Forgotten." *South China Morning Post*, July 1, 2018. https://www.scmp.com/magazines/post-magazine/long-reads/article/2153099/remembering-kai-tak-hong-kong-airport-closed-20.

Pigott, Peter. *Kai Tak: A History of Aviation in Hong Kong*. Hong Kong: Government Printer, 1989.

Pirie, Gordon. *Cultures and Caricatures of British Imperial Aviation: Passengers, Pilots, Publicity*. Manchester, UK: Manchester University Press, 2012.

Polsky, Anthony. "Hong Kong, A Valuable Pawn." *Far Eastern Economic Review*, August 29, 1968, 411–12.

Pyun, Kyunghee. "Hybrid Dandyism: European Woolen Fabric in East Asia." In *Fashion, Identity, and Power in Modern Asia*, edited by Kyunghee Pyun and Aida Yuen Wong, 285–306. Cham, Switzerland: Palgrave Macmillan, 2018.

Report of the Salaries and Wages Committee, June 1955. Hong Kong: University of Hong Kong, 1955.

Richards, Isabella. "Cathay Confirms It's Closing Australian Base." *Australian Aviation*, June 4, 2021. https://australianaviation.com.au/2021/06/cathay-confirms-its-closing-australian-base/.

Rietsema, Kees Willem. "A Case Study of Gender in Corporate Aviation." PhD diss., Capella University, 2003.

Rimmer, Peter J. *Asian-Pacific Rim Logistics: Global Context and Local Policies*. Cheltenham, UK: Edward Elgar Publishing, 2014.

———. "Australia through the Prism of Qantas: Distance Makes a Comeback." *Oteman Journal of Australian Studies* 31 (2005): 135–57.

Robbins, Bruce. "Comparative Cosmopolitanisms." In *Cosmopolitics: Thinking and Feeling beyond the Nation*, edited by Pheng Cheah and Bruce Robbins, 246–64. Minneapolis: University of Minnesota Press, 1998.

Roces, Mina. "Dress, Status, and Identity in the Philippines: Pineapple Fiber Cloth and Ilustrado Fashion." *Fashion Theory* 17, no. 3 (2013): 341–72.

———. "Gender, Nation and the Politics of Dress in Twentieth-Century Philippines." *Gender & History* 17, no. 2 (2005): 354–77.

San Francisco Airport Commission. *Famous Firsts: The John T. McCoy Pan Am Watercolors*. San Francisco: San Francisco Commission Aviation Library, 2005.

Schenk, Catherine R. "Negotiating Positive Non-interventionism: Regulating Hong Kong's Finance Companies, 1976–1986." *China Quarterly* 230 (2017): 348–70.

———. "The Empire Strikes Back: Hong Kong and the Decline of Sterling in the 1960s." *Economic History Review* 57, no. 3 (2004): 551–80.

Schularick, Moritz. "A Tale of Two 'Globalizations': Capital Flows from Rich to Poor in Two Eras of Global Finance." *International Journal of Finance and Economics* 11, no. 4 (2006): 339–54. https://doi.org/10.1002/ijfe.302.

Sekine, Hiroshi 関 根 寛 . *Keitoku kaisō: Honkon kokusai kūkō no rekishi to miryoku o tsumuida memoriaru sutōrī* 啓德懷想：香港国際空港の歴史と魅力を紡いだメモリアル・ストーリー (Reminiscing about Kaitak: Spinning the memorable story of the history and charm of the Hong Kong International Airport). 1st ed. Tokyo: Tokimeki Publishing, 2008.

Silberstein, Rachel. "Fashioning the Foreign: Using British Woolens in Nineteenth-Century China. In *Fashion, Identity, and Power in Modern Asia*, edited by Kyunghee Pyun and Aida Yuen Wong, 231–58. Cham, Switzerland: Palgrave Macmillan, 2018.

Sinha, Dipendra. *Deregulation and Liberalisation of the Airline Industry: Asia, Europe, North America and Oceania*. Aldershot, UK: Ashgate, 2001.

Sinn, Elizabeth. *Pacific Crossing: California Gold, Chinese Migration and the Making of Hong Kong.* Hong Kong: Hong Kong University Press, 2012.

Smith, Andrew. "The Winds of Change and the End of the Comprador System in the Hongkong and Shanghai Banking Corporation." *Business History* 58, no. 2 (2016): 179–206.

Southern, R. Neil. "Historical Perspective of the Logistics and Supply Chain Management Discipline." *Transportation Journal* 50, no. 1 (2011): 53–64.

Stallings, Barbara. "The Globalization of Capital Flows: Who Benefits?" *Annals of the American Academy of Political and Social Science* 610, no. 1 (2007): 202–16.

Stockwell, Sarah. "Imperial Liberalism and Institution Building at the End of Empire in Africa." *Journal of Imperial and Commonwealth History* 46, no. 5 (2018): 1009–33.

Sugihara, Kaoru. *Japan, China, and the Growth of the Asian International Economy, 1850–1949.* Oxford: Oxford University Press, 2005.

Tagliacozzo, Eric, Helen F. Siu, and Peter C. Perdue, eds. *Asia Inside Out: Changing Times.* Cambridge, MA: Harvard University Press, 2015.

———. *Asia Inside Out: Connected Places.* Cambridge, MA: Harvard University Press, 2015.

Tarlo, Emma. *Clothing Matters: Dress and Identity in India.* London: Hurst, 1996.

———. "The Problem of What to Wear: The Politics of Khadi in Late Colonial India." *South Asia Research* 11, no. 2 (1991): 134–57.

Taylor, Jean Gelman. "Costume and Gender in Colonial Java, 1800–1940." In *Outward Appearances: Dressing State and Society in Indonesia,* edited by Henk Schulte Nordholt, 85–116. Leiden, Netherlands: KITLV Press, 1997.

Taylor, Peter J. and Derudder, B. *World City Network.* 2nd ed. London: Routledge, 2016.

Tsang, Steve. *A Modern History of Hong Kong.* Hong Kong: Hong Kong University Press, 2004.

———. *Governing Hong Kong: Administrative Officers from the Nineteenth Century to the Handover to China, 1862–1997.* Hong Kong: Hong Kong University Press, 2007.

Tsurumi, E. Patricia. *Factory Girls: Women in the Thread Mills of Meiji Japan.* Princeton, NJ: Princeton University Press, 1990.

Urata, Shujiro, Chia Siow Yue, and Fukunari Kimura, eds. *Multinationals and Economic Growth in East Asia: Foreign Direct Investment, Corporate Strategies and National Economic Development.* London: Routledge, 2006.

Ure, Gavin. *Governors, Politics and the Colonial Office: Public Policy in Hong Kong, 1918–58.* Hong Kong: Hong Kong University Press, 2012.

Vahtra, Peeter, Kari Liuhto, and Harri Lorentz. "Privatisation or Re-nationalisation in Russia? Strengthening Strategic Government Policies within the Economy." *Journal for East European Management Studies* 12, no. 4 (2007): 273–96.

Van Hook, James C. "From Socialization to Co-Determination: The US, Britain, Germany, and Public Ownership in the Ruhr, 1945–1951." *Historical Journal* 45, no. 1 (2002): 153–78.

Van Vleck, Jenifer. *Empire of the Air: Aviation and the American Ascendancy.* Cambridge, MA: Harvard University Press, 2013.

Varg, Paul A. "Myth of the China Market, 1890–1914." *American Historical Review* 73, no. 3 (1968): 742–58.

Vogel, Ezra F. *Canton under Communism: Programs and Politics in a Provincial Capital, 1949–1968.* Cambridge, MA: Harvard University Press, 1969.

———. *The Four Little Dragons: The Spread of Industrialization in East Asia.* Cambridge, MA: Harvard University Press, 1991.

Wang, Gungwu. "Hong Kong's Twentieth Century: The Global Setting." In *Hong Kong in the Cold War,* edited by Pricilla Roberts and John M. Carroll, 1–14. Hong Kong: Hong Kong University Press, 2017.

Welsh, Frank. *A History of Hong Kong.* Revised ed. London: Harper Collins, 1997.

White, Lynn T. *Careers in Shanghai: The Social Guidance of Personal Energies in a Developing Chinese City, 1949–1966.* Berkeley: University of California Press, 1978.

White, Nicholas J. *British Business in Post-Colonial Malaysia, 1957–70.* Abingdon, UK: Routledge, 2004.

———. "The Business and the Politics of Decolonization: The British Experience in the Twentieth Century." *Economic History Review* 53, no. 3 (2000): 544–64.

Wickramasinghe, Nira. *Dressing the Colonised Body: Politics, Clothing and Identity in Colonial Sri Lanka.* Hyderabad: Orient Longman, 2003.

Wilkins, Mira. "Foreword." In *The Routledge Companion to the Makers of Global Business,* edited by Teresa da Silva Lopes, Christina Lubinski, and Heidi J. S. Tworek, xiv–xviii. New York: Routledge, 2019.

———. "Role of Private Business in the International Diffusion of Technology." *Journal of Economic History* 34, no. 1 (1974): 166–88.

———. "The History of Multinationals: A 2015 View." *Business History Review* 89, no. 3 (2015): 405–14.

Williamson, Jeffrey G. "Globalization, Convergence, and History." *Journal of Economic History* 56, no. 2 (1996): 277–306.

Wong, Joanne. "Cathay Dragon Traffic Rights Are up in the Air: Govt." *RTHK,* November 9, 2020. https://news.rthk.hk/rthk/en/component/k2/1559047-20201109.htm.

Woods, Randall Bennett. *A Changing of the Guard: Anglo-American Relations, 1941–1946.* Chapel Hill: University of North Carolina Press, 1990.

Wu, Yu-Shan. "Taiwan's Developmental State: After the Economic and Political Turmoil." *Asian Survey* 47, no. 6 (2007): 977–1000.

Yano, Christine. *Airborne Dreams: "Nisei" Stewardesses and Pan American World Airways.* Durham, NC: Duke University Press, 2011.

Yoon, Sang Woo. "Transformations of the Developmental State into the Post-Developmental State: Experiences of South Korea, Japan, and Taiwan." *Asia Review* 9, no. 2 (2020): 159–89.

Young, Gavin. *Beyond Lion Rock: The Story of Cathay Pacific Airways.* London: Hutchinson, 1988.

Zhang, Rui, Ngo Thi Viet Ha, and Wang Jianping. "Optimizing Sleeves Pattern for Vietnamese Airlines Stewardess Uniform—Ao Dai." *Proceedings of the 2015 International Conference on Computational Science and Engineering* 17 (2015): 246–49.

Zheng, Yangwen, Hong Liu, and Michael Szonyi, eds. *The Cold War in Asia: The Battle for Hearts and Minds.* Leiden, Netherlands: Brill, 2010.